Sprachen und Sprachkontakte
im pannonischen Raum

ÖSTERREICHISCHES DEUTSCH
SPRACHE DER GEGENWART

Herausgegeben von Rudolf Muhr und Richard Schrodt

Band 5

PETER LANG

Frankfurt am Main · Berlin · Bern · Bruxelles · New York · Oxford · Wien

Rudolf Muhr/Erwin Schranz/Dietmar Ulreich
(Hrsg.)

Sprachen und Sprachkontakte im pannonischen Raum

Das Burgenland und Westungarn
als mehrsprachiges Gebiet

PETER LANG
Europäischer Verlag der Wissenschaften

Bibliografische Information Der Deutschen Bibliothek
Die Deutsche Bibliothek verzeichnet diese Publikation in der
Deutschen Nationalbibliografie; detaillierte bibliografische
Daten sind im Internet über <http://dnb.ddb.de> abrufbar.

Gedruckt mit Unterstützung der
Regionalmanagement Burgenland GmbH,
des Landes Burgenland sowie des Bundesministeriums
für Bildung, Wissenschaft und Kultur in Wien.

ISSN 1618-5714
ISBN 3-631-53511-2

© Peter Lang GmbH
Europäischer Verlag der Wissenschaften
Frankfurt am Main 2005
Alle Rechte vorbehalten.

www.peterlang.de

Inhaltsverzeichnis

III. Materialien:

Vorwort

Der vorliegende Sammelband ist das Ergebnis von zwei Symposien, die im Haus für Volkskultur in Oberschützen abgehalten wurden. Er stellt das erste Ergebnis der Arbeit im neu eröffneten Haus für Volkskultur und des darin befindlichen Burgenländischen Dialektinstituts dar.

Das erste der beiden Symposien fand am 5.10.2003 anlässlich der Eröffnung des Hauses für Volkskultur und des neu gegründeten Dialektinstituts statt. Es war dem Motto "Dialekt und Volkskultur" gewidmet und befasste sich mit dem schwierigen und komplexen Thema der Erhalts von Dialekten und der herkömmlichen Volkskultur. Beides steht im deutschsprachigen Raum immer unter dem Verdacht der Volkstümelei und der sozialen und politischen Rückwärtsgewandtheit.

Die in diesem Sammelband versammelten Arbeiten zeigen, dass das nicht der Fall ist. Da das Burgenland bekanntlich viersprachig ist, könnte mit der Gründung des Burgenländischen Dialektinstituts und dessen Tätigkeit der weitere Verdacht aufkommen, dass dort das Hianzische – die regionale Variante des Deutschen im Burgenland – zu Ungunsten der anderen Sprachen in der Forschung hervorgehoben werden soll. Die Herausgeber hoffen, dass mit dem vorliegenden Sammelband auch dieser Verdacht ausgeräumt wird und statt dessen deutlich wird, dass die Arbeit des burgenländischen Dialektinstituts in Kooperation mit den Institutionen der anderen Sprachgruppen stattfindet.

Allerdings gibt es in Bezug auf das "Hianzische" - dem Regiolekt des Deutschen im Burgenland - einen starken Nachholbedarf hinsichtlich seiner Erforschung und Dokumentation, da sich die meisten der vorhandenen wissenschaftlichen Arbeiten lediglich auf Ortsdialekte beziehen bzw. älteren Datums sind. Die Errichtung des Dialektinstituts verfolgt daher u.a. das Ziel, diesem Mangel abzuhelfen und das burgenländische Deutsch mit zeitgemäßen Methoden und Mitteln zu erforschen und zu dokumentieren.

Zugleich ist die Viersprachigkeit des Landes ebenfalls ein zentraler Punkt und ein wichtiges Anliegen der Arbeit des Dialektinstituts. Es geht also nicht nur um "Deutsch", nicht nur um die älteste Schicht der Sprache, sondern um auch um die vielfältigen Prozesse, die durch Sprach- und

Kulturkontakte beim Zusammenleben von Menschen verschiedener Sprachen entstehen.

Das zweite Symposium, das am 11. April 2004 stattfand, stand daher unter dem Titel „Sprachkontakte zwischen dem Deutsch/Hianzischen/-Ungarischen und Kroatischen im pannonischen Raum". Im Mittelpunkt der Referate standen sowohl Kontaktphänomene zwischen den verschiedenen Sprachen des Burgenlandes, als auch Veränderungen des burgenländischen Deutsch aufgrund des Kontakts mit umliegenden Varianten wie dem Niederösterreichischen, Wienerischen, Steirischen usw. sowie aufgrund des sozialen und wirtschaftlichen Umbruchs in der Zeit nach 1960.

Aufgrund der historischen Ereignisse nach dem 1. Weltkrieg gibt es im angrenzenden Westungarn Gebiete mit deutschsprachiger Bevölkerung, die vielfach, aber nicht ausschließlich dem hianzischen Typ zuzurechnen sind. Die Dokumentation und Beschreibung dieser Varianten des Ungarndeutschen sind ebenfalls ein Anliegen des burgenländischen Dialektinstituts. Der Sammelband und die darin enthaltene Bibliografie umfasst daher auch Arbeiten zu diesem Teil der pannonischen Sprachlandschaft. Der Sammelband wird durch die Vortragstexte von M. Stegu und Manfred Fischer sowie einer Bibliografie von wissenschaftlichen Arbeiten zu den vier Sprachen des Burgenlandes bzw. einer Liste der burgenländischen Sprachaufnahmen des Phonogrammarchivs der ÖAW ergänzt.

Den Herausgebern dieses Sammelbandes ist die Betonung der Vielsprachigkeit des Burgenlandes und konstruktive Zusammenarbeit aller Sprachgruppen ein zentrales Anliegen. Darüber hinaus wünschen wir uns, viele neue Untersuchungen und Erkenntnisse zu den Sprachen des Burgenlandes.

Unsere Hoffnung ist, dass dieses Anliegen von vielen Burgenländern und Sprachinteressierten außerhalb des Landes geteilt wird und die Arbeit des Dialektinstituts und die Veranstaltungen des Hauses für Volkskultur auf reges Interesse stoßen und viel Zuspruch erfahren werden.

Graz/Oberschützen im Herbst 2004

Rudolf Muhr   Erwin Schranz   Dietmar Ulreich

In: Muhr, Rudolf/Schranz, Erwin/Ulreich, Dietmar (Hrsg.) (2005): Sprachen und Sprachkontakte im pannonischen Raum. Das Burgenland und Westungarn als mehrsprachiges Sprachgebiet. Peter Lang Verlag. Wien
u.a., S. 9-12.

Erwin SCHRANZ

(Bad Tatzmannsdorf, Österreich)

Einführung zum
Symposion „Sprachkontakte zwischen dem Deutsch-Hianzischen/Ungarischen und Kroatischen im pannonischen Raum"

Die deutschsprechenden Menschen des heutigen Burgenlandes lebten tausend Jahre im nachbarschaftlichen Kontakt mit der ungarischen Bevölkerung (zumeist geeint unter der „Heiligen Stephanskrone") und etwa 500 Jahre in ständiger Beziehung zu den kroatischen Ansiedlern, die man noch heute in sechs von sieben burgenländischen Dörfer versteht. Die Frage ist: Lebten sie nebeneinander oder miteinander?

Im Zeichen der sich erweiternden Europäischen Union findet derzeit ein immer stärkeres Zusammenrücken statt, nachdem dies zuvor der Eiserne Vorhang für 40 Jahre verhindert hatte: Die menschlichen und sprachlichen Beziehungen waren in dieser Zeit zwischen Ungarn und Österreich gestört, wenn auch nicht gänzlich aufgehoben. Jetzt sind es nur mehr 14 Tage bis die künstlich gezogene Grenze im pannonischen Raum allmählich wieder verschwinden wird. Der 1. Mai wird den lang ersehnten Beitritt Ungarns zur Europäischen Union bringen.

Das Hianzische, der deutsche Dialekt im Burgenland, konnte sich durch die Jahrhunderte als Sprache des Volkes gut bewahren. Auch ohne offizielles Zentrum, mit besonderen örtlichen Ausprägungen, unterschiedlich von Dorf zu Dorf, und doch wieder unverkennbar hielt sich dieser mittelostbairische Dialekt bis in unsere Tage.

Wie sieht es heute im Zeichen der großen Nivellierung und Globalisierung mit unserer Sprache aus? Kommt auch hier als Umgangssprache ein sprachlicher „Einheitsbrei"? Und wie ist es um die

Sprache in den kroatischen und ungarischen Dörfern bestellt, die noch stärker unter einer sprachlichen Auszehrung leiden, anderseits wieder neue Anläufe zur Sprachbelebung unternehmen. Gerade sie sind ja oft nur Einsprengsel in einem anderssprachigen Umfeld und tun sich umso schwerer.

Wäre es nicht ewig schade, wenn diese Besonderheiten im pannonischen Raum verschwinden würden? Ist nicht gerade der Dialekt besonders geeignet für ausdruckskräftige Nuancierungen? Über Sprachen kann und soll man nicht wie mit einem Rasenmäher darüberfahren, bis alles kurz und klein geschoren ist und die erfrischende Buntheit und Vielfalt verloren geht.

Für mich ist es immer wieder ein besonderes Erlebnis, am Oberwarter Wochenmarkt an einem Mittwoch, die Menschen zu beobachten und vor allem zu hören. Vom breiten Dialekt der Hianzen zu ungarischen Lauten der Obertrummer aus Felsöör/Oberwart daneben sanfte kroatische Sprachklänge oder eine Umgangssprache, aus der noch das Singende des Romani durchschlägt. Faszinierend, wie manchmal eine Person mehrere Sprachen spricht - und sich beim Zuwenden zum nächsten Gesprächspartner blitzschnell in dessen Sprache anpasst.

Wie stark war nun im Laufe der Jahrhunderte der wechselseitige Einfluss der einzelnen Sprachen? Nehmen wir als Beispiel die neuzeitliche Knollenfrucht und das Wort „Erdapfel" - erst seit einigen Jahrhunderten in Europa beheimatet. Statt Apfel wurde eher die Birne zum Vergleichsbegriff in der Umgangssprache. „Grundbirne" wurde das gängige Wort für „Kartoffel", das wiederum aus dem Französischen stammt. Aus Grundbirne wurde im Hianzischen „*Grumpirn*", im Kroatischen heißt es jetzt „*krompir*" und im Ungarischen sagt man umgangssprachlich „*grumpli*" bzw. im offiziellen ungarisch „*burgonya*".

An der Sprachmelodie der Menschen im Burgenland, gleich welcher Zunge, merkt man ebenfalls gewisse Einflüsse aus der Nachbarschaft. Die zahlreichen hianzischen Diphthonge und Triphthonge (drei Vokale verschränken sich hintereinander oder ineinander) haben auch teilweise in andere Sprachen Einzug gehalten, etwa im kroatischen Abschiedswort „*s buaogom/ s bogom*" (mit Gott, auf Wiedersehen)

Allzu viele Fremdworte sind allerdings meines Erachtens, trotz des langen Zeitraumes weder aus dem Slawischen noch aus dem Ungarischen ins Deutsch/Hianzische übernommen worden.

Aus dem Slawischen ist etwa „*rouwatn/robotni*" ins Hianzische aufgenommen worden, wenn also im Dorf aus jedem Haus eine Person für kommunale Arbeiten, etwa für gemeinsame Waldarbeiten im Urbarialwald, abgestellt werden musste („robot").

Auch „*Korwatsch/Kurwatsch*" (z.B. die Rute zum Auskindeln) ist ein völkerverbindendes Wort, ähnlich lautend in allen drei Alltagssprachen.

Im Südburgenland ist auch im verächtlichen Sinn gebräuchlich „*der hitvanige Typ*" aus dem Ungarischen, während das Deutsche „Wie geht's" in Ungarn als „*vigets*" zur Bezeichnung für Handelsvertreter üblich wurde und „*habzsolni*" (haben soll) die Bezeichnung für eine Tätigkeit wurde, bei der jemand habgierig alles an sich rafft.

Unsere Kutsche wiederum kommt aus dem Ungarischen „*kocsi*", das sich als „*coach*" in zweifacher Bedeutung auch im Englischen wieder findet: erstens als Wagen und zweitens als Trainer. Auch in den Satzstellungen sind jeweils einige Einflüsse in den pannonischen Sprachen erkennbar, die noch einer genaueren Erforschung harren.

Wir haben bei diesem Symposion also Gelegenheit, die gegenseitigen Einflüsse zu erforschen und unsere Alltagssprachen im Burgenland auf ihre Herkunft zu hinterfragen. Was ist jeweils in die Dialekte eingegangen, wie sieht es mit der kroatischen „*najreče*", wie in der ungarischen „*tájszólás*" aus?

Woher unsere Worte kommen und welche etymologischen Entwicklungen es gegeben hat, ist eine spannende Geschichte. Unser grenzüberschreitendes Dialektinstitut im Haus der Volkskultur kann hier wertvolle Arbeit leisten. Wenn wir wissen, „woher" etwas kommt, ist das gegenseitige Verständnis größer, ist ein zukünftiger gemeinsamer Weg leichter zu finden, bleibt das „Wohin" kein großes Rätsel mehr.

Dieses Symposion soll auch zum besseren Verständnis zwischen den einzelnen Sprachgruppen beitragen, ein tieferes Eindringen in kulturelle Bereiche bewirken und eine spannungsfreie Entwicklung ermöglichen. Was eignet sich besser als die Sprache für einen „eindrucksvollen Ausdruck" dessen, was die Menschen spüren, fühlen und wollen?

Das heutige Symposium gibt einen Startschuss zur Erforschung der wechselseitigen Einflüsse der Sprachen im pannonischen Raum, vorerst zwischen dem Deutsch/Hianzischen mit dem Ungarischen und Burgenlandkroatischen, in der Folge auch mit anderen Sprachen und Volksgruppen.

In: Muhr, Rudolf/Schranz, Erwin/Ulreich, Dietmar (Hrsg.) (2005): Sprachen und Sprachkontakte im pannonischen Raum. Das Burgenland und Westungarn als mehrsprachiges Sprachgebiet. Peter Lang Verlag. Wien u.a., S. 13-28.

Rudolf MUHR

(Graz, Österreich)

Sprachwandel und innersprachlicher Sprachkontakt am Beispiel des Burgenlandes

1. Sprachkontakte als Auslöser von Sprachkonflikten und Sprachwandel

Sprachkontakte sind sprachliche Phänomene, die in Übergangsgebieten zwischen verschiedenen Sprachen und in mehrsprachigen Ländern auftreten. Sie sind weltweit ein weitverbreitetes um nicht zu sagen "normales" Phänomen, das vielfältige Auswirkungen auf die beteiligten Sprachen, das Sprachverhalten und die Sprachgemeinschaften selbst hat. Sprachkontakte sind immer auch mit sozialen Kontakten zwischen Menschen verbunden, die unterschiedliche oder ähnliche Kulturen und Interessen haben, unterschiedliche oder ähnliche Meinungen und Haltungen vertreten usw. Sprachkontakte sind daher immer auch von Sprachkonflikten begleitet, die in allen Fällen jedoch nicht die beteiligten Sprachen selbst zum Gegenstand haben, sondern die sozialen Inhalte, für die die jeweiligen Sprachen stehen.

Sprachkonflikte entstehen deshalb, weil mit den verschiedenen Sprachen sozial, politisch oder kulturell Unterschiedliches oder sogar Konträres symbolisiert wird. Die Sprachen sind in diesem Prozess lediglich das Vehikel mit dem die verschiedenen Interessen transportiert und über sie gleichzeitig ausgefochten werden. Sprachkontakte sind daher kein rein linguistisches Thema, sondern auch und vor allem mit soziologischen und politischen Aspekten verbunden.

Ein wesentlicher Aspekt von Sprachkontakten ist, dass sie in allen Fällen zu Sprachwandel führen. Die am Sprachkontakt beteiligten Sprachen verändern sich, wobei das Ausmaß der Veränderung auf eine Reihe von soziolinguistischen Bedingungen zurückzuführen ist, auf die ich später eingehen werde.

2. Einige Grundbegriffe der Sprachkontaktforschung

2.1 "Sprache" und "Dialekt" – Eine Begriffsbestimmung

Ich möchte zuerst den Begriffs "Sprachkontakt" besprechen und dabei vor allem auf den Begriff "Sprache" eingehen, da dieser üblicherweise dem Begriff "Dialekt" gegenüber gestellt wird. Diese Erläuterungen sind der Frage vorausgeschickt, wie es zu "innersprachlichem" Sprachkontakt kommen kann.

Die Begriffe "Sprache" versus "Dialekt"

Die Frage, was eine "Sprache" ist, mag banal erscheinen. Sie ist es jedoch nicht, da die Grenzen zwischen "Dialekt" und "Sprache" fließend sind. Das lässt sich gut am Beispiel des Entstehens der neuen Sprachen "Bosnisch", "Kroatisch", "Serbisch" am Balkan zeigen. Diese drei Sprachen sind durch politische Entwicklungen aus dem ursprünglich so bezeichneten "Serbokroatischen" hervorgegangen. Doch nach wie vor können sich die Sprecher dieser Sprachen ohne weiteres untereinander verständigen. Das ist aber üblicherweise eine Eigenschaft von sog. "Dialekten", also Sprachvarianten die man zu *einer* Sprache zugehörig betrachtet. Auch die Sprecher der skandinavischen Sprachen Dänisch, Schwedisch und Norwegisch können sich untereinander in ihren Sprachen verständigen, ohne die jeweils andere sprechen zu müssen, da diese Sprachen zur selben Sprachfamilie gehören und genealogisch eng miteinander verwandt sind. Eine Verständigung ist jedoch nicht zwischen Sprechern des Ungarischen und Deutschen, des Kroatischen und Französischen usw. möglich, da die sprachlichen Unterschiede zu groß sind. Andererseits können sich oft Sprecher von regionalen Varianten einer Sprache (Regiolekte früher: Dialekte) auch nicht oder nur schwer untereinander verständigen. Wer einmal versucht hat, mit einem Deutschschweizer aus der Innerschweiz oder aus Bern zu kommunizieren, wenn diese ihre angestammte Sprache sprechen, wird feststellen, dass man so gut wie kein einziges Wort versteht, abgesehen von Internationalismen und bekannten Ortsnamen.

Dialekte einer Sprache, die untereinander nicht verständlich sind, sind daher im eigentlichen Sinn als "Sprachen" zu betrachten - sie sind gegenüber anderen Sprachen hinreichend verschieden und kommen in einem definierten Territorium vor. Allerdings fehlt diesen Sprachen ein eigenes staatlich oder politisch definiertes Territorium, wie dies z.B. beim Kroatischen, Serbischen, Bosnischen, Dänischen, Schwedischen usw. der Fall ist.

Und genau dies unterscheidet einen "Dialekt" von eine "Sprache". Dass man die Dialekte des Deutschen nicht als eigene Sprachen betrachtet, hat nur mit dem Umstand zu tun, dass ihnen die politische Anerkennung des Territoriums fehlt, auf dem sie vorkommen. Allerdings zeigt der Fall des Letzeburgischen, das linguistisch gesehen eine moselfränkische Variante (Dialekt) des Deutschen ist, dass aus einem Dialekt eine offizielle Landesprache werden kann - es wurde im Jahre 1984 zur offiziellen Sprache Luxemburgs erhoben. Daraus ergibt sich und man kann es nicht oft genug sagen: Jede Sprache war einmal der Dialekt einer anderen oder einer ursprünglicheren. An diesen Beispielen lässt sich erkennen, dass zur Konstituierung einer "Sprache" immer zwei Komponenten notwendig sind:

(1) Ein politischer Schaffungsakt, der bestimmte sprachliche Erscheinungsformen einer Sprechergemeinschaft zu einem gemeinsamen politischen Symbol dieser Gemeinschaft macht und notwendigerweise ein gewisses Territorium zur Voraussetzung hat.

(2) Die linguistische Differenz zu den sprachlichen Formen anderer Sprechergemeinschaften - es muss also sprachliche Unterschiede geben, damit die jeweilige Sprechergemeinschaft erkennbar wird. Dies sind die Voraussetzungen dafür, dass eine Sprache nach außen hin als solche wahrgenommen bzw. als etwas Eigenes empfunden wird.

Im Falle von "Dialekten/Varianten" einer Sprache fehlt die Bedingung (1), nicht jedoch die Bedingung (2). Denn linguistische Differenz zwischen den Varianten ist die notwendige Voraussetzung dass Sprachkontakte bzw. deren Auswirkungen überhaupt wahrgenommen werden.

Sprachlicher und kommunikativer "Ausbau" als Voraussetzung für die Entwicklung sprachlicher "Differenz"

Damit sich sprachliche Unterschiede zwischen Sprechergruppen herausbilden, ist in jedem Fall "Sprachwandel" notwendig, d.h., dass sich eine Sprechergruppe z.B. durch geografische, soziale und zeitliche Separierung von den Sprechern der Ursprungsgruppe trennt. Die Gründe für eine derartige Trennung können vielfältig sein und hier nicht weiter erläutert werden. Zur Beschreibung der Vorgänge bei der Konstituierung von Sprachen bzw. deren Varietäten verwendet man in der Sozio- und Areallinguistik seit Kloss (1953) die Begriffe "Ausbau" und "Differenz". Der erste Begriff bezieht sich auf die Sprachverwendung. Eine Sprache/Varietät ist dann "ausgebaut", wenn sie in vielen verschiedenen kommunikativen Situationen verwendet wird. Im Idealfall (Normalfall) verwendet eine Sprechergemeinschaft ihre Sprache in allen sozialen und kommunikativen Domänen (Kommunikationsbereichen). Die umfassende Verwendung einer Varietät in verschiedenen Kommunikationssituationen fördert die Entwicklung linguistischer Unterschiede zusätzlich, weil dadurch die Notwendigkeit zur Entwicklung eigener sprachlicher Mittel notwendig ist.

In kontaktlinguistischen Sprachsituationen bzw. in mehrsprachigen Gesellschaften kann der Ausbau einer Sprache/Varietät je nach Situation beschleunigt oder verhindert werden. So kann es vorkommen, dass eine Sprache z.B. auf den Kontakt zwischen Händlern oder als Sprache der Öffentlichkeit oder als Familiensprache usw. beschränkt ist, eine andere überregional und über Landesgrenzen hinweg als Verkehrssprache dient. Ähnliches gilt für die Varietäten einer Sprache.

Der "Status" einer Sprache/Variante

Mit der kommunikativen Reichweite ist auch der Status der jeweiligen Sprache verbunden, was gleichbedeutend mit ihrem sozialen "Prestige" ist. Eine Sprache die beispielsweise "nur" eine Familiensprache ist, hat sie zwar eine wichtige soziale Funktion, doch vermutlich nur einen niedrigen nationalen Status, da ihre Verwendung in der medialen Öffentlichkeit bzw. in den Institutionen in der Regel nur eingeschränkt oder gar nicht möglich sein wird. Ähnliches gilt für regionale Varianten, da sie auf die jeweilige Region beschränkt sind usw.

Der "Status" einer Sprache ist eine Aussage über die soziale "Gültigkeit", die der jeweiligen Sprachform kollektiv zugeschrieben wird. Damit wird ihre Verwendung und Verwendbarkeit innerhalb der jeweiligen Sprachgemeinschaft - und darüber hinaus - geregelt.

Für die Konstituierung des jeweiligen "Status" einer Sprache/Varietät sind im Wesentlichen soziale Faktoren entscheidend. Ausschlaggebend ist dabei vor allem die soziale und politische Macht, die die Gruppe hat, die hinter der betreffenden Sprache oder Sprachvarietät steht. Weiters kommen aber auch Faktoren wie der Grad der Kodifizierung (d.h., ob eine Sprache über Wörterbücher, Grammatiken usw. verfügt), die Sprachloyalität der Sprecher, ob die Sprache in der Schule vermittelt wird usw. dazu. All diese Faktoren sind entscheidend für das Entstehen von "Sprachen" bzw. definieren im Inneren von Sprachen, welche der verschiedenen Varianten welches Prestige hat.

Nicht selten gibt es aber eine Diskrepanz zwischen dem offiziellen Prestige, den eine Variante/Sprache hat und ihrer tatsächlichen Funktion innerhalb einer Sprechergemeinschaft. Eine prestigehohe Variante, kann wenig verwendet oder nur auf bestimmte Domänen beschränkt sein, eine prestigeniedrige in vielen Bereichen verwendet werden, aber dennoch ein niedriges Prestige haben. Ein klassischer Fall dafür ist das gesprochene Österreichische Deutsch des Alltags, das besonders in Ostösterreich weitgehend vereinheitlicht ist, linguistisch weit von der kodifizierten Standardsprache entfernt ist, in den meisten Domänen verwendet wird, aber dennoch ein niedriges Prestige hat. Ähnliches ist der Fall mit dem sog. Schwyzerdeutschen, das die ausschließliche Verständigungsform zwischen Deutschschweizern darstellt, aber als "Dialekt" angesehen wird, obwohl die kaum verwendete Standardsprache auf den Bereich der Schrift bzw. auf die Verwendung in den Institutionen bzw. in der Außenkommunikation beschränkt bleibt. Dafür gibt es in der Soziolinguistik den treffenden Begriff "Schizoglossie", der eine Sprachsituation beschreibt, wo Sprecher das, was sie sprachlich tun, emotional ablehnen, es aber dennoch tun, zugleich eine "hohe" Variante/Sprache nicht oder kaum verwenden, diese dafür aber als die "richtige" halten.

Diglossie, Codeswitching und Mehrsprachigkeit

Derartige Situationen sind dann der Fall, wenn eine offizielle Sprache eines Landes aus verschiedenen Gründen linguistisch weit von der alltäglichen Sprachpraxis der Sprachgemeinschaft entfernt ist (also sehr verschieden ist), sodass sich daneben eine oder mehrere im Alltag verwendete Paralellsprache(n) entwickelt hat/haben oder eine andere Sprache bzw. Varietät für bestimmte Funktionen verwendet wird. Je nachdem wie groß die linguistische Verschiedenheit zwischen diesen funktionalen Varianten/Sprachen ausgeprägt ist, kann die Verwendung der verschiedenen Varianten/Sprachen von einem sog. "dialektalen Kontinuum" bis hin zu einer sog. "Diglossie" - der systematischen "Doppel- oder Mehrsprachigkeit" reichen. Mehrere Varietäten bzw. Sprachen werden dann nebeneinander in verschiedenen Kommunikationsdomänen verwendet. Man hat dafür den Begriff "Codeswitching" geprägt, der eine Kommunikationssituation beschreibt, wo mehrsprachige Sprecher/Mehrvariantensprecher die beherrschten Sprachen/Varianten abwechselnd im Gespräch verwenden. Das kann ziemlich geregelt vor sich gehen oder - wie in Österreich - scheinbar (aber nur scheinbar) ungeordnet, wo die Sprecher im Gespräch oft innerhalb eines Satzes zwischen verschiedenen Varianten hin und her wechseln.

"H-Variante" - "L-Variante" bzw. "Nähesprache" und "Distanzsprache"

An dieser Stelle kommen die Begriffe "Nähesprache" und "Distanzsprache" ins Spiel, die die soziale Beziehung zwischen Sprechern und das damit verbundene Sprachverhalten beschreiben. Wenn also eine Sprachgemeinschaft über eine sog. "H-Variante" ("high") und "L-Variante(n)" ("low")verfügt, ist ihre Verwendung in der Regel funktional differenziert, indem die H-Variante offiziellen, die L-Varianten inoffiziellen Sprechsituationen vorbehalten ist. Dabei macht es keinen Unterschied, ob es sich um verschiedene Sprachen oder um sog. "Dialekte" oder "Standardvarianten" ein und derselben Sprache handelt. Sie wirken in allen Fällen als voneinander relativ abgegrenzte Einheiten, solange die Sprecher sich nicht zu vermischen anfangen, z.B. durch Heirat, systematische Wirtschaftsbeziehungen, Gemeinsamkeiten wie Religion, Schulen, Institutionen usw., die einen Ausgleich sozialer Unterschiede bewerkstelligen.

Die Asymmetrie von Sprachkontakten

Von "Sprachkontakt" kann man sprechen, wenn Sprecher verschiedener Sprachen bzw. Varianten regelmäßig sozialen Kontakt miteinander haben, indem sie nebeneinander wohnen oder in bestimmten Situationen regelmäßig aufeinander treffen. Die wohl massivste Form des Sprachkontakts ist die Besetzung eine Landes durch eine fremde Macht und die systematische Unterwerfung der Bevölkerung. Zwischen diesem

Extrem auf der einen Seite und dem freiwilligen, sporadischen Kontakt liegen viele verschiedene Abstufungen.

Sprachkontakte sind in ihrer Wirkung in der Regel *nicht* beidseitig, sondern einseitig: In der Regel beeinflusst die prestigehöhere Variante oder Sprache die prestigeniedrigere. Der Umstand, dass es im Österreichischen Deutsch sehr wenige Lehnwörter aus dem Ungarischen, aber umgekehrt sehr viele aus dem Deutschen im Ungarischen gibt, ist kein Zufall und auf die frühere Statusrelation der beiden Sprachen zurückzuführen - das Deutsche war die Sprache der "Herrschaften", das Ungarische die Sprache des sog. "Volkes". [1]

"Sprachwandel" versus "Sprachwechsel"

In Kontaktsituationen zwischen Varianten einer Sprache kommt es zuerst zu massiven Sprachwandel der prestigeschwächeren Varianten, auf die in den darauffolgenden Generationen je nach Intensität des Kontakts und der Beeinflussung ein regelrechter Austausch der einen Variante/Sprache stattfinden kann. Dabei handelt es sich um eine massive soziale und sprachliche Umwälzung, die in den jeweiligen Gesellschaften einen tiefen Einschnitt hinterlässt. Dieser Veränderungen gehen jedoch nicht sofort und nicht bei allen Sprechern und in allen Regionen simultan und im selben Ausmaß vor sich. Wichtige Faktoren sind:

1. Die Entfernung zum Zentrum der Prestigevariante - Je weiter entfernt, um so geringer der Einfluss.

2. Die Verkehrssituation: Je isolierter ein Ort von den Hauptverkehrsverbindungen ist, um so eher sind konservative Sprachformen zu erwarten – und umgekehrt.

3. Wirtschaftliche und soziale Entwicklungen: Dazu gehört z.B. der Wandel von einer Argrargesellschaft zu einer Industrie- bzw. Dienstleistungsgesellschaft.

4. Das Alter, die Dauer der Schulbildung, der Beruf der Sprecher und das kommunikative Netzwerk, in dem die jeweiligen SprecherInnen verankert sind: Die einfache Formel lautet hier: Je jünger die Sprecher, je länger die

---

[1] In der Sprachgeschichte gibt es aber auch zahlreiche Fälle, wo die Eroberer die Sprache der Eroberten angenommen haben bzw. durch Sprachmischung eine neue Sprache einstanden ist. Ein derartiger Fall ist das Englische nach der normannischen Invasion von 1066. Das Englische ist derzeit auch die weltweit dominierende Gebersprache, die so gut wie alle anderen beeinflusst.

Schulbildung und je sprachintensiver der Beruf, um so eher kommt es zur Abkehr von prestigeniedrigeren Varianten und zur Übernahme von überregionalen, prestigehohen Varianten/Sprachen. Dies gilt jedoch nicht, wenn die Sprecher in einem sprachextensiven Netzwerk eingebettet oder überhaupt von der Umgebungsvarianten isoliert sind, wie das z.b. bei Bauarbeitern oft der Fall ist, die gruppenweise außerhalb des Wohnortes arbeiten und damit ihre Heimatvariante eigentlich nie verlassen. Je stärker hingegen die Isolation und Separation von den Heimatvariante ist, um so stärker fällt die individuelle Anpassung an die neue Umgebungsvariante aus. Beispiele dafür sind Industriearbeiter, die z.B. in einem Wiener Industriebetrieb überwiegend mit Wiener Kolleginnen zusammenarbeiten. Die Angleichung an die dortigen sprachlichen Verhältnisse sind ein soziales Erfordernis und gehen daher in kurzer Zeit vor sich. Handelt es sich um eine Pendlerin, die zwischen dem Burgenland und dem Arbeitsort täglich pendelt, wird sich je nach sprachlicher Distanz eine lektale Diglossie oder mit der Zeit ein neues Sprachrepertoire ergeben, das dann auf die Nachkommen übergeht. Letzteres ist um so eher der Fall, je jünger die SprecherInnen waren, in dem sie mit dem Pendeln begonnen haben. Das Ergebnis sind komplexe sprachliche Repertoires und eine innersprachliche Mehrsprachigkeit, die es noch zu beschreiben gilt

5. Die soziale Symbolik der Sprachformen: Wichtig ist auch der Umstand, dass die neuen Varianten, die aus den prestigehöheren Sprachzentren übernommen werden, mit dem Attribut des "Neuen", "Modernen", "Zeitgemäßen" versehen waren und sind. Je größer also in einer Region der Abstand zum Lebensstandard zum prestigehöheren Zentrum empfunden wird, um so eher besteht die Bereitschaft (vor allem der jüngeren SprecherInnen) die eigenen Sprachformen gegen solche des überregionalen Zentrums auszutauschen, da mit Ersterem oft das Gefühl der "Scham" verbunden ist.[2]

6. Die Funktion der sprachlichen Elemente im Sprachsystem: Hier gilt, dass zuerst jene Elemente ausgetauscht werden, die sich von der Prestigevariante am stärksten unterscheiden und zugleich die höchste soziale Symbolik transportieren. Das gilt im besonderen Maße für die Aussprache, aber auch für die Lexik. Dort werden vor allem jene Elemente ausgetauscht, die durch den wirtschaftlichen und sozialen Wandel einer

---

[2] Vgl. dazu Muhr (1981): Sprachwandel als soziales Phänomen. Wien.

Sprachgemeinschaft überflüssig werden. Typische Beispiele dafür sind viele Ausdrücke aus der Landwirtschaft oder aus anderen Berufszweigen, die durch geänderte Produktionsverfahren verschwinden.

7. Die Kombination verschiedener Faktoren: Je nach Sprecher, Ort und sprachlichem Element kommt es zu unterschiedlichen Ausprägungen der Veränderungen, die sich oft wie Wellen ausbreiten, nach einiger Zeit zum Stillstand kommen und so in unterschiedlichem Ausmaß Spuren hinterlassen. Dies soll im anschließenden Abschnitt gezeigt werden.

3. Innersprachlicher Sprachkontakt und Sprachwandel im Burgenland im Detail

3.1 Die Rahmenbedingungen des Sprachwandels im Burgenland seit 1950

Betrachtet man das Burgenland anhand der zuvor aufgelisteten Kriterien, ergibt sich folgendes Bild:

(1) Status und Prestige des Burgenländischen Deutsch: Das Burgenländische war/ist im Vergleich zum Wienerischen bzw. zu überregionalen Varianten keine Prestigevariante. Das zeigt sich sehr gut an den von Wien ausgehenden Burgenländerwitzen, in denen man sich über die Burgenländer lustig machte. Der soziale Hintergrund dafür war der Gegensatz zwischen Stadt und Land. Das Burgenland als Dörferland mit wenigen und kleinen städtische Zentren galt den großstädtischen Wienern immer schon als der Inbegriff des Rückständigen, rustikalen, zivilisatorisch Einfachen. Dementsprechend groß war auch der Druck auf die burgenländischen Zuwanderer und Pendler, sich sprachlich anzupassen, was vielfach auch geschah. Ähnlich verhält es sich mit dem Grazerischen, wo aber der Anpassungsdruck nicht ganz so stark ist, wie ich aus eigener Erfahrung weiß.

(2) Die Entfernung vom Zentrum der Prestigevariante - Je weiter entfernt, um so geringer der Einfluss: Im Falle des Burgenlands sind vor allem Wien und in geringerem Ausmaß Graz die Zentren der Prestigevarianten. Während das Nordburgenland, nicht zuletzt wegen des früh einsetzenden Pendlerwesens, schon seit den früher 1970er Jahren eine starke Tendenz zum Wienerischen zeigt, ist dies im Südburgenland bis heute nur eingeschränkt der Fall. Das südburgenländische Pinkatal ist ein Musterbeispiel für die Konservierung von Sprache durch Isolation bzw. durch das Fehlen

von großen Verkehrsströmen. Durch den Eisernen Vorhang war es lange in einer isolierten Randlage, sodass alle primären Merkmale des ui-Dialekts bis heute erhalten geblieben sind. Das Burgenland ist also von Norden nach Süden fortschreitend sprachlich zunehmend konservativer. Im Norden dominieren phonologische und lexikalische Elemente des Großraums Wien/Niederösterreich, im Süden die traditionellen ui-Formen gemischt mit Elementen aus der überregionalen ostösterreichischen Ausgleichsvariante, gemischt mit Elementen des angrenzenden Steirischen (Triphthongisierung usw.)

(3)   Wirtschaftliche und soziale Veränderungen im Burgenland seit 1945, die unmittelbaren Einfluss auf die Sprache(n) hatten:

Ich habe eingehend erwähnt, dass Sprachkontakt immer auch Sozialkontakt einschließt. Dass Zeiten des intensiven Sprachkontakts und des Sprachwandels immer auch mit gesellschaftspolitisch und ökonomisch bewegten Zeiten zusammenfallen, ist bekannt. Das Burgenland beweist dies recht eindrucksvoll, wie ein Blick auf die entsprechenden Wirtschaftsdaten zeigt. Betrachtet man die Situation des Burgenlandes vor 50 Jahren, zeigt sich, dass 1951 noch 63% der Bevölkerung in der Landwirtschaft tätig waren.[3] Heute sind es gerade noch rund ca. 7%. Hinzu kommt, dass die landwirtschaftliche Bevölkerung im Burgenland schneller abgenommen hat, als anderswo in Österreich. Im Zeitraum zwischen 1981-1991 sogar um 41%! Parallel dazu stieg der Pendleranteil, der bei ca. 30% der arbeitstätigen Bevölkerung liegt. Parallel zum Rückgang der Beschäftigten in der Land- und Forstwirtschaft stieg der Anteil der Beschäftigten im Dienstleistungssektor von 11,3 Prozent im Jahr 1951 auf 51,2 Prozent im Jahr 1991. Der Anteil der Beschäftigten in Industrie und verarbeitendem Gewerbe stieg von 24,5 Prozent im Jahr 1951 auf 46,5 Prozent im Jahr 1981 und ging in den folgenden zehn Jahren auf 40,6 Prozent zurück.

Das sind die äußeren Rahmenbedingungen des Sprachkontakts im Burgenland der Jetztzeit. Wenn sich das Burgenländische verändert hat, dann vor allem dadurch, dass die Menschen zuerst nach Amerika ausgewandert und dann in geringer Zahl wieder zurückgekommen sind, aber noch mehr dadurch, dass sie heute zu einem erheblichen Prozentsatz außerhalb des Burgenlandes arbeiten und von dort die jeweiligen

---

[3]   Quelle: Angaben der Arbeiterkammer Burgenland.

Sprachformen mitbringen.

3.2   Die sprachlichen Veränderungen seit 1950 (Auswahl):

Welche sprachlichen Elemente des Burgenländischen wurden in den letzten 50 Jahren ausgetauscht bzw. werden nicht mehr durchgehend verwendet? Dazu einige Beispiele aus dem Südburgenländischen:

(a)   Spezielle Wörter für Sachbezeichnungen, da die Sache entweder nicht mehr verwendet wird oder der Ausdruck als veraltet gilt.

Zaeger (Zäger) - eine Tragetasche, *Gloumradl* – Aufzugrolle, *Drischl* – Dreschflegel, *Driwüül* (Triebel) – Kurbel, *Schmoizdesn* (Schmalzdose) – Schweineschmalzbehälter, *Wognkoa* (Wagenkorb) – Geflochtener Teil eines Leiterwagens, *Stitsn* (Stutzen) – Tonkrug für die Milch, *Green* – lehmgestampfter Hausflur, *Bariarstock* – Grenzstock, *Woazreiter* - Getreidesieb, *Joch/Kummet*, *Brosügl* - Basilikum, *Zentauri* - Tausendguldenkraut, usw.

(b)   Spezielle Wortformen gegen regionale/überregionale, d.h. Ausdrücke, die von jenem der Standardsprache bzw. von der überregionalen Verkehrsform entweder überhaupt verschieden sind oder deren Aussprache sich stark unterschied:

Fuam (vgl. engl. "foam") - Schaum, *Haetschn* gegen Hakl - kleine Hacke, *Weidiks* gegen Weispm - Wespe, *Nuisch* gegen Sautroug - Futtertrog für Schweine, *greapatzn* gegen rüpsn - rülpsen, *zaundarig* (zaundürr) gegen mooga - mager, *nindascht* gegen niagends - nirgendwo, *amauf* (obenauf) gegen oum - oben, *iächl* – dri:m/drü:m - drüben, *enk* gegen aich - euch, *iana* gegen ia/iare - ihr/ihre, *insa/ünsa* gegen unsa - unser, *leenan* gegen leanan - lernen, *Staidl* gegen staudn - Staude, *opaat* –gegen favökt – abgewelkt, *Loas* gegen Fuachn - Furche, *Iadi* (vgl. Ergetag) gegen Dinsti - Dienstag, *Pfinsti* gegen Dunastok – Donnerstag, usw.

(c)   Phonetische   und   phonologische   Eigenmerkmale   gegen regionale/überregionale:

A. Das typische hianazische [ui] gegen das überregionale [ua]: *bui* gegen bua - Bub, *guid* gegen guat - gut, *huid* gegen huat - Hut, *muist* gegen muast - must, *muida* gegen mutta – Mutter, *bruida* gegen bruada – Bruder, *zuichan* gegen zahn/ziagn – ziehen, *zui* gegen zua - zu usw.

B. Bestimmte Diphthonge werden gegen andere ausgetauscht bzw. durch Monophthonge ersetzt:

- Wechsel des [ūa] gegen [a:]: *būa* gegen ba:n – Bein, *mūast* gegen ma:nst – meinst du, *hūam* gegen ha:m – heim, *kūa* gegen kā: - kein, *ūa* gegen a:n – ein usw.

- Wechsel des [oa] gegen [ai/a:]: *oa* gegen *ai* - Ei, *woast* gegen wa:st – weißt, *hoast* gegen ha:st – heißt, *hoas* gegen ha:s – heiß usw.

- Wechsel des [ĩa] gegen [e:/y:] bzw. Entfall: [hĩ:al] gegen [hendl] – Hendl, [grĩ:a] gegen grü:n – grün usw.

- [ou:] gegen [o:]: *schouf* gegen *scho:f* – Schaf, *schlouffn* gegen *schloffn* – schlafen usw.

- Wechsel des [ia] gegen [ea]: [iama] gegen [eama] – ärmer, [viama] gegen [veama] – wärmer, [fi:am] gegen [feam] – färben, [hiat] gegen [hoat] – hart, [miakt] gegen [meakt] – merkt usw.

- Wechsel des [āe] gegen [e:]: [gvāen] gegen [gvaesn] – gewesen, [rāem] gegen re:bm] – Rebe, [hāem] gegen [he:m] – heben

- Generell Reduktion des Nasalierung und Aufgeben von nasalierten Diphthongen – oft zugunsten von schwach oder nicht nasalierten Monophthongen.

Damit sind nur einige der wichtigsten Veränderungen skizziert. Erst eine genaue Erhebung über das gesamte Burgenland könnte Aufklärung über die tatsächlichen Veränderungen bringen. Grundsätzlich gilt jedoch, dass primäre regionale Sprachkennzeichen zugunsten von Merkmalen der überregionalen ostösterreichischen Verkehrssprache (Koiné) aufgegeben werden.

3.3 Die Gleichzeitigkeit von sprachlich Neuem und Alten – Sprachwandel – Sprachmischung – Sprachwechsel:

Wie weiter oben bereits ausgeführt, kommt es keineswegs an allen Orten gleichzeitig zu einem Austausch "alter" Sprachmerkmale durch "neue" und auch keineswegs durchgehend bei allen in Frage kommenden sprachlichen Elementen. Das Ergebnis ist je nach Ort/Sprecher eine Mischung aus alten und neuen Elementen.

Die folgenden Sprachdaten wurden 1994 in neun Orten des Südburgenlandes aufgenommen[4]. Sechs dieser Orte (Kleinmürbisch, Rohr, Gerersdorf, Neustift, Sulz und Eberau) sind kleine, überwiegend landwirtschaftlich geprägte Ortschaften des Burgenlandes in Randlage. Drei der Orte (Güssing, Stegersbach, Heiligenkreuz) sind entweder Bezirkshauptstadt (Güssing) oder ein größerer Ort an einer wichtigen überregionalen Straßenverbindung. In Güssing wurden drei verschiedene SprecherInnen aufgenommen, die verschiedenen sozialen Schichten angehörten. Bei den Testwörtern handelt es sich um typische Elemente der südburgenländischen ui-Mundart.

Ort	Einzelne Testwörter							
	Bub	*Kuh*	*müssen*	*muß*	*Mutter*	*Hut*	*zu*	*ziehen*
1. Kleinmür-bisch	Bui	kui	muisn	muis	Muida	Huit	zui	zuichan
2. Rohr	Bui	kui	muissn	muis	Muida			
3. Gerersdorf	Bui	kui		muis	Muita	Huit	zui/ zua	zahn
4. Neustift	Bui	kui	muisn	muis	Muida	Huit		ziagn
5. Sulz	Bui	kui	muisn	muis	Muida	Huit	zui	zahn
6. Eberau	Bui/ Bua	kua	muisn	muis/ meissn	Muida		zua	
7. Güssing I	Bui	kui	miasn	muis	Muida	Huit	zui	zahn
8. Stegers-bach	Bua/ Bui	kua/ kui	miasn	muas	Muada /Muida	Huat/ Huit	zua/ zui	ziagn/ zuichan
9. Güssing II	Bua	kui	miasn	muis/ muas	Muida	Huit	zua	zi:n
10. Güssing III	Bua	kua	miasn	muas	Muata	Huat	zua	ziagn
11. Heiligen-kreuz	Bua	kua	miassn	muis	Muada	Huat	zua	

Ergebnisse: In den kleinen Orten (1)-(6) werden mit Ausnahme von Eberau fast ausnahmslos noch die traditionellen Formen des Hianzischen verwendet. In Eberau werden herkömmliche und neue Formen nebeneinander verwendet. Dasselbe gilt auch für Stegersbach. Von den drei Güssinger Sprechern verwendet Sprecher (I) durchgängig die "alten", während Sprecher (II) überwiegend und Sprecher (III) fast nur mehr "neue" Formen verwendet. Am konsequentesten waren die interviewten Sprecher

---

[4] Die Aufnahmen stammen aus dem Schulprojekt der HBLA Güssing. Vgl. Muhr (1994). Den beteiligten SchülerInnen sei an dieser Stelle nochmals herzlich gedankt.

im Grenzort Heiligenkreuz. Sie verwendeten ausschließlich "neue" phonologische Formen.

Noch deutlicher wird die Mischung von alten und neuen Formen, wenn man den SprecherInnen Testsätze vorlegt und diese in ihre Form der gesprochenen Sprache "übersetzen" lässt. Die folgenden Sätze waren grammatikalisch und lexikalisch so gewählt, dass sie mit den Strukturen des Hianzischen im Südburgenland im Einklang standen.

Testsatz (1): Du musst halt bald die Kuh heimtreiben und melken.							
Ort	Ortsspezifische Realisierung						
	Du	mußt	halt	bald	die Kuh	heimtreiben	und melken.
Rohr	Du	muist	hoid	bold	die Kui	huamtreim	und möchan
Sulz	Du	muist	hoid	bold	die Kui	huamtreim	und möchan
Eberau I	Du	muist	hoit	bold	die Kui	einitreim	und mölan.
Eberau II	Du	muist	hold	bold	die Kui	huamtreim	und möllan.
Stegersbach	Du	muast		boit	die Kui	huamtreim	und möllan.
Heiligenkreuz	Du	muast	hianz	bold	die Kua	huamtreim	und mökn.
Güssing I	Du	muast	holt	bold	die Kua	huamtreim	und möchan
Güssing II	Du	muast	holt	bold	die Kua	huamtreim	und möchan
Güssing III	Du	muast	holt	bold	die Kua	huamtreim	und möchn

Testsatz (2): Kaufe mir ein Ei und färbe es heute grün.							
Ort	Ortsspezifische Realisierung						
	Kaufe	mir	ein	Ei	und	färbe es	heute	grün.
Neustift	Ka:f	mar	ũa	Oa	und	fiamas	hãet	grĩa.
Rohr	Ka:f	ma	a	Oa	und	firb´s	hãet	grĩa.
Sulz	Ka:f	ma	a	Oa	und	feab´s	hãet	grĩa.
Eberau I	Ka:f	ma	a	Oa	und	feab´s	hãet	grĩa.
Eberau II	Ka:f	ma	a	Oa	und	feab mas	hãet	grĩa.
Stegersbach	Kaf	ma	a	Oa	und	ferb´s	hãet	grĩa.
Güssing I	Kaf	ma	a	Oa	und	ferb´s	hait	grĩa.
Güssing II	Kaf	mir	ein	Oa	und	ferb´s	hait	grĩa.
Heiligenkreuz	Kauf	mir	a	Oa	und	ferb´s	hait	grĩa.
Güssing III	Kauf	ma:	a:.	Ei	und	ferb´s	hait	grün.

Ergebnisse Testsatz (1): "Du musst halt bald die Kuh heimtreiben und melken":

In den drei kleinen und etwas abgelegenen Orten Rohr, Sulz, Eberau kommen ausschließlich traditionelle Formen des Hianzischen vor ([ui] statt [ua], völlige Vokalisierung des [l], der Diphthong [ũa] statt [ã:], [ĩa] statt [ea], [ãe] statt [ea], [ĩa] statt [y:] usw.). Demgegenüber erscheinen in den größeren Orten Stegersbach, Heiligenkreuz und Güssing überwiegend die neuen Formen, die jedoch teilweise noch mit herkömmlichen vermischt sind. So wird in allen Orten und bei allen Gewährspersonen das Wort "heim" mit dem Diphthong [ŭa] und nicht mit dem neueren Monophthong [ã:] realisiert. Auch lexikalisch zeigen sich Mischungen von neu und alt, wenn man die Realisierungen des Worts "melken" betrachtet: Neben den beiden traditionellen Formen "möllan" und "möchan" stehen auch "möchn" und "mökn", wobei die traditionellen lexikalischen Formen durchaus auch dort vorkommen, wo sonst neue phonologische Formen auftreten.

Ergebnisse: Testsatz (2) "Kauf mir ein Ei und färbe es grün."

Hier erscheinen alle Wörter des Testsatzes in der traditionellen phonologischen Form des Hianzischen lediglich in den beiden entlegenen Orten Rohr und Neustift b. Güssing. Kennzeichnend dafür sind der Monophthong [a:] statt [ao] im Wort "kauf", der Vokal [i] statt [e] in "färb", der Diphthong [ŭa] statt [a:] im Wort "ein", die nasalierten Diphthonge [ãe] statt [oe] im Wort "heute" und [ĩa] statt [y:] in "grün". In Sulz und Eberau zeigen sich Veränderungen beim Wort "färb", wo bereits die neue Form erscheint. Bei den Sprechern der restlichen drei Orte Stegersbach, Güssing und Heiligenkreuz kommen noch weitere Wörter in neuerer phonologischer Form hinzu: [kaf] bzw. [kaof] statt [ka:f] (kauf), [ferb] bzw. [feəb] statt [fiab] (färb), [hait] statt [hãet] (heute). Bis auf einen Sprecher verwenden jedoch alle die traditionelle Formen [oa] für "Ei" und [grĩa] für "grün".

Das zeigt vor allem eines: Innerhalb eines Satzes kommen nebeneinander traditionelle und neue phonologische und lexikalische Formen vor. Die Sprecher scheint das nicht zu stören. Jeder wählt aus den vorhandenen Formenrepertoire jene Formen aus, die ihm/ihr als angemessen erscheint. Das kann sich von Ort zu Ort, von Sprecher zu Sprecher und von Situation zu Situation unterschieden und mit unterschiedlichen Faktoren verbunden sein.

4. Resümee:

Für die Entwicklung regionaler Sprachvarianten wie dem Hianzischen lässt sich daraus die Erkenntnis ableiten, dass nicht zu befürchten ist, dass sie in absehbarer Zeit aussterben werden. Das Hianzische verändert sich zwar durch Einflüsse von außen und Entwicklungen im Inneren, konstituiert sich aber in veränderter Form ständig aufs Neue. Eine zeitgemäße Erforschung des Hianzischen sollte daher nicht nur auf die Suche nach traditionellen Formen gehen, sondern auch die neuen Entwicklungen und sozialen Unterschiede einbeziehen, da nur so künftige Veränderungsvorgänge erkennbar werden.

Literatur:

Clyne, Michael (1992a): Pluricentric Languages. Differing Norms in Different Nations. Berlin/New York. (= Contributions to the Sociology of Language 62).

Goebl, Hans/Nelde, Peter H./Starý, Zdeněk/Wölck, Wolfgang (Hrsg.) (1996): Kontaktlinguistik. Ein internationales Handbuch zeitgenössischer Forschung. Berlin/New York: de Gruyter.

Hornung, Maria: Die heanzischen Mundarten des Burgenlandes im Wandel unseres Jahrhunderts. In: Im Dienste der Auslandsgermanistik. Festschrift für Professor Dr. Dr. h. c. Antal Mádl zum 70. Geburtstag (= Budapester Beiträge zur Germanistik 34). Budapest 1999: 87–95.

Kloss, Heinz (1952/1978): Die Entwicklung neuer germanischer Kultursprachen seit 1800, 2., erw. Aufl. (Düsseldorf: Schwann, 1978 [1. Aufl. : 1952]).

Muhr, Rudolf (1981): Sprachwandel als soziales Phänomen. Eine empirische Studie zu soziolinguistischen und soziopsychologischen Faktoren des Sprachwandels im südlichen Burgenland. Wien. Braumüller. 208 S. (= Schriften zur deutschen Sprache in Österreich 7).

Muhr, Rudolf (1994): Die Sprachlandschaft des südlichen Burgenlandes. Bericht über ein Projekt an der Höheren Bundeslehranstalt für wirtschaftliche Berufe Güssing. Eigenverlag der HBLA Güssig. S. 3-18.

Resch, Gerhard (1974): Soziolinguistisches zur Sprache von Pendlern. Die Realisierung der hochsprachlichen Diphthonge "ei", "au" und "eu" in der Umgangssprache von Gols (Burgenland) unter dem Einfluß des Wiener Dialektes. In: Wiener Linguistische Gazette 7 (1974), S. 38-47.

In: Muhr, Rudolf/Schranz, Erwin/Ulreich, Dietmar (Hrsg.) (2005): Sprachen und Sprachkontakte im pannonischen Raum. Das Burgenland und Westungarn als mehrsprachiges Sprachgebiet. Peter Lang Verlag. Wien u.a., S. 29-50.

Csaba FÖLDES

(Veszprém, Ungarn)

Das Deutsche in Interaktion mit seinen Nachbarsprachen im Burgenland und in Westpannonien: Forschungsansätze, Methoden und Potenziale

> „Ich habe behauptet, dass unter allen Fragen
> mit welchen die heutige Sprachwissenschaft
> zu thun hat, keine von grösserer Wichtigkeit
> ist als die Sprachmischung [...]."
> (SCHUCHARDT 1884:3)

1. Problemrahmen und Betrachtungsperspektive

Im multiethnischen, mehrsprachigen und multikulturellen Kultur-, Kontakt- und Integrationsraum Burgenland[1] begegnen einem häufig mündliche Redeprodukte, die aus der Sicht einsprachiger Kommunikationsnormen besonders auffallen. Zu solchen Erscheinungen gehört z.B. das nachfolgende sprachliche Geflecht des Deutschen und des Ungarischen in einer sprachlich hybriden Äußerung eines ungarischsprachigen Sprechers:

Megyek a ráthausba, a **standeszamthoz, ausstellütetem** a **geburtsurkun**-démat, mert a **becirkhauptmannschafton reizepaszt** akarok **beantragolni**.[2]
(= Ich gehe ins Rathaus zum Standesamt und lasse eine Geburtsurkunde ausstellen, weil ich bei der Bezirkshauptmannschaft einen Reisepass beantragen will.)

Derartige Belege mit z.T. spektakulärer Hybridität, die durch ein Ensemble evidenter und latenter Sprachenkontakt-, Konvergenz- und Inter-

---

[1] Über die unterschiedlichen Sprachgruppen und die Mehrsprachigkeit im Burgenland liegen zahlreiche Arbeiten vor. An dieser Stelle sei exemplarisch lediglich auf die Übersichtsartikel von HOLZER (1993) und HOLZER/PRÖLL (1994) sowie auf die äußerst intensiv rezipierte Monographie von GAL (1979) hingewiesen, in der sie im Hinblick auf die ethnisch ungarische Bevölkerung am Beispiel des Ortes Oberwart/Felsőőr sprachliche Praktiken und den Prozess beschreibt, durch den die betreffende Sprechergemeinschaft infolge einer Sprachumstellung schließlich unilingual in einer ihrer Sprachen wird.

[2] Die Elemente deutschsprachiger Provenienz habe ich durch Fettdruck hervorgehoben.

aktionsphänomene[3] gekennzeichnet sind, stellen in der oralen Sprachpro-
duktion bilingualer Personen unter transkulturellen Bedingungen von
Gruppen-Mehrsprachigkeit keine Seltenheit dar, sondern gehören des Öf-
teren zur üblichen Redeweise in der Ingroup-Kommunikation. Entsprechend dieser komplexen sprachkommunikativen Realität in einer Mehr-
sprachigkeits-Kultur setzt ihre wissenschaftlich adäquate Erfassung, Beschreibung und Explizierung ein mehrperspektivisches multi-, inter- und
transdisziplinäres[4] Herangehen voraus. Denn die Bearbeitung der entsprechenden weiten Fragestellungen erfordert einen relevanten Betrachtungsrahmen und eine angepasste Methodologie,[5] die sowohl dem komplexen
Gegenstand als auch den Erkenntnisinteressen der Praxis gerecht werden.
Müssen doch die Linguisten mit der vielschichtigen sprachkommunikativen Realität mindestens (a) systemorientiert, (b) soziologisch und (c)
„technologisch" umgehen und sie entsprechend reflektieren können.[6]

Da aber diese Gesamtthematik – wie sie auch im Titel der Tagung
zum Ausdruck kommt – einen etwas sperrigen Gegenstand bildet, konzen-
triert sich der vorliegende Beitrag auf einen – wohl besonders wichtigen –
Aspekt, nämlich das Aufeinandertreffen von Sprach(varietät)en und kultureller Systeme in einem mehrsprachigen mitteleuropäischen Areal. Mithin
lautet die erkenntnisleitende Forschungsfrage: Wie kann man diese und
ähnliche Kommunikationssituationen und Diskursmodi in disziplinärer
Hinsicht analytisch sinnvoll angehen und behandeln? Also in welchem ge-
nerellen Verstehensrahmen bzw. unter welchem 'Blickwinkel'[7], im Kom-
petenzbereich welcher linguistischen Teildisziplin und mit welcher Methodologie lassen sich die im Blickpunkt stehenden Phänomene sachangemes-

---

[3] Zu meinem Begriffsapparat der Sprachenkontaktforschung vgl. FÖLDES (im Druck 1).
[4] Zu diesem terminologischen System von 'Disziplinarität' vgl. NOWOTNY (1997:178 ff.).
[5] 'Methodologie' bezieht sich im engsten Sinne auf die Erforschung oder die Beschreibung von Methoden
und Verfahren, die zu einer bestimmten Aktivität angewandt werden. Meist wird das Wort in einem
weiteren Sinne gebraucht und bezieht bei einer Argumentation innerhalb einer bestimmten Disziplin die
allgemeine Auseinandersetzung mit Zielen, Konzepten und Leitfragen sowie eine Betrachtung der Beziehungen zwischen den Subdisziplinen mit ein. Auf diese Weise beinhaltet die Wissenschaftsmetho-
dologie auch Versuche zur Analyse und Hinterfragung ihrer Ziele und Grundkonzepte (wie Erklärung,
Kausalität, Experiment, Wahrscheinlichkeit), der Methoden, die zur Erreichung dieser Ziele dienen, der
Unterteilung der gegebenen Wissenschaft in diverse Bereiche und der Beziehung dieser Bereiche zu-
einander etc. Manche Forscher verwenden den Terminus lediglich als „besser klingendes" Synonym für
'Methode' (vgl. SLOMAN 1977b:387 f.).
[6] Außerdem kann eine aufgaben- und inhaltsorientierte linguistische Forschung – wie jede Geisteswis-
senschaft – nur in ihrer wissenschaftsphilosophischen und wissenschaftssoziologischen Einbettung angemessen betrieben werden.
[7] 'Blickwinkel' im Sinne von WIEDENMANN/WIERLACHER (2003).

sen untersuchen und interpretieren? Solche Fragen erlangen m.E. angesichts der Fachentwicklung der Sprachwissenschaft zunehmende Relevanz. War doch im Rahmen der cartesischen Sicht noch eine Einheit von Rationalität und Wissenschaft gegeben; spätestens seit Thomas KUHN (1996) ist jedoch klar geworden, dass man es heute mit einem Nach- und Nebeneinander verschiedener (z.t. sogar inkommensurabler) Paradigmen, Denkstile (vgl. FLECK 2002) oder Wissenschaftskulturen als diskursive Terrains zu tun.

2. Ensemble von Forschungsansätzen: Möglichkeiten und Grenzen[8]

Sprache und Kultur sowie die Rolle fortwährender kommunikativer Kontakte für die Entwicklung der Sprache wurden im Wissenschaftsdiskurs zuerst in unilingualen Zusammenhängen, erst dann – viel später – auch unter dem Blickwinkel der Zwei- und Mehrsprachigkeit und der Sprachenkontakte analysiert.

Auf der Suche nach einer Plattform bzw. einem analytischen Zugriff lassen sich zunächst Ansätze und Methoden der bereits seit Ende des 19. Jahrhunderts etablierten S p r a c h - bzw. D i a l e k t g e o g r a p h i e[9] anführen. Sprachgeographie[10] wird als eine Teildisziplin der Dialektologie aufgefasst, „die sich mit der Untersuchung sprachlicher Phänomene unter dem Aspekt ihrer räumlichen Verbreitung beschäftigt" (vgl. BUßMANN 2002:163, ähnlich auch SCHÖNFELD 1983:388 ff. und ABRAHAM 1988:780 f.). Sie hat durchaus auch mit den Kulturthemen Mehrsprachigkeit und Sprachenkontakten zu tun: Wie BECHERT/WILDGEN (1991:25) ausführen, ist jede synchron festgestellte geographische Verteilung von Sprache zeitlich auf den Sprachwandel und den Sprachkontakt zu beziehen. Außerdem geht aus der sprachgeographischen Erschließung der lebenden Mundarten hervor, dass die Geschichte der deutschen Sprache nicht einfach mit der Geschichte von sechs „Stammesmundarten" und einer über sie sich erhebenden Schriftsprache identisch ist, sondern einen vielschichtigeren und komplizierteren Prozess verkörpert (vgl. MOLLAY 1992:42). Beispielsweise erstreckte sich bereits das Interesse von Frings auf Facetten der histori-

---

[8] Diese Ausführungen gehen z.T. auf meinen Aufsatz FÖLDES (im Druck 2) zurück.

[9] Oder als terminologische Alternative: 'Mundartgeographie' (z.B. HARD 1966).

[10] Zu ihrer Konzeptualisierung und Wissenschaftsgeschichte sowie zu ihrer Beziehung zur Dialektologie vgl. WERLEN (1996) und KISS (1999). HUTTERER (1999:362) betrachtet z.B. Sprachgeographie als eine „Methode" innerhalb der „Mundartforschung".

schen Deutung sprachgeographischer Erscheinungen in den einzelnen „Kulturlandschaften" (vgl. FRINGS 1956). Er meinte allerdings, dass sie durch eine neue und selbstständige Wissenschaft, nämlich die Kulturgeographie abgelöst werde (vgl. FRINGS 1956 und WIKTOROWICZ 2004:96). Innerhalb der Sprachgeographie nahm und nimmt gleichwohl die Sprachatlanten-Thematik einen zentralen Platz ein. Diese waren ursprünglich rein nationalsprachlich ausgerichtet (vgl. BECHERT/WILDGEN 1991:26), d.h. erfassten lediglich Dialekte einer Sprache; seit Frings und Gamillscheg besteht indes markanter die Absicht, über die nationalen Grenzen hinauszugehen und die Übergangszonen mit zu berücksichtigen, ein solcher Beleg ist etwa der „Sprach- und Sachatlas Italiens und der Südschweiz" (AIS) von JABERG/JUD (1928–1940), der auch auf Rätoromanisch, Ladinisch, Sardisch etc. eingeht und zudem Forschungspunkte einbezieht, an denen andere, konkurrierende Sprachen existieren und teilweise von den Gewährsleuten benutzt werden (etwa Französisch und Deutsch). Ein noch besseres Beispiel ist der in Bamberg entstehende, seit 1983 erscheinende, groß angelegte kontinentale Sprachatlas ATLAS LINGUARUM EUROPAE (ALE 1983–),[11] in dessen Fokus die Mehrsprachigkeit (vertreten durch sechs Sprachfamilien und 22 Sprachgruppen) im Großraum Europa steht.

Die sog. Areallinguistik widmet inter- bzw. transkulturellen[12] Sprachenkontakt-Zonen ebenfalls Aufmerksamkeit. „Areallinguistik heißt diejenige Teildisziplin, in der Übereinstimmungen und Unterschiede zwischen sich räumlich gegeneinander abhebenden Sprachsystemen oder zwischen geographisch differenzierten sprachlichen Subsystemen sowie die Verbreitung der Übereinstimmungen mit Hilfe kartographischer Darstellungen interpretiert werden" (GOOSSENS 1980:445). Wie aus der Definition hervorgeht, ist ihre disziplinäre Nähe zur Sprachgeographie angesichts z.T. identischer Gegenstände, Erkenntnisinteressen und Zugriffe nicht zu übersehen, sodass eine konsequente gegenseitige Abgrenzung wohl kaum möglich sein dürfte. LEWANDOWSKI (1994:85), PILARSKÝ (2001:14), BUßMANN (2002:92, 163) und ULRICH (2002:33, 64) u.a. betrachten Areallinguistik und Dialektgeographie sogar als parallele Termini. Vielleicht wegen dieser begrifflich-terminologischen Unklarheiten meint GLÜCK

---

[11] Nähere Informationen über das unter der Schirmherrschaft des UNESCO stehende Projekt finden sich im Netz unter: http://www.uni-bamberg.de/split/engling/-ale-d.html.

[12] Zu diesem Konzeptfeld vgl. WELSCH (2000:327 ff.) und FÖLDES (im Druck 1).

(2000:59), 'Areallinguistik' gelte als terminologischer Versuch, die sprachwissenschaftliche Erforschung diatopischer Aspekte der Sprache zusammenzufassen.

Auch die – noch auf TRUBETZKOY (1930) rekurrierende und um eine Erschließung arealeigener typenbildender Isoglossenbündelungen bemühte – Sprachbund-Forschung[13] bietet für die Problematik einer areal motivierten sprachlichen Konvergenz u.U. einen disziplinären Betrachtungsrahmen. Wird doch 'Sprachbund' als eine Gruppe von geographisch aneinander grenzenden Sprachen betrachtet, die eine Reihe von Struktur-Isoglossen kennzeichnen und deren geographischer Zusammenschluss auf sprachliche Kontakte und nicht auf gemeinsame Abstammung zurückgeht (vgl. ABRAHAM 1988:773, PILARSKÝ 2001:16 ff.).[14]

Eine konzeptuelle und terminologische Alternative bildet die Arealtypologie,[15] die z.B. bei PILARSKÝ (2001:16) als Oberbegriff fungiert und als linguistisches Untersuchungsfeld darauf abzielt, „Konfigurationen strukturtypischer Konvergenzen in verschiedenen Teilsystemen von Sprachen eines bestimmten Areals zu erforschen". Indirekt verfahren auch manche andere Linguisten ähnlich, wie etwa GOOSSENS (1980:445), indem er die Dialektgeographie als eine „diasystemische Areallinguistik" betrachtet oder NEWERKLA (2002:211 ff.), der das Phämomenbündel sprachlicher Konvergenzprozesse und die für seine Analyse zuständige (mitteleuropäische) Sprachbundtheorie im Konnex einer Arealtypologie verortet. Indes wird Arealtypologie von LUSCHÜTZKY (1999:20–24) unter Areallinguistik subsumiert, weil es seiner Ansicht nach „eine Arealtypologie sui generis gar nicht gibt, sondern nur eine Areallinguistik".

Das komplizierte Wechselverhältnis von Disziplinen wie Areallinguistik, allgemeine Sprachtypologie, Arealistik, Arealtypologie und Sprachkontaktforschung kann wohl am besten – in Anlehnung an HAARMANN (1976) und PILARSKÝ (2001:15) – durch Schema 1 anschaulich dargestellt werden.

---

[13] Über das Begriffsfeld, die Problematik und die Nachfolge-Modelle des 'Sprachbundes' referieren z.B. HAARMANN (1976), INEICHEN (1979:96 ff.), PILARSKÝ (2001:16 ff.) und VAN POTTELBERGE (2001).

[14] Vom EUROTYP-Projekt (vgl. KÖNIG 2000) bis zur sog. Eurolinguistik (vgl. REITER 1999) gibt es auf der Suche nach Ähnlichkeiten zwischen europäischen Sprachen mehrere neue Forschungsprogramme, welche die Sprachbundtheorie aufgreifen und weiterentwickeln.

[15] Konturen einer Arealtypologie wurden z.B. von HAARMANN (1976) erarbeitet. Wie PILARSKÝ (2001:16) erwähnt, ist neuerdings dazu synonym auch die Alternative „Arealistik" gebräuchlich.

[Schema 1]

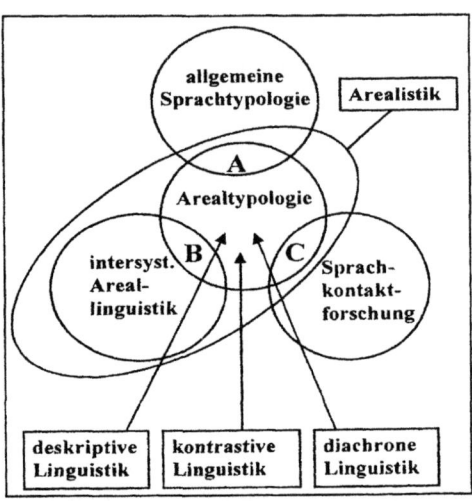

Für die wissenschaftliche Behandlung von „linguistischen Problem-
Arealen" (so auch im Falle von Minderheitensprachen) ist in der akademi-
schen Praxis jedoch zumeist (und oft unreflektiert) die sog. Sprachinselforschung – als ein Sonderfall der Sprachgeographie – disziplinär
zuständig. Man sollte aber hinterfragen, ob der „Sprachinsel"-Ansatz wirklich geeignet ist, den Realitätsbereich 'Minderheitensprachen' sachange-
messen zu erkennen, zu erfassen, zu thematisieren, zu beschreiben, zu interpretieren und zu bewerten oder ob ein anderes Paradigma wünschenswert wäre.

Was bedeutet denn das Konstrukt[16] „Sprachinsel" in der sprachwissenschaftlichen Forschung? Walter KUHN (1934:13) hat seinerzeit unter
„echten Sprachinseln" solche „Siedlungen" verstanden, „die durch geschlossene Kolonisation eines Volkes auf Neuland inmitten fremden
Volksgebiets entstanden sind". Im Wesentlichen dominieren auch in den
späteren Begriffsbestimmungen recht ähnliche Definitionen. Beispielsweise
formulierte WIESINGER (1983:901):

---

[16] Zum wissenschaftstheoretischen Begriff von 'Konstrukt' vgl. SLOMAN (1977a:133).

„Unter Sprachinseln versteht man punktuell oder areal auftretende, relativ kleine geschlossene Sprach- und Siedlungsgemeinschaften in einem anderssprachigen, relativ größeren Gebiet."

MATTHEIER (1994:334) kritisierte, dass sich die meisten Begriffsbestimmungen auf einen dialektgeographischen Blickwinkel beschränken, und integrierte daher in seine Definition die Aspekte Sprachkultur, Überdachung und Assimilation einer Minderheit, indem er Mitte der 90er Jahre des 20. Jahrhunderts eine prononciert soziolinguistisch orientierte Sprachinsel-Konzeption in die Diskussion einbrachte:

„Eine Sprachinsel ist eine durch verhinderte oder verzögerte sprachkulturelle Assimilation entstandene Sprachgemeinschaft, die – als Sprachminderheit von ihrem Hauptgebiet getrennt – durch eine sprachlich/ethnisch differente Mehrheitsgesellschaft umschlossen und/oder überdacht wird, und die sich von der Kontaktgesellschaft durch eine die Sonderheit motivierende soziopsychische Disposition abgrenzt bzw. von ihr ausgegrenzt wird."

Trotz gewisser inhaltlicher Differenzen, die im Rahmen unterschiedlicher Konzepte in Erscheinung treten, dominiert bei Auseinandersetzungen mit dem Kulturphänomen 'Minderheitensprachen' das 'Sprachinsel'-Modell noch immer in der einschlägigen Forschung. Dennoch scheint mir die Metapher der 'Sprachinsel' heute nicht (mehr) geeignet zu sein, einen sachangemessenen Ordnungs- und Erklärungsansatz zur Auseinandersetzung mit aktuellen sprachlichen und kommunikativen Phänomenen des Deutschen außerhalb des zusammenhängenden deutschen Sprachraums bereitzustellen. Denn die Bildlichkeit einer Insel impliziert etwas „Geschlossenes", „Isoliertes" oder – wie LIPOLD (1985:1977) meinte – etwas, was den Eindruck des Relikthaften, Erstarrten sowie nach außen völlig Abgeschlossenen und (ich füge hinzu) nicht selten sogar den des Kuriosen hervorruft. Das kommt in vielen Arbeiten auch explizit zum Ausdruck, wie z.B. bei LÖFFLER (1987:387) oder bei REIN (2000:285), die ausdrücklich die Isoliertheit der betreffenden Diskursgemeinschaften betonen. Eine gewisse Introvertiertheit der Blickrichtung findet sich auch in modernsten Definitionen von „Sprachinselforschung", z.B. bei GERNER (2003:11): „Die primäre Aufgabe der Sprachinselforschung ist eine nach innen gerichtete, die sich in der allseitigen Beschreibung des Sprachzustandes und in der Aufdeckung und Erklärung der Dynamik der Sprachinsel erfüllt."

Die Beschreibung von PROTZE (1969a:291; 1969b:595) geht sogar von einer zweifachen Abgeschlossenheit bzw. Absonderung und Abkapselung dieser Diskursgemeinschaften aus: „Sprachinseln sind vom eigenen zusammenhängenden Sprachverband durch fremde Sprachen und Kulturen getrennte Reste. Sie führen in sprachlicher und oft auch in kultureller Hinsicht ein interessantes Eigenleben, das meist nur geringe Beziehungen zum 'Mutterland' einerseits wie zum umgebenden Staatsverband andererseits aufweist". Obendrein heben diese Definitionen stets die ethnischen und sprachlichen Differenzen zwischen der Minderheitengruppe und der Mehrheitsgesellschaft hervor.

Meiner Ansicht nach mag sich der Sprachinsel-Begriff hinsichtlich mitteleuropäischer Minderheitensprachen allenfalls in Kontexten zur Charakterisierung historischer Sprachzustände im Grunde als zutreffend erweisen, weil er die damalige Sprachrealität reflektierte, etwa in der Aussage von AMMON (2001:1368): „Die im späten Mittelalter, seit dem 12. Jh. eintretende Emigration muttersprachlich deutschsprachiger Bevölkerungsteile nach Osteuropa führte dort zur Bildung zahlreicher 'Sprachinseln'". Zudem besteht ein wichtiger wissenschaftsgeschichtlicher Ertrag dieser Terminologie darin, dass nicht mehr das „Volkstum", sondern die Sprechweise dieser Siedlungsgemeinschaften zum Gegenstand der Forschung geworden war bzw. noch ist: „[N]icht das ethnische, 'deutsch völkische', sondern das sprachliche Element ist nun signifikantes Merkmal dieser Beschreibungen" (GEYER 1999:158).

Die Sprachinselforschung operiert also primär im Rahmen der Sprachgeographie. Allerdings gibt es (potenziell) auch andere Schwerpunktsetzungen. MATTHEIER (2002:137 ff.) z.B. arbeitet nicht weniger als 12 Forschungsansätze heraus, die in der Forschungsgeschichte und der gegenwärtigen Erschließung von Sprachinseln eine Rolle spielen. Er nähert sich dem „sprachsoziologischen Phänomen 'Sprachinsel'" in einem breiteren Rahmen und unterscheidet zwei Gegenstandsbereiche: „die Varietätenlinguistik und die Kontaktlinguistik, je nachdem, ob die autochthonen Sprachverhältnisse innerhalb einer Sprachinselgemeinschaft untersucht werden sollen, oder ob die Wechselwirkung zwischen der autochthonen Sprache und der Sprachwirklichkeit der allochthonen Umgebungs- bzw. Überdachungsgesellschaft thematisiert werden soll" (2002:137).

Heute ist für den Wirklichkeitsbereich 'Minderheitensprachen' im Burgenland oder in Westungarn nicht (mehr) eine inselmäßige Segregation charakteristisch. Vielmehr bestimmen exzessive Zwei- und Mehrsprachigkeit (bzw. sogar Gemischtsprachigkeit) und durchgreifende Sprachen- und Kulturenkontakte das derzeitige Kommunikationsprofil der Minderheitengemeinschaften und das aktuelle Gesicht dieser Sprachvarietäten. Wenn man in im Sinne eines analytischen Zugriffs von einem 'Sprachinsel'-Modell ausgeht, kann das einen konzeptuellen Nachteil mit sich bringen. Sind doch die Manifestationen wissenschaftlicher Theorien bekanntlich in nicht geringem Maße metaphorischer Struktur, sodass Metaphern für die wissenschaftliche Begriffsbildung, bei der Konstituierung von wissenschaftlichen Theorien sowie für die Formulierung wissenschaftlicher Hypothesen und Erklärungen eine determinierende Rolle spielen (vgl. HESSE 1970, KERTÉSZ 2001 und DREWER 2003). In der Linguistik ist bereits seit den kognitionspsychologischen und erkenntnistheoretischen Betrachtungen von LAKOFF/JOHNSON (1980) bekannt, dass die Metaphern nicht lediglich rhetorische Erscheinungen darstellen, die sich auf die poetische Sprache beschränken, sondern dass sie konstitutive Elemente sowohl der Alltagssprache als auch der abstrakten Domänen der menschlichen Erkenntnis sind, d.h. sie beteiligen sich aktiv an der Verarbeitung von Erfahrungen sowie an der Gewinnung von Wissen. Folglich ist das konzeptuelle System des Menschen allgemein metaphorisch strukturiert. Die kognitive Wirkung der konzeptuellen Metaphern manifestiert sich an metaphorisch verwendeten Lexemen,[17] die bestimmten konzeptuell-semantischen Bereichen entstammen, systematisch aufeinander bezogen sind und so „Metaphernnetze" bzw. „Bildfelder" konstituieren. Mithin gelten sprachliche Metaphern sowohl als Folge wie auch als Indikatoren metaphorisch-analogisch strukturierter Wissensbestände. Als ein wichtiges Fazit der einschlägigen Forschungen ist also zu betonen, dass die „metaphorischen Konzepte" (vgl. LAKOFF/JOHNSON 1980) bei der wissenschaftlichen Erkenntnis eine wesentliche Rolle spielen; es ist sogar anzunehmen, dass das Zustandekommen einzelner wissenschaftlicher Erkenntnisse, die Konstituierung einzelner wissenschaftlicher Begriffe und die Formulierung einzelner wissenschaftlicher Hypothesen auf den bewussten Einsatz von Metaphern zurückgreift (vgl. KERTÉSZ 2001:148). Die metatheoretischen Konsequenzen

---

[17] Der Kern dieser Theorie besteht darin, dass man bei der Metaphorisierung stets ein Konzept als ein anderes Konzept ansieht (vgl. ausführlicher: LIEBERT 1992:12 ff.).

sind also gravierend (KERTÉSZ 2001:145 ff.), vor allem die konstruktive Rolle einer metawissenschaftlich orientierten kognitiven Metapherntheorie bei der objektwissenschaftlichen Erkenntnis. Denn diese trägt zur bewussten Schaffung von neuen Metaphern bei, die sich bei der Lösung von Alltagsproblemen einsetzen lassen und nachweislich die Entstehung neuer objektwissenschaftlicher Begriffe und Hypothesen beeinflussen. Die Bedeutung der Metapher, die der terminologischen Nomination zugrunde liegt, ist somit überaus hoch.

Es ist gewiss nicht einfach, ein in der Sprachwissenschaft bereits vorliegendes Paradigma zu finden oder ein neues zu erarbeiten, das im Hinblick auf die Minderheitensprachen im untersuchten Areal den Forderungen der Beobachtungs-, der Beschreibungs- und der Erklärungsangemessenheit möglichst weitgehend entspricht und die Gewinnung epistemischen Wissens im gegebenen Problemfeld fördert. Denn das sprachliche und kulturelle Problemfeld ist recht kompliziert. Man kann daher Walter KUHN (1934:395) nicht zustimmen, wenn er meint: „die meisten Sprachinseln [...] zeigen ein wesentlich einfacheres soziales und kulturelles Gefüge und stellen so die Kulturforschung vor leichtere Aufgaben als das Mutterland". Vielmehr sind ein komplexes Geflecht von massiv interagierenden Sprachvarietäten und eine intensive Überlagerung bzw. ein vielschichtiges Ineinandergreifen von kulturellen Systemen kennzeichnend. Von daher schiene mir die Kontaktlinguistik einen angemesseneren disziplinären und diskursiven Rahmen und ein geeigneteres Analyseinstrumentarium bereitstellen zu können. Unter 'Kontaktlinguistik' verstehen die Herausgeber des für diesen Gegenstandsbereich maßgebenden HSK-Bandes „eine von Linguisten aller Fachrichtungen gegenüber dem Phänomen des sozialen Kontakts zweier oder mehrerer natürlicher Einzelsprachen eingenommene Forschungshaltung und die daraus resultierenden theoretischen und praktischen Resultate" (GOEBL/NELDE/STARÝ/WÖLCK 1996:XXV). Mit einem ähnlichen Ansatz, allerdings etwas einfacher und verkürzter formuliert GOEBL (1997:52): Kontaktlinguistik ist „die sprachwissenschaftliche Betrachtung von Sprachen und deren Sprechern, die miteinander in irgendeiner Form von sozialem Kontakt stehen".[18] In einem umfassenderen disziplinären Kontext wäre m.E. ein Ansatz wünschenswert (ob er auf ei-

[18] Ein interdisziplinäres Konzept der Kontaktlinguistik „als Wissenschaftszweig der Mehrsprachigkeitsforschung" stammt von NELDE (1992:232 ff.).

ner Metapher beruht oder nicht), welcher der besonderen Dynamik der mehrsprachigen bzw. mehrkulturigen Konfigurationen und den Verschränkungen des „magischen Dreiecks" Sprache, Kultur und Identität explizit Rechnung trägt. Das wäre m.E. im Diskursrahmen einer inter-kulturellen[19] (oder noch besser: transkulturellen) Linguistik aufgrund ihrer Konstitution und ihres Dispositivs[20] möglich.[21] Innerhalb dieses Denkrahmens wäre also auch die diskursive Spezialplattform Kontaktlinguistik anzusiedeln.

3. Weitere Potenzen kontaktlinguistischer Forschungen

Das Studium von Sprachenkontakten (sowie von Zwei- und Mehrsprachigkeit) stellt – sowohl generell wie auch im Falle einzelner Kontakträume – einen vielseitigen und in sich wissenschaftliche Herausforderungen bergenden „Abenteuerspielplatz" vor allem für Linguisten dar (vgl. detailliert in FÖLDES im Druck 1). Es verlangt eo ipso inter-, multi- und vor allem transdisziplinäre Feldforschungen und hält als integrativer Ansatz gleichzeitig für verschiedene Wissenschaftsbereiche Relevantes bereit; WILDGEN (1988:21) hat treffend bemerkt, dass die Vielfalt von Aspekten und Fragestellungen die Kontaktlinguistik zu einer „Interaktionszone humanwissenschaftlicher Methoden" werden lässt. Ein kontaktlinguistischer Blickwinkel, der breit genug gewählt und nicht durch modisch eingeengte „Definitionswut" bestimmt ist, kann ferner – wie NELDE (2001:39) argumentiert – die europäische Linguistik einerseits vor nationalphilologischer und unilingualer „Borniertheit", andererseits vor „luftigen" Theoriekonstruktionen fern jeder empirischen und historischen Sach- und Fachkenntnis bewahren.

So gesehen, können die Zwei- bzw. Mehrsprachigkeitsforschung und die Kontaktlinguistik für eine Reihe von Disziplinen, von der Anthropologie über die Sozialpsychologie bis hin zur Literaturwissenschaft, von hohem heuristischen Wert sein (vgl. die entsprechenden Artikel im HSK-Band von GOEBL/NELDE/STARÝ/WÖLCK 1996:23 ff.). An dieser Stelle beschränke ich mich exemplarisch auf einige wenige Aspekte. Mit Blick auf den Bereich der sprachlich-kommunikativen Norm und der

---

[19] 'Kultur' ist eigentlich auch eine Metapher, siehe dazu KONERSMANN (1998).

[20] Zum Dispositivbegriff vgl. Foucault (1978).

[21] Vgl. zu ihrer Konstituierung, zu ihren Gegenständen, Inhalten und Methoden ausführlich FÖLDES (2003).

philologisch-linguistischen Terminologie etwa genügt es hier
wohl, darauf hinzuweisen, dass sich anhand dieser beiden Problemkreise
zahlreiche offene Fragen ergeben: Beispielsweise gibt es bis heute keine
Einigung über die Definition von Sprach- bzw. Kommunikationsnormen;
und auch die sprachliche bzw. linguistische Terminologie gilt momentan
allenfalls aus der Perspektive der Einsprachigkeit als hinreichend definiert
und einigermaßen zutreffend.[22] Man denke nur daran, dass die fundierte
Klärung selbst solch grundlegender Fragen noch aussteht, was denn im
Falle von bilingualen Personen unter sog. 'Muttersprache' oder 'Fremdsprache' zu verstehen ist. Diese Termini sind für eine Verwendung im
Kontext der Zwei- bzw. Mehrsprachigkeit einfach nicht geeignet (vgl. auch
LÜDI/PY 1984:25 und MAHLSTEDT 1996:18).[23] Zumal der Terminus *Muttersprache* für die Kontaktlinguistik völlig unbrauchbar ist; seine Bedeutung ist unscharf und er ist konnotativ belastet, kann höchstens für unilin-
guale Sprachräume gelten. Mit folgender Ansicht des ungarischen Ex-
Kultusministers, Professor Andrásfalvy, kann ich daher weder terminolo-
gisch noch inhaltlich etwas anfangen: „Wie jeder nur eine Mutter hat, so
hat jeder nur eine Muttersprache [...]" (1992:5). Daran ist freilich zu erkennen, wie nachhaltig sich die „Standortgebundenheit" (im vorliegenden
Falle: die von einsprachigen und 'einkulturigen' Menschen) auf die Begrifflichkeit auswirkt. Dabei ist mit „Standortgebundenheit" die „Blickbe-
dingtheit der geisteswissenschaftlichen Begriffsbildung" (PLESSNER
1983:91) gemeint, die letzten Endes zur kulturhermeneutischen Konturie-
rung unserer Leitbegriffe führt. In diesem Zusammenhang halte ich Elemente aus der neuen Begrifflichkeit der Plansprache Esperanto für viel
treffender. Sie hat den Ausdruck *gepatra lingvo*, d.h. „Elternsprache" geprägt (*ge-* = Präfix des Kollektivums, *patro* = Vater, *gepatroj* = Eltern),
d.h. die Sprache, die man von seinen Eltern gelernt hat. Eine neue Bezeichnung ist im Esperanto *denaska lingvo* (*de* = Präfix, *naski* = gebären,

---

[22] Selbst in der sog. „interkulturellen Germanistik" erfolgen Konzipierung, Theorie- und Begriffskonstitution ausschließlich auf der Basis der Einsprachigkeit, d.h. es wird erklärterweise von unilingualen Personen ausgegangen und „von den Problemen und der Erfordernis der Mehrsprachigkeit abgesehen" (so WIERLACHER 2000:271).

[23] Ungeachtet des spezifischen Blickwinkels des Bilingualismus erscheint etwa der tradierte Fremdsprachenbegriff als recht problematisch. Zur Verdeutlichung nenne ich nur die völlig unangemessene Definition in der Cambridge-Enzyklopädie der Sprache: „Der Begriff 'Fremdsprache' wird gemeinhin auf alle Sprachen angewandt, die nicht in einem Land heimisch sind" (CRYSTAL 1993:368).

naskiĝi = geboren werden), d.h. die Sprache, die man als erste erlernt, nachdem man geboren wurde.

Mehrsprachigkeitsstudien kommt ferner unter dem Aspekt der immer bedeutsamer werdenden sprachphilosophischen Emergenz-Theorie erhebliches Gewicht zu. Sie bezieht sich in unserem Fall auf das Hervortreten latenter, nur unter besonderen Bedingungen realisierbarer Möglichkeiten von natürlichen Strukturtypen in Situationen, in denen die kulturelle Tradierung der Sprache abbricht oder die Tradierung unvollkommen ist (BECHERT/WILDGEN 1991:139).[24] Das bedeutet, dass in Sprachenkontaktsituationen unter Umständen auch Potenziale einer Sprache zutage treten können, die sich unter den Bedingungen einer (relativen) Einsprachigkeit nicht ergeben.

Die kontaktlinguistischen deskriptiven Verfahren können überdies nicht zu unterschätzende Erkenntnisse für die kontrastive Linguistik liefern. Es geht nämlich vordringlich darum, Kontaktphänomene – also Unterschiede zu den Strukturen und Mustern der deutschen Sprache unter Einsprachigkeitsbedingungen – zu ermitteln. Diese Abweichungen kommen in ihrer Mehrheit durch komplexe Übertragungsmechanismen aus der/den Umgebungssprache(n) zustande. Man kann also indirekt – in diesem Fall deutsch-ungarische – Systemunterschiede wahrnehmen, die sonst vielleicht unbemerkt geblieben wären. Das ist besonders bei Sprachenpaaren von Bedeutung, die kontrastiv-linguistisch bislang nicht umfassend untersucht worden sind.

Empirische Ergebnisse kontaktlinguistischer Forschungen vermögen Aufschlüsse für verschiedene angewandt-linguistische Disziplinen zu liefern, etwa für die Psycholinguistik. Beispielsweise kann man aus den Strukturen von Sprachenkontakt-Manifestationen (z.B. von Transferenzen) auf die Art des Spracherwerbs schließen und die Organisation des mentalen Lexikons[25] aufdecken. Kontaktlinguistische Forschungen und ihre Erkenntnisse sind obendrein für die Theorie und Praxis einer wissenschaftlich fundierten Sprachenpolitik (Aspekte der Sprachplanung etc.) und der Sprachpflege von großem Wert (vgl. NELDE 1992:234).

---

[24] Zu Begriff und Problematik der 'Emergenz' vgl. den Sammelband von KROHN und KÜPPERS (1992) und die Monographie von STEPHAN (1999).

[25] DENIG/UNWERTH (1986:249) weisen auf Unstimmigkeiten in der Terminologie zum mentalen Lexikon hin und auch BOT et al. (1995:1) beklagen ungenaue Definitionen und theoretische Vagheit.

Außerdem ist die Kontaktlinguistik im Stande, relevante Beiträge zur Konfliktanalyse zu leisten (vgl. NELDE 1992:238 ff. und 2001:39);[26] nicht zuletzt deswegen, weil sie komplexe sprachliche/linguistische Verhältnisse und das darin liegende Konfliktpotenzial beschreibt.

Eine kontaktbezogene Sichtweise kann ferner im Hinblick auf die Sprachgeschichte zur Entwicklung eines fruchtbaren und zukunftsweisenden Betrachtungs- und Erklärungsmodells beitragen (vgl. REICHMANN 2000:463 f.), womit nicht zuletzt auch der „nationalen Engstirnigkeit" (vgl. REICHMANN u.a. 1995:455 ff.) dieser Disziplin entgegengewirkt werden kann.

Last but not least, können Forschungen über Zwei- bzw. Mehrsprachigkeit, zusammen mit der Kontaktlinguistik, durch ihr empirisches Forschungsmaterial und ihr immer differenzierteres Instrumentarium nicht unerheblich zu einer paradigmatischen Theorie der Inter-, Multi- bzw. Transkulturalität beitragen. Außerdem lässt sich u.U. ein bemerkenswertes Wechselverhältnis zwischen Deskription und theoretischer Reflexion konstatieren, ganz bis hin zu der interaktionistischen These, dass sich in inter- bzw. transkulturellen Kontaktsituationen neue (eigene) Kommunikationsformen und Diskurstypen herausbilden können (vgl. ansatzweise GUMPERZ 1982:172 ff.; auf explizite Weise KOOLE/TEN THIJE 1994:4, 195 ff.).

4. Schluss

Fragen von Forschungsmethodologie, von potenziellen Paradigmen und von Wissenschaftstheorie schlechthin nehmen im zeitgenössischen wissenschaftlichen Diskurs generell einen immer breiteren Raum ein (vgl. z.B. KERTÉSZ 2004). So wird es auch im Hinblick auf mehrsprachige und transkulturelle Kontakträume – wie das Burgenland oder Westpannonien – notwendig sein, zwecks Herausarbeitung und Etablierung eines leistungsfähigeren Theorie-, Diskurs- und Verstehensrahmens sowie eines progressiveren methodologischen Instrumentariums weitergehende dezidierte Überlegungen anzustellen und die bisherigen Paradigmen reflektorisch zu diskutieren.

---

[26] Die Konfliktaspekte kontaktlinguistischer Forschungen thematisiert NELDE in mehreren Publikationen (z.B. 1987).

Literatur

ABRAHAM, Werner (1988): Terminologie zur neueren Linguistik. 2., völlig neu bearb. u. erw. Aufl. Tübingen: Niemeyer. (Germanistische Arbeitshefte; Ergänzungsreihe 1).

AMMON , Ulrich (2001): Die Verbreitung des Deutschen in der Welt. In: HELBIG, Gerhard/GÖTZE, Lutz/HENRICI, Gert/KRUMM, Hans-Jürgen (Hrsg.): Deutsch als Fremdsprache. Ein internationales Handbuch. 2. Halbband. Berlin/New York: de Gruyter. (Handbücher zur Sprach- und Kommunikationswissenschaft; 19.2). S. 1368–1381.

ANDRÁSFALVY, Bertalan (1992): A másik anyanyelv. In: GYŐRI-NAGY, Sándor/KELEMEN, Janka (szerk.): Kétnyelvűség a Kárpát-medencében. II. Budapest: Pszicholingva Nyelviskola + Széchenyi Társaság. S. 5–10.

ATLAS LINGUARUM EUROPAE (1983–). Assen: Van Gorcum.

BECHERT, Johannes/WILDGEN, Wolfgang [Unter Mitarbeit von Christoph SCHROEDER] (1991): Einführung in die Sprachkontaktforschung. Darmstadt: Wiss. Buchgesellschaft. (Die Sprachwissenschaft).

BOT, Kees de [et al.] (1995): Lexical Processing in Bilinguals. In: Second Language Research 11. S. 1–19.

BUßMANN, Hadumod (Hrsg.) (2002): Lexikon der Sprachwissenschaft. Dritte, aktual. u. erw. Aufl. Stuttgart: Kröner.

CRYSTAL, David (1993): Die Cambridge-Enzyklopädie der Sprache. Übers. und Bearb. der dt. Ausg. Stefan RÖHRICH u.a. Frankfurt a.M./New York: Campus.

DENIG, Friedrich/UNWERTH, Heinz-Jürgen von (1986): Das mentale bilinguale Lexikon. Probleme und Perspektiven der Sprachlehrforschung. Frankfurt a.M.: Scriptor. (Bochumer Beiträge zum Fremdsprachenunterricht in Forschung und Lehre). S. 225–255.

DREWER, Petra (2003): Die kognitive Metapher als Werkzeug des Denkens. Zur Rolle der Analogie bei der Gewinnung und Vermittlung wissenschaftlicher Erkenntnisse. Tübingen: Narr. (Forum für Fachsprachen-Forschung; 62).

FLECK, Ludwik (2002): Entstehung und Entwicklung einer wissenschaftlichen Tatsache. Einführung in die Lehre vom Denkstil und Denkkollektiv. 5. Aufl. Frankfurt a.M.: Suhrkamp. (Suhrkamp-Taschenbuch Wissenschaft; 312: Wissenschaftsforschung).

FÖLDES, Csaba (2003): Interkulturelle Linguistik. Vorüberlegungen zu Konzepten, Problemen und Desiderata. Veszprém: Universitätsverlag/Wiem: Ed. Praesens. (Studia Germanica Universitatis Vesprimiensis; 1).

FÖLDES, Csaba (im Druck 1): Kontaktdeutsch: Eine Varietät unter transkulturellen Bedingungen von Mehrsprachigkeit.

FÖLDES, Csaba (im Druck 2): Areallinguistik, Sprachgeographie, Sprachbundtheorie, Kontaktlinguistik, interkulturelle Linguistik: Disziplinen, Paradigmen und Forschungsprogramme zur Untersuchung transkultureller Kontakträume. In: LASATOWICZ, Maria Katarzyna/RUDOLPH, Andrea/WOLF, Norbert Richard (Hrsg.): Deutsch im Kontakt der Kulturen. Schlesien und andere Vergleichsregionen. Berlin: Trafo Verlag Dr. Wolfgang Weist. (Silesia).

FOUCAULT, Michel (1978): Dispositive der Macht. Über Sexualität, Wissen und Wahrheit. Berlin: Merve.

FRINGS, Theodor (1956): Sprachgeographie und Kulturgeographie. In: FRINGS, Theodor: Sprache und Geschichte II. Halle (Saale): Niemeyer. (Mitteldeutsche Studien; 17). S. 22–39.

GAL, Susan (1979): Language Shift: Social Determinants of Linguistic Change in Bilingual Austria. New York: Academic Press. (Language, Thought, and Culture).

GERNER, Zsuzsanna (2003): Sprache und Identität in Nadasch/Mecseknádasd. Eine empirische Untersuchung zur Sprachkontaktsituation und Identitätsbildung in der ungarndeutschen Gemeinde Nadasch. Budapest: ELTE. (Ungarndeutsches Archiv; 7).

GEYER, Ingeborg (1999): Sprachinseln. Anmerkungen zu Definition und Forschungstradition. In: WIESINGER, Peter/BAUER, Werner/ERNST, Peter (Hrsg.): Probleme der oberdeutschen Dialektologie und Namenkunde. Vorträge des Symposions zum 100. Geburtstag von Eberhard Kranzmayer. Wien, 20.–22. Mai 1997. Wien: Ed. Praesens. S. 152–170.

GLÜCK, Helmut (Hrsg.) (2000): Metzler-Lexikon Sprache. Zweite, überarb. u. erw. Aufl. Stuttgart/Weimar: Metzler.

GOEBL, Hans (1997): Die Kontaktlinguistik als wissenschaftliche Disziplin. In: MÄDER, Werner [in Zusammenarbeit mit Hans GOEBL und Anne MELIS]: Peter H. Nelde, der Europäer (l'Européen, the European, de

Europeaan). Eine Festgabe donum natalicium Peter H. Nelde. Bonn: Dümmler. (Bausteine Europas; Sonderband I). S. 51–57.

GOEBL, Hans/NELDE, Peter H./STARÝ, Zdeněk/WÖLCK, Wolfgang (Hrsg.) (1996): Kontaktlinguistik. Ein internationales Handbuch zeitgenössischer Forschung. Berlin/New York: de Gruyter. (Handbücher zur Sprach- und Kommunikationswissenschaft; 12.1).

GOOSSENS, Jan (1980): Areallinguistik. In: ALTHAUS, Hans Peter/HENNE, Helmut/WIEGAND, Herbert Ernst (Hrsg.): Lexikon der Germanistischen Linguistik. 2., vollst. neu bearb. u. erw. Aufl. Tübingen: Niemeyer. S. 445–453.

GUMPERZ, John J. (1982): Discourse Strategies. Cambridge/London/New York/New Rochelle/Melbourne/Sydney: Univ. Press. (Studies in Interactional Sociolinguistics; 1).

HAARMANN, Harald (1976): Aspekte der Arealtypologie. Die Problematik der europäischen Sprachbünde. Tübingen: Narr. (Tübinger Beiträge zur Linguistik; 72).

HARD, Gerhard (1966): Zur Mundartgeographie. Ergebnisse, Methoden, Perspektiven. Düsseldorf: Schwann. (Wirkendes Wort, Beih.; 17).

HESSE, Mary B. (1970): Models and Analogies in Science. 2. print. Notre Dame, Ind.: Univ. of Notre Dame Press.

HOLZER, Werner (1993): Trendwende? Sprache und Ethnizität im Burgenland. Wien: Passagen. (Passagen Gesellschaft).

HOLZER, Werner/PRÖLL, Ulrike (Hrsg.) (1994): Mit Sprachen leben. Praxis der Mehrsprachigkeit. 6. Burgenländische Forschungstage im Herbst 1992 auf Burg Schlaining. Klagenfurt: Drava.

HUTTERER, Claus Jürgen (1999): Die germanischen Sprachen. Ihre Geschichte in Grundzügen. 4., erg. Aufl. Wiesbaden: Albus.

INEICHEN, Gustav (1979): Allgemeine Sprachtypologie. Ansätze und Methoden. Darmstadt: Wiss. Buchgesellsch. (Erträge der Forschung; 118).

JABERG, Karl/JUD, Jakob (1928–1940): Der Sprach- und Sachatlas Italiens und der Südschweiz. 8 Bände. Zofingen: Ringier.

KERTÉSZ, András (2001): Metascience and the Metaphorical Structure of Scientific Discourse. In: KERTÉSZ, András (Ed.): Approaches to the Pragmatics of Scientific Discourse. Frankfurt a.M./Berlin/-

Bern/Bruxelles/New York/Oxford/Wien: Lang. (Metalinguistica; 9). S. 135–158.

KERTÉSZ, András (2004): Philosophie der Linguistik. Studien zur naturalisierten Wissenschaftstheorie. Tübingen: Narr.

KISS, Jenő (1999): A dialektológia kettős feladata és a nyelvföldrajz. In: Magyar Nyelv 95. S. 418–425.

KONERSMANN, Ralf (1998): Kultur als Metapher. In: KONERSMANN, Ralf (Hrsg.): Kulturphilosophie. 2. Aufl. Leipzig: Reclam-Verl. (Reclam-Bibliothek; 1554). S. 327–354.

KÖNIG, Ekkehard (2000): „General Preface" zum Forschungsprogramm „Typology of Languages in Europe". In: DAHL, Östen (Ed.): Tense and Aspect in the Languages of Europe. Berlin/New York: Mouton de Gruyter. (Empirical Approaches to Language Typology; 20: EUROTYP; 6). S. V–VII.

KOOLE, Tom/TEN THIJE, Jan (1994): The Construction of Intercultural Discourse. Team Discussions of Educational Advisers. Amsterdam/Atlanta: Rodopi. (Utrecht Studies in Language and Communication; 2).

KROHN, Wolfgang/KÜPPERS, Günter (Hrsg.) (1992): Emergenz: Die Entstehung von Ordnung, Organisation und Bedeutung. 2. Aufl. Frankfurt a.M.: Suhrkamp. (Suhrkamp-Taschenbuch Wissenschaft; 984).

KUHN, Thomas S. (1996): Structure of Scientific Revolutions. 3. ed. Chicago [etc.]: The Univ. of Chicago Press.

KUHN, Walter (1934): Deutsche Sprachinsel-Forschung. Geschichte, Aufgaben, Verfahren. Plauen i.Vogtl.: Wolff. (Ostdeutsche Forschungen; 2).

LAKOFF, George/JOHNSON, Mark (1980): Metaphors we live by. Chicago [etc.]: The Univ. of Chicago Press.

LEWANDOWSKI, Theodor (1994): Linguistisches Wörterbuch. 6. Aufl. Heidelberg/Wiesbaden: Quelle & Meyer. (UTB; 1518).

LIEBERT, Wolf-Andreas (1992): Metaphernbereiche der deutschen Alltagssprache. Kognitive Linguistik und die Perspektiven einer Kognitiven Lexikographie. Frankfurt a.M./Berlin/Bern/New York/Paris/Wien: Lang. (Europäische Hochschulschriften, Reihe I; 1355).

LIPOLD, Günter (1985): Entwicklungen des Deutschen außerhalb des geschlossenen Sprachgebiets I: Ost- und Südosteuropa. In: BESCH, Werner/REICHMANN, Oskar/SONDEREGGER, Stefan (Hrsg.): Sprachgeschichte. Ein Handbuch zur Geschichte der deutschen Sprache und ihrer Erforschung. Berlin/New York: de Gruyter. (Handbücher zur Sprach- und Kommunikationswissenschaft; 2.2). S. 1977–1990.

LÖFFLER, Heinrich (1987): Sprache und Gesellschaft in der Geschichte der vorstrukturalistischen Sprachwissenschaft. In: AMMON, Ulrich/DITTMAR, Norbert/MATTHEIER, Klaus J. (Hrsg.): Soziolinguistik. Ein internationales Handbuch zur Wissenschaft von Sprache und Gesellschaft. Berlin/New York: de Gruyter. (Handbücher zur Sprach- und Kommunikationsforschung; 3.1). S. 379–389.

LÜDI, Georges/PY, Bernard (1984): Zweisprachig durch Migration. Einführung in die Erforschung der Mehrsprachigkeit am Beispiel zweier Zuwanderergruppen in Neuenburg (Schweiz). Tübingen: Niemeyer. (Romanistische Arbeitshefte; 24).

LUSCHÜTZKY, Hans Christian (1999): Sprachtypologie. In: ERNST, Peter (Hrsg.): Einführung in die synchrone Sprachwissenschaft. 2., verbess. u. erw. Aufl. Wien: Ed. Praesens. S. 20/1–54.

MAHLSTEDT, Susanne (1996): Zweisprachigkeitserziehung in gemischtsprachigen Familien. Eine Analyse der erfolgsbedingenden Merkmale. Frankfurt a.M./Berlin/Bern/New York/Paris/Wien: Lang.

MATTHEIER, Klaus J. (1994): Theorie der Sprachinsel. Voraussetzungen und Strukturierungen. In: MATTHEIER, Klaus J./BEREND, Nina (Hrsg.): Sprachinselforschung. Eine Gedenkschrift für Hugo Jedig. Frankfurt a.M./Berlin/Bern/New York/Paris/Wien: Lang. S. 333–348.

MATTHEIER, Klaus J. (2002): Sprachinseln als Arbeitsfelder. Zu den zentralen Forschungsdimensionen der Erforschung deutscher Sprachinseln. In: ERB, Maria/KNIPF, Elisabeth/OROSZ, Magdolna/TARNÓI, László (Hrsg.): „und Thut ein Gnügen Seinem Ambt". Festschrift für Karl Manherz zum 60. Geburtstag. Budapest: ELTE. (Budapester Beiträge zur Germanistik; 39). S. 135–144.

MOLLAY, Karl (1992): Einführung in die deutsche Sprachgeschichte. 7. kiadás. Budapest: Tankönyvkiadó.

NELDE, Peter Hans (1992): Mehrsprachigkeit und Kontaktlinguistik. In: ROGGAUSCH, Werner (Red.): Germanistentreffen Belgien–Niederlande–Luxemburg–Deutschland: 29.9.–3.10.1992. Dokumentation der Tagungsbeiträge. Bonn: DAAD. (DAAD – Dokumentationen & Materialien; 21). S. 231–247.

NELDE, Peter Hans (2001): Mehrsprachigkeit in Europa – Überlegungen zu einer neuen Sprachenpolitik. In: Deutschunterricht für Ungarn 16. S. 23–41.

NEWERKLA, Stefan Michael (2002): Sprachliche Konvergenzprozesse in Mitteleuropa. In: POSPÍŠIL, Ivo (Hrsg.): Crossroads of Cultures: Central Europe/Perkrestki kuľtury: Srednjaja Evropa/Křižovatky kultury: Středí Evropa. Brno: Masarykova univerzita. (Litteraria Humanitas; XI). S. 211–236.

NOWOTNY, Helga (1997): Transdisziplinäre Wissensproduktion – Eine Antwort auf die Wissensexplosion? In: STADLER, Friedrich (Hrsg.): Wissenschaft als Kultur: Österreichs Beitrag zur Moderne. Wien/New York: Springer. (Veröffentlichungen des Instituts Wiener Kreis; 6). S. 177–195.

PILARSKÝ, Jiři (2001): Donausprachbund. Das arealistische Profil einer Sprachlandschaft. Habilitationsschrift. Debrecen: Univ.

PLESSNER, Helmuth (1983): Mit anderen Augen. In: PLESSNER, Helmuth: Gesammelte Schriften. Hrsg. von Günter DUX, Udo MARQUARD et al. Bd. 8: Conditio humana. Frankfurt a.M.: Suhrkamp. S. 88–104.

PROTZE, Helmut (1969a): Zur Entwicklung des Deutschen in den Sprachinseln. In: AGRICOLA, Erhard/FLEISCHER, Wolfgang/PROTZE, Helmut [unter Mitwirkung von Wolfgang EBERT] (Hrsg.): Kleine Enzyklopädie – Die deutsche Sprache. Erster Band. Leipzig: Bibl. Institut. S. 291–311.

PROTZE, Helmut (1969b): Die Bedeutung von Mundart, Umgangssprache und Hochsprache in deutschen Sprachinseln unter Berücksichtigung sprachlicher Interferenz. In: Wissenschaftliche Zeitschrift der Universität Rostock, Gesellschafts- und sprachwissenschaftliche Reihe 18. S. 595–600.

REICHMANN, Oskar (2000): *Nationalsprache* als Konzept der Sprachwissenschaft. In: GARDT, Andreas (Hrsg.): Nation und Sprache. Die Diskussion ihres Verhältnisses in Geschichte und Gegenwart. Berlin/New York: de Gruyter. S. 419–469.

REICHMANN, Oskar [zus. mit Dieter CHERUBIM, Johannes ERBEN, Joachim SCHILDT, Hugo STEGER, Erich STRASSNER] (1995): Podiumsdiskussion: Was soll der Gegenstand der Sprachgeschichtsforschung sein? In: GARDT, Andreas/MATTHEIER, Klaus/REICHMANN, Oskar (Hrsg.): Sprachgeschichte des Neuhochdeutschen: Gegenstände, Methoden, Theorien Tübingen: Niemeyer. (Reihe Germanistische Linguistik; 156). S. 455–459.

REIN, Kurt (2000): Dringend anstehende Aufgaben der internationalen germanistischen Dialektologie. In: STELLMACHER, Dieter (Hrsg.): Dialektologie zwischen Tradition und Neuansätzen. Beiträge der Internationalen Dialektologentagung, Göttingen, 19.–21. Oktober 1998. Stuttgart: Steiner. (ZDL; Beihefte; 109). S. 285–287.

REITER, Norbert (Hrsg.) (1999): Eurolinguistik. Ein Schritt in die Zukunft. Beiträge zum Symposion vom 24. bis 27. März im Jagdschloss Glienicke (bei Berlin). Wiesbaden: Harrassowitz.

SCHÖNFELD, Helmut (1983): Die deutschen Mundarten. In: SCHILDT, Joachim [et al.] (Hrsg.): Kleine Enzyklopädie – Deutsche Sprache. Leipzig: Bibl. Inst. S. 384–415.

SCHUCHARDT, Hugo (1884): Slawo-Deutsches und Slawo-Italienisches. Dem Herrn Franz von Miklosich zum 20. November 1883. Graz: Leuschner/Lubensky.

SLOMAN, Aaron (1977a): Construct. In: BULLOCK, Alan/STALLYBRASS, Oliver (Eds.): The Fontana Dictionary of Modern Thought. London: Fontana. S. 133.

SLOMAN, Aaron (1977b): Methodology. In: BULLOCK, Alan/STALLYBRASS, Oliver (Eds.): The Fontana Dictionary of Modern Thought. London: Fontana. S. 387–388.

STEPHAN, Achim (1999): Emergenz. Von der Unvorhersagbarkeit zur Selbstorganisation. Dresden/München: Dresden Univ. Press. (Theorie & Analyse; 2).

TRUBETZKOY, N. S. (1930): Proposition 16. Über den Sprachbund. In: Actes du Premier Congrès International des Linguistes. À la Haye, du 10–15 Avril 1928. Leiden: Sijthoff. S. 17–18.

ULRICH, Winfried (2002): Wörterbuch – Linguistische Grundbegriffe. 5., völlig neu bearb. Aufl. Berlin/Stuttgart: Borntraeger. (Hirts Stichwortbücher).

VAN POTTELBERGE, Jeroen (2001): Sprachbünde: beschreiben sie Sprachen oder Linguisten? In: Linguistik online 8. (www.linguistik-online.de/1_01/VanPottelberge.html; Stand: 21.03.2004).

WELSCH, Wolfgang (1995): Transkulturalität. Zur veränderten Verfaßtheit heutiger Kulturen. In: Zeitschrift für Kulturaustausch 45. 1. S. 39–44.

WERLEN, Iwar (1996): Dialektologie und Sprachgeographie vom 13. bis 20. Jahrhundert. In: SCHMITTER, Peter (Hrsg.): Sprachtheorien der Neuzeit II. Von der Grammaire de Port Royal (1660) zur Konstitution moderner linguistischer Disziplinen. Tübingen: Narr. (Geschichte der Sprachtheorie; 5). S. 427–456.

WIEDENMANN, Ursula/WIERLACHER, Alois (2003): Blickwinkel. In: WIERLACHER, Alois/BOGNER, Andrea (Hrsg.): Handbuch interkulturelle Linguistik. Stuttgart/Weimar: Metzler. S. 210–214.

WIERLACHER, Alois (2000): Interkulturalität. Zur Konzeptualisierung eines Rahmenbegriffs interkultureller Kommunikation aus der Sicht Interkultureller Germanistik. In: Jahrbuch Deutsch als Fremdsprache 26. S. 263–287.

WIESINGER, Peter (1983): Deutsche Dialektgebiete außerhalb des deutschen Sprachgebiets: Mittel-, Südost- und Osteuropa. In: BESCH, Werner/KNOOP, Ulrich/PUTSCHKE, Wolfgang/WIEGAND, Herbert E. (Hrsg.): Dialektologie. Ein Handbuch zur deutschen und allgemeinen Dialektforschung. Berlin/New York: de Gruyter. (Handbücher zur Sprach- und Kommunikationswissenschaft; 1.2). S. 900–929.

WIKTOROWICZ, Józef (2004): Zur Geschichte und Verwendung des Begriffs *Kulturraum* im Deutschen. In: LASATOWICZ, Maria Katarzyna (Hrsg.): Kulturraumformung. Sprachpolitische, kulturpolitische, ästhetische Dimensionen. Berlin: Trafo Verlag Dr. Wolfgang Weist. (Silesia; 1). S. 95–100.

WILDGEN, Wolfgang (1988): Darstellung einiger wichtiger Methoden der Kontaktlinguistik. In: WAGNER, Karl-Heinz/WILDGEN, Wolfgang (Hrsg.): Studien zum Sprachkontakt. Bremen: Univ. (BLIcK: Bremer Linguistisches Kolloquium; 1). S. 3–23.

In: Muhr, Rudolf/Schranz, Erwin/Ulreich, Dietmar (Hrsg.) (2005): Sprachen und Sprachkontakte im pannonischen Raum. Das Burgenland und Westungarn als mehrsprachiges Sprachgebiet. Peter Lang Verlag. Wien u.a., S. 51-66.

Koloman BRENNER

(Budapest, Ungarn)

Der hianzische Dialekt in Westungarn - Geschichte, Gegenwart – und Zukunft?

1. Geschichtlicher Überblick

In diesem knappen Kapitel wird die geschichtliche Entwicklung in dem Gebiet vom ehemaligen Deutsch-Westungarn bzw. heutigen Westungarn dargestellt. Nachdem Karl der Große die Ostmark und Friaul gründet, ziehen bairische und fränkische Ansiedler nach Pannonien, die allerdings bis zur Zeit der ungarischen Landnahme gegen Ende des 9. Jahrhunderts wahrscheinlich in der – vor allem slawischen – Bevölkerung aufgehen. Auch die Staatsgründung von Stephan dem Heiligen, der die bayrische Königstochter Gisela heiratet, bringt wieder eine deutsche Ansiedlung mit sich. Im 11. Jahrhundert entwickelt sich allmählich das Siedlungsgebiet durch die Besiedelung, vorangetrieben von den salischen Kaisern Heinrich II. und IV., vor allem Wieselburg und Ödenburg steht im Mittelpunkt. Im 12. und 13. Jahrhundert sind es die ungarischen Könige Gesa II. und Bela IV., die eine planmäßige Ansiedlung durchführen, wobei zu bemerken ist, daß zur Zeit des Mongolenzuges die Komitate Wieselburg und Ödenburg eine Zeit lang nicht zu Ungarn gehören (vgl. Manherz 1977:32).

Vor allem in den Städten Wieselburg/Moson, Ödenburg/Sopron gibt es seit dem 13.-14. Jahrhundert eine deutsche Bevölkerungsmehrheit, was auch in den Urkunden u. dgl. aus dieser Zeit hervorgeht. Die große Ansiedlungswelle nach den Türkenkriegen im 18. Jahrhundert, wo die Ahnen des größeren Teils der Ungarndeutschen ins Land ziehen – in die Siedlungsgebiete Südost-Transdanubien und Ungarisches Mittelgebirge – zieht am ehemaligen Deutsch-Westungarn vorbei. Allerdings wandern während der Glaubenskämpfe und nach der Herausbildung der Zünfte viele Handwerker und Gewerbetreibende aus den Erbländern der Habsburger und aus anderen Gebieten des deutschen Reiches vor allem in die Städte bis hin nach Güns/Köszeg und Sankt Gotthard/ Szentgotthárd zu. Ab dem 16. Jahrhundert ist auch eine kroatische Ansiedlung zu beobachten, die bis heute die ethnisch-sprachliche Situation prägt, sowohl im Burgenland als auch im heutigen Westungarn.

Im 19. Jahrhundert beginnt mit der historischen Entwicklung des Nationalismus eine neue Etappe im Leben der Deutschen in Ungarn. Assimilationszwang und Magyarisierungstendenzen von unterschiedlicher Intensität prägen das Bild. Diese Entwicklung mündet darin, daß 1918 der größere Teil vom ehemaligen Deutsch-Westungarn als "Burgenland" das jüngste österreichische Bundesland wird, allerdings ohne Ödenburg, wo 1921 eine unterschiedlich bewertete Volksabstimmung stattfindet und bei Ungarn bleibt.

Das heutige Siedlungsgebiet wird von der Tatsache grundlegend beeinflußt, daß nach dem 2. Weltkrieg bedeutende deutsche Bevölkerungsteile vertrieben wurden und so die vormals geschlossenen Dorfgemeinschaften verändert und zerstört wurden. Auch in den Städten ist diese Entwicklung zu berücksichtigen. Diese kleine historische Einführung soll dazu dienen, die folgenden Ausführungen über die sprachliche Situation zu erklären bzw. zu untermauern.

2. Deutsche (Hianzische) Dialekte in Westungarn

Dialekte sind im Deutschen keine marginale Erscheinungen, sondern in der älteren Generation in manchen Gebieten manchmal die einzige häufig gesprochene Varietät. Meistens sind sie in der Kompetenzstruktur der anderen Generationen in Abhängigkeit von diversen Faktoren wie unterschiedliches soziales Prestige u. dgl. in unterschiedlichem Maße vorhanden. Auch bei der Verwendung der Standardvarietät beeinflussen die Dialekte in der Regel die Aussprache, eine gewisse Färbung ist fast bei jedem Sprecher zu beobachten. Wie in anderen Gebieten des deutschen Sprachraums waren die deutschen Dialektformen auch in Ungarn Jahrhunderte lang die einzigen gesprochenen Erscheinungsformen des Deutschen.

Im heutigen Ungarn gibt es drei größere Siedlungsgebiete, wo Angehörige der deutschen Minderheit in höherer Anzahl leben: Westungarn
entlang der österreichischen Grenze, das Ungarische Mittelgebirge (vom
Ofner Bergland bis zum Plattensee-Oberland) und Südos-Transdanubien
(Komitate Branau/Baranya, Tolnau/Tolna, Schomodei/Somogy). Die
Vorfahren der deutschen Minderheit in Westungarn sind "Urbewohner"
dieser Gegend und bilden ab dem 13.-14. Jahrhundert in wichtigen
Zentren wie Ödenburg und Wieselburg die Mehrheitsbevölkerung im
ehemaligen Deutsch-Westungarn. Auch in den Städten vom Ungarischen
Mittelgebirge sind solche sog. altdeutsche Siedlungen festzustellen, obwohl
die Ansiedlungswellen nach der Vertreibung der Türken im 18.
Jahrhundert auch hier wirken.

In Südost-Transdanubien leben die Nachkommen von Ansiedlern
nach den Türkenkriegen, die meistens aus Hessen, aus der Pfalz, aus der
Mainzer, Frankfurter, Fuldaer Gegend bzw. auch aus den Erbländer der
Habsburger-Monarchie ins Land ziehen. Entsprechend dieser bunten
Vielfalt gibt es eine große Varianz bei den deutschen Dialektformen in
Ungarn. Diese werden in Westungarn übrigens nie als "schwäbisch" be-
zeichnet, was in den anderen zwei Siedlungsgebieten oft der Fall ist.

Dementsprechend ruft hier auch die Bezeichnung "Schwaben" in
Bezug auf die deutsche Minderheit eine Gegenreaktion bei den
Angehörigen der Minderheit hervor. Bekanntlich sind nur 2-4 Prozent der
Ungarndeutschen schwäbischer Herkunft, obwohl die landesübliche
Bezeichung der Minderheit dies suggeriert, dabei handelt es sich
allerdings um eine pars pro toto Entwicklung wie darauf schon Hutterer
(1991:271) verweist.

"Die deutschen Mundarten in Ungarn sind Siedlungsmundarten, die
ihre heutige Form erst in der neuen Heimat erhalten haben, sie sind
im Prozeß von Mundartmischung und Ausgleich entstanden."
(Hutterer 1990:262)

Diese Feststellung wird gewöhnlich verallgemeinert verwendet, wobei schon Hutterer (1990:263) darauf hinweist, daß "allein die in
Westungarn (bzw. im Burgenland) gesprochenen deutschen Mundarten
[...] von diesem Modell ab[weichen], da sie infolge der linearen Ausbrei-
tung von Dialekten der ostösterreichischen Länder (Niederösterreich,

Steiermark) entstanden und organische Fortsetzungen der letzteren auf ungarischem Boden sind."

Die deutschen Dialektformen in Westungarn durchliefen den Ausgleich erster und zweiter Stufe (d.i. die Entstehung einer Ortsdialektform und einer spezifischen Form für die umliegenden Ortschaften laut Hutterer), mit dem Unterschied im Vergleich zu den anderen beiden ungarndeutschen Siedlungsgebieten, daß hier die Wirkung der großregionalen Verkehrssprache ebenfalls stark war:

"Im ehemaligen – z.T. heutigen – Westungarn war die Entwicklung insofern spezifisch, daß hier durch den unmittelbaren räumlichen und sprachlichen Zusammenhang mit Österreich und durch die Nähe Wiens die Überdachung durch die ostdonaubairische Verkehrssprache seit altersher gesichert war." (Hutterer 1990:329)

Bis zur Mitte des 20. Jahrhunderts sind diese örtlich gebundenen Dialekte das primäre Kommunikationsmittel unter den Deutschen in Ungarn. In Südost-Transdanubien herrscht eine Vielfalt von fränkischen, hessischen, schwäbischen und bairischen Dialektformen, durch den erwähnten Ausgleichsprozeß entsteht im nördlichen Teil eine hessische, im südlichen Teil eine fuldische ordnende Dialektform. In den z.T. bis heute von ungarndeutschen Bewohnern geprägten Ortschaften im Ungarischen Mittelgebirge ist im Ostabschnitt (vom Ofner Bergland/Budai hegyek bis zur Moorer Senke/Móri árok) die ua-ostdonaubairische Dialektform als ordnende Dialektform anzusehen, nur in Pest und Schorokschar/Soroksár sind schwäbische Elemente vorhanden. Im Westabschnitt bis zum Plattensee-Oberland erscheinen zwar immer mehr fränkische Elemente, die ordnende Form bleibt aber die ui-ostdonaubairische Dialektform (vgl. Hutterer 1991:266).

In Westungarn ist die althergebrachte deutsche Sprachform ebenfalls eine ostdonaubairische/ostmittelbairische Dialektform. Die Bezeichnung "Hianzisch" oder "Hianzen" für die deutschen Dialekte und der Deutschsprachigen im Burgenland und Westungarn ist von ihrer Etymologie her umstritten, nichtsdestotrotz sind sie in der Bevölkerung der Region und bei den Benutzern dieser Dialekte bekannt und beliebt.

Die primären Merkmale der hiesigen deutschen Dialektform sind: ahd./ab. uo > ui/ua, z.B. [muiɐ] und ahd./ab. ai > oa, z.B. [oɐ] "Ei". Bei den Untersuchungen von Manherz (1977) in den 60er Jahren des 20. Jahrhunderts, ist bei den primären Merkmalen je nach sozialen Schichten ein verschiedener Gebrauch festgestellt worden, u.a. durch die Ausgleichsfunktion der Wiener Verkehrssprache bedingt. Das als typisch geltende Merkmal des Diphthongs ųi war damals schon lediglich in Ödenburg und Güns bei den alten Weinbauern bzw. in konservativen Dorfdialektformen zu finden. Diese Situation prägt auch das Bild bei den Versuchspersonen der vorliegenden Untersuchung.

Weitere wichtige Merkmale sind einerseits die starken Diphthongierungstendenzen, besonders vor Nasalen und Liquiden, andererseits werden vor altem ļ die Vokale gerundet wie in den meisten bairischen Dialekten: [hø:] "hell", [hy:f] "Hilfe". Die Palatalisierung von ļ und seltener ņ sind allgemein bairische Tendenzen, z.B. [føᶦd̥] "Feld". Die bei der Einteilung der deutschen Dialekte besonders wichtigen Tendenzen der 2. Lautverschiebung sind ohne Ausnahme durchgeführt worden, wie dies in oberdeutschen Dialektformen der Fall ist: [d̥ikᵃopf] "Dickkopf", [tsaᵘnt] "Zahn" (vgl. Manherz 1977:25-26).

3. Der Sprachgebrauch der deutschen Minderheit in Westungarn

Angaben über den Sprachgebrauch und die zusätzlichen soziologischen Parameter sind im Falle von Minderheitensprachen – in unserem Fall bezüglich der deutschen Minderheit in Westungarn – nicht nur wegen sprachwissenschaftlicher Faktoren wichtig, sondern dienen des weiteren dazu, die Überlebensstrategien der jeweiligen Minderheit zu gestalten, eventuell zu modifizieren.

Seit 1995 läuft eine landesweite Erhebung unter der Leitung von Frau Dr. Elisabeth KNIPF und Frau Dr. Maria ERB mit einer sog. autorisierten Interviewtechnik bezüglich zweier großer Schwerpunkte: einerseits werden die Kommunikationsprofile und der Sprachgebrauch der Ungarndeutschen untersucht bzw. die Attitüdenproblematik bei den einzelnen Sprachvarietäten, andererseits soll auch der Einfluß der deutschsprachigen Medien in Ungarn und aus dem Ausland dargestellt werden. In den von den Autorinnen als Gebiet A und Gebiet B bezeichneten Siedlungsgebieten ist die Befragung abgeschlossen. Gebiet A ist die weit ausgelegte Budapester Gegend, wo die sprachlich-kulturelle Assimilation aus den vielschichtigen historisch-wirtschaftlich-gesellschaftlichen Gründen vorangeschrittener ist, Gebiet B ist das mehr kompakt geblieben Siedlungsgebiet in Südost-Transdanubien, wo das Deutschtum auch zahlenmäßig bedeutender vertreten ist (vgl. Knipf/Erb 1998 und Erb/Knipf 1999).

Die z.T. vom Autor durchgeführte Untersuchung über den Sprachgebrauch der Ungarndeutschen in Westungarn versteht sich als integrierter Teil der bisher genannten Forschungen. Sie dient auch dazu, einen Beitrag zur Gesamtbewertung des Sprachgebrauchs in allen von Deutschen bewohnten Gebieten im Lande zu leisten. Nach dem Forschungsplan soll dieses Gebiet C heißen und es sind von den anderen Gebieten abweichende Ergebnisse zu erwarten, da u.a. die geographische Lage und auch die Medienpräsenz von österreichischen Sendern für eine spezifische Entwicklung sorgt. Im folgenden werden die bisher ausgewerteten Daten zur Darstellung des Bildes bezüglich des Sprachgebrauchs der Ungarndeutschen in Westungarn verwendet, mit dem Hinweis, daß dieses generelle Bild nach der endgültigen und detaillierten Darstellung weiter modifiziert werden kann.

Im 19. Jahrhundert beginnt der sprachliche und identitätsbezogene Assimilationsprozeß der Deutschen in Ungarn, der im Prinzip bis zum heutigen Tage nicht aufzuhalten ist. Neben den erwähnten geschichtlichen Entwicklungen sind hierfür Gründe wie höhere Schulausbildungschancen, soziale Aufstiegschancen, sowie geographische und soziale Mobilität verantwortlich. Dieser Prozeß verläuft allerdings unterschiedlich in den diversen Siedlungsgebieten, sowohl was die Quantität als auch die Qualität desselben anbelangt.

In der Zwischenkriegszeit nimmt zwar die Kompetenz der ungarischen Sprache generell zu, aber vor allem in der Umgebung von Budapest und in den größeren Städten. In den Zentren, wo auch die ethnische Zusammensetzung eine bedeutende ungarische Komponente hatte, z.B. in Güns, Steinamanger oder St. Gotthard – aber auch in Ödenburg und Wieselburg ist ein ausgeglichenes Verhältnis zwischen den Deutschen und den Ungarn vorhanden – nimmt diese Kompetenz wirklich überall zu, in den Dorfgemeinschaften sind in dieser Periode Ungarischkenntnisse eher sporadisch oder überhaupt nicht vorhanden.

Das Vordringen des Ungarischen wird durch die Tatsache erleichtert, daß die Rolle der Hochsprache bei den Ungarndeutschen das Ungarische übernimmt. Es besteht nämlich beim Aufeinandertreffen beider Kommunikationsmittel ein asymmetrisches Verhältnis: das Ungarische ist ein auf allen Kommunikationsebenen ausgebautes System, die deutschen Dialekte der Ungarndeutschen hingegen beschränken sich auf den mündlichen Bereich und auf die alltäglichen Kommunikationssituationen. Im Falle von Westungarn entsteht natürlich eine etwas von dieser allgemeinen Situation abweichende Lage, da dieses Gebiet mit dem geschlossenen deutschen Sprachraum verbunden ist. Gerade daher kommt es dazu, daß die regionale Verkehrssprache einen relativ wichtigen Bestandteil der sprachlichen Kompetenz darstellt.

In den anderen beiden Siedlungsgebieten erscheinen zwar die regionalen Verkehrssprachen in der sprachlichen Kompetenz der Deutschen in Ungarn, aber der Gebrauch ist hier stark abhängig von den Situationen und vom Geschlecht. Die ungarndeutsche Bevölkerungsmehrheit ist zur Zeit der Jahrhundertwende vom 19. zum 20. Jahrhundert ortsgebunden, weniger mobil, eher die Männer sind durch den Wehrdienst oder wirtschaftlichen Aktivitäten in der Lage, sich auch diese regionale Verkehrssprache anzueignen und zu verwenden. Das Standarddeutsche wird im schulischen Bereich zwar gelernt, die Verwendung bleibt aber eher rezeptiv.

Auch die gesellschaftliche Rollenverteilung ist mitbestimmend, die Männer haben viel mehr Möglichkeiten ihre kommunikativen Gewohnheiten bewußt oder unbewußt variabel zu gestalten. Dies widerspiegelt sich auch bei den statistischen Erhebungen über die Ungarischkenntnisse um die Jahrhundertwende: hierbei ist wieder auffallend, daß die Männer über wesentlich bessere Ungarischkenntnisse verfügen. (vgl. Knipf/Erb 1998:138).

Um und nach der Jahrhundertwende hatten wir in Westungarn beim Gebrauch des deutschen Dialekts ungefähr folgenden Stand: Es war das primäre Kommunikationsmittel in den Dörfern und dies ist hier auch bis zur Vertreibung so geblieben, trotz des ständigen Vordringens der ungarischen Sprache. In unserem Falle ist sowohl die Wiener Verkehrssprache, als auch das Standarddeutsche wesentlich ausgeprägter in der Kompetenzstruktur, einerseits wegen der räumlich-geographischen Lage, andererseits wegen der besseren Unterrichtschancen in Westungarn zur damaligen Zeit.

Eine wichtige Zäsur bedeutet beim Wandel der sprachlichen Situation der Ungarndeutschen das Ende des 2. Weltkrieges, bzw. die erwähnte Vertreibung anschließend. Im folgenden halben Jahrhundert werden zwei Entwicklungsphasen auseinandergehalten: Erstens die sog. "schweren Jahrzehnte", die 50er, 60er und 70er Jahre, zweitens die neue Phase einer eher positiven Entwicklung etwa seit Mitte der 80er Jahre des 20. Jahrhunderts (vgl. ERB/KNIPF 1999:178). In der ersten Phase können wir als Folge von den bekannten historischen, politischen und wirtschaftlichen Benachteiligungen sowohl auf der Ebene der Einzelpersonen, als auch auf der Ebene der Gemeinschaft weitgehende Veränderungen in der mikro- und makrosozialen Struktur der Ungarndeutschen festhalten.

Die Mehrheitsnation entwickelt eine negative Einstellung zu einer jeden Form der deutschen Sprache und Identität, ein immer größerer Teil der Angehörigen der deutschen Minderheit finden es nicht attraktiv, sich zu der Minderheit zu bekennen. Der soziale Aufstieg und überhaupt jede Art von Selbstverwirklichung ist mit dem Ungarischen verbunden, deswegen nimmt das Tempo des sprachlichen Wechsels rapide zu. Die deutschen Dialekte verlieren schnell an Bedeutung, die Erosion derselben geht immer schneller vor sich.

Nach dieser Phase des immens schnellen Rückgangs der deutschen Dialekte – und des Deutschen überhaupt – folgt die zweite Phase, die stichwortmäßig folgendermaßen zu charakterisieren ist: Seit Mitte der 80er Jahre und im gesamten letzten Jahrzehnt des 20. Jahrhunderts gibt es eine positive Entwicklung bei dem Deutschunterricht im allgemeinen und bei dem Unterricht der deutschen Minderheit im besonderen. Ein langsamer Prozeß etwa seit Mitte der 80er Jahre des 20. Jahrhunderts Richtung bilingualer Schulen beginnt, auf der Mittelschulebene ist die Entwicklung ebenfalls eindeutig, sogar im Kindergartenbereich gibt es erste Schritte in Richtung zweisprachige Erziehung, gerade auch in Westungarn, in und um Ödenburg übrigens.

Weitere Faktoren sind die immer intensiver gewordenen Kontakte zum deutschen Sprachraum durch Schüleraustauschprogramme, Partnerschaftsverträge zwischen Gemeinden und Städten in Ungarn und in Deutschland, Österreich und der Schweiz, die sehr oft auf Grund der Zusammenarbeit von Heimatvertriebenen und Heimatverbliebenen Ungarndeutschen gestaltet werden, oder der Einsatz von Lektoren in

Institutionen, in denen auch Angehörige der deutschen Minderheit Deutsch oder Germanistik lernen bzw. studieren.

Innenpolitische Entwicklungen prägen das Bild ebenfalls, die Verabschiedung des Minderheitengesetzes im Jahre 1993 und die darauffolgende neue Struktur der sog. Minderheitenselbstverwaltungen führten zu einem Neubeleben der Minderheitenaktivitäten in aller Lebensbereichen. Nicht zuletzt hat die nach der Wende und nach der politischen, wirtschaftlichen Öffnung des Landes aufgewertete Stellung der deutschen Sprache positive Signale und Impulse für die Ungarndeutschen mit sich gebracht. Der Marktwert des Deutschen in Ungarn ist generell hoch, was von den Angehörigen der deutschen Minderheit erkannt und ausgenutzt wird, sogar in der europäischen Perspektive ist die deutsche Sprache aus der Warte Ungarns mit vielen Möglichkeiten verbunden.

4. Gegenwart und Zukunft der hianzischen Dialekte in Westungarn

Wenn wir also die sprachliche Situation der deutschen Minderheit in Ungarn heutzutage generell beobachten, ergibt sich folgendes Bild: Die Kompetenzstruktur vereint in sich die örtlichen deutschen Dialekte, die deutsche Standardsprache und die ungarische Sprache. Die Kompetenz bezüglich der deutschen Dialekte ist eindeutig abhängig vom Alter, die anderen sozialen Faktoren modifizieren lediglich das Gesamtbild. Von der ältesten Generation angefangen registrieren wir eine graduelle Einengung der Kompetenz, die produktive Verwendung wird in den anderen Generationen immer geringer, bei der jungen Generation beschränkt es sich fast nur auf ritualisierte Sprechsituationen.

Die Einengung der dialektalen deutschen Kompetenz ist in Westungarn nicht so vorangeschritten wie in der Umgebung von Budapest, allerdings im Vergleich zu Südost-Transdanubien, wo auch in der mittleren Generation breite Schichten der Ungarndeutschen produktiv und rezeptiv die deutsche Dialektform beherrschen und sogar in der jüngeren Generation nicht nur vereinzelt diese Kompetenz erscheint ist der Prozeß stärker ausgeprägt. Das Vordringen des Ungarischen wurde unterstützt durch Mischehen und durch das neue Modell der Familie, in der nicht mehr drei Generationen zusammenleben und die Großeltern die Sprache und Kultur vermitteln.

Eine sehr interessante Entwicklung ist bei der deutschen Standardsprache zu beobachten. In der zweiten Phase der Entwicklung gewinnt dieselbe rasch an Bedeutung, so daß sie als Prestigesprache gilt in allen Schichten der deutschen Minderheit. Interessanterweise werden auch in den Schichten, die deutsche Dialektkenntnisse noch aufweisen können, die Kommunikationsdefizite der Dialekte scharf erfaßt und bewertet. Es wird gefordert, daß die Kinder oder Enkelkinder in der Schule die Standardsprache erlernen sollen (vgl. ERB/KNIPF 1999:183). Nach statistischen Angaben ist es eine allgemeine Tendenz, daß auch die Ungarndeutschen die ihre sprachliche Bindung zum Deutschen verloren haben, aber noch eine Restidentität besitzen, einen sehr großen Wert darauf legen, daß ihre Kinder wenigstens in der Schule die deutsche Standardsprache erlernen.

Dabei spielt natürlich auch der erwähnte Marktwert der deutschen Sprache zweifelsohne eine große Rolle. Vor allem bei Intellektuellen der deutschen Minderheit kann man einen demonstrativen Gebrauch dieser Varietät beobachten, meistens verbunden mit minderheitenspezifischen öffentlichen Situationen. Ob dieses neue Vordringen der deutschen Standardsprache zur Folge hat, daß dieselbe als eine Art neue Erst- oder Zweitsprache funktionieren kann, bleibt abzuwarten. In Westungarn ist die Bewertung der Standardvarietät allerdings nicht so eindeutig positiv, hier ist in manchen Fällen eine gewisse Abneigung ebenfalls vorhanden und der Rückgang des Dialekts wird als Folge des Vordringens der Standardvarietät bewertet.

In der ältesten und alten Generation in Westungarn sind nicht nur vereinzelt Personen mit einer Dialektkompetenz zu finden wie in der Budapester Gegend, sondern relativ häufig; der produktive und rezeptive Gebrauch des deutschen Ortsdialekts ist vorhanden. Die mittlere Generation zeichnet sich dadurch aus, daß die Dialektkompetenz relativ selten vorhanden ist, aber fast durchweg eine rezeptive Kompetenz charakteristisch ist. In den jungen Generationen (bis 35) sind nur mehr Spuren der Dialektkompetenz da mit sporadischen Ausnahmen, die rezeptive Fähigkeit ist allerdings noch zu finden.

Der Gebrauch der Dialekts beschränkt sich auf den familiären Bereich, bzw. auf die Situationen, wo fehlende Ungarischkenntnisse des Gesprächspartners dies notwendig machen. Häufig werden Verwandte und

Freunde aus Deutschland oder Österreich erwähnt bzw. deren Nachkommen, mit denen allerdings eher eine an die Standardvarietät angepaßte Sprachform verwendet wird.

Was die Standardvarietät betrifft, ist die österreichisch geprägte Variante auch in den mittleren und jüngeren Generationen relativ häufig Bestandteil der Kompetenzstruktur, z.T. auf der Basis des schulischen Unterrichts bei den Jüngern. Diese Entwicklung ist auf die Tatsache zurückzuführen, das große Bevölkerungsteile und auch bevorzugt Angehörige der deutschen Minderheit entweder in der naheliegenden Stadt in einer Firma arbeiten, wo die deutsche Standardsprache verwendet wird, oder in den benachbarten Ortschaften Österreichs arbeiten. Es soll hier der Hinweis darauf stehen, daß die Informanten oft die auf dem österreichischen Arbeitsplatz verwendete Sprachform als "Hochdeutsch" eingestuft haben.

In der Stadt Ödenburg z.B., wo wegen des regen Geschäftslebens in öffentlichen Situationen oft die deutsche Sprache gesprochen wird, werden von den jüngeren Generationen Sprachformen angewandt, die eine Mischung aus der Standardvarietät mit schulischer Prägung und der regionalen Verkehrssprache auf der Basis der täglichen Erfahrung mit sporadischen Dialektdurchsetzungen darstellen. Die Kompetenzstruktur der Angehörigen der deutschen Minderheit in Westungarn vereint in sich also die örtlichen deutschen Dialekte, die deutsche Standardsprache österreichischer Prägung und die ungarische Sprache.

Die deutsche Dialektform wird von den Informanten durchwegs mit positiven Attributen versehen wie z.B. "hat eine besonderen Wert innerhalb der Sprache", oder "kann ich leichter sprechen wie nach der Schrift", "schön, hat einen besonderes Geschmack", aber auch Defizite werden erwähnt wie z.B. "sehr schwer erlernbar", "schade, daß es aussterben wird", "sprechen zu wenige". Allerdings ist die negative Beurteilung der deutschen Dialektform nicht so eindeutig wie in den Gebieten A und B und sie wird auch als Grundlage zum Erlernen der Standardvarietät betrachtet. Daß sie gepflegt werden sollte, wird in allen Generationen behauptet und auch den Kindern würde man sie beibringen. Hier ist also eine Attitüdenkomponente vorhanden, die anders ist wie in anderen ungarndeutschen Siedlungsgebieten.

Bei den Medien muß erwähnt werden, daß hier – anders wie in anderen Siedlungsgebieten der Ungarndeutschen –, schon seit den Anfängen

der neuen elektronischen Massenmedien – Rundfunk und Fernsehen – die
österreichischen Programme und Sender einen massiven Einfluß auf die
Bevölkerung ausgeübt haben. Schon in den 60er Jahren des 20. Jahrhunderts wurde von Manherz (1977) nachgewiesen, daß das wichtigste Me-
dium der Angehörigen der deutschen Minderheit in Westungarn der ORF
war und dies hat sich bis heute kaum geändert. Natürlich ist seit der
breiten Palette der deutsch- und ungarischsprachigen Satellitensender eine
zusätzliche Prägung zu beobachten, der ORF ist aber neben den Satelli-
tensendern RTL und Sat 1 und den ungarischen Programmen immer noch
der bestimmende Faktor. Die Möglichkeiten werden bei manchen Informanten überlegt genutzt, verschiedene Positionen zu denselben Nachrichten zu bekommen. Hier wird also die Mehrsprachigkeit bewußt zur
besseren Informationsgewinnung und zur besseren Kommunikation eingesetzt.

Zusammenfassend können wir also festhalten, daß für die Ungarndeutschen in Westungarn funktionell die ungarische Sprache die wichtigste
Sprache geworden ist, sowohl im privaten als auch im öffentlichen Bereich. Bei den verschiedenen Varietäten der deutschen Sprache ist ein allgemeiner Rückgang der althergebrachten Dialektform zu bemerken. Im
Vergleich zu den Gebieten A und B ist sowohl bei der Sprachkompetenz,
als auch beim Sprachgebrauch eine Zwischenstellung festzuhalten, da hier
der Assimilationsprozeß nicht so vorangeschritten ist, wie in der Budapester Gegend, allerdings im Vergleich zu Südost-Transdanubien ist hier die
deutsche Dialektform eher im Rückzug. Auf Grund der geographischen
Lage und der bisherigen politisch-kulturellen und gesellschaftlichen Entwicklung ist die Standardvarietät mit österreichischer Prägung bzw. die
Wiener Verkehrssprache als wichtiger Faktor für die weitere Präsenz der
deutschen Sprache wichtig. Dies wird durch den intensiven und seit den
60er Jahren des 20. Jahrhunderts nachweisbaren Einfluß der österreichischen Medien unterstützt.

Die bis jetzt geschilderte sprachliche Situation bringt folgende Frage
mit sich: Kann die ehemalige Muttersprache, bzw. eine andere Varietät
derselben in den Minderheiteninstitutionen neu belebt und erlernt werden? Die deutsche Minderheit in Ungarn ist ja z.T. eine Sprachminderheit,
z.T. eine Gesinnungsminderheit, so daß breite Schichten lediglich für die

Nachkommen oder z.T. für ihre eigene Person die Kompetenz der deutschen Sprache (wieder)herstellen wollen.

Dies funktioniert laut verschiedener Meinungen im Falle von Einzelpersonen relativ einfach, wenn man aus Nostalgiegründen bezüglich der Ahnen u. dgl. dies vorantreibt, die Frage ist allerdings bei Völkern oder bei Minderheiten komplizierter (vgl. Molnár 1999:321). Falls der Sprachwechsel noch vor dem Ende unterbrochen wird und diese Möglichkeit besteht bei den Deutschen in Ungarn ohne Zweifel, wenn die Anzahl der Sprachkompetenzträger vergrößert werden kann, ist die Antwort auf unsere Frage ein eindeutiges "Ja". Dafür sprechen Beispiele wie das Neubeleben des Hebräischen in Israel, das Französische in Quebec oder das Katalanische in Spanien.

Allerdings sind solche Neubelebungen von Sprachen nur erfolgreich, wenn eine breite Schicht der Minderheit dahinter steht und sie vorantreibt und eine gut ausgebildete, zweisprachige, von den öffentlichen, staatlichen Institutionen unterstützte gesellschaftliche Gruppe von Intelligenzlern und "Bürokraten" im positiven Sinne die Sache ebenfalls unterstützt. Wenn diese Anforderungen berücksichtigt werden, muß festgestellt werden, daß in den ungarländischen sog. Minderheiten-schulen und -kindergärten dieselben nur selten erfüllt werden. Auch im Komitat Eisenburg/Vas gibt es zur Zeit lediglich Schulen, die in 4-5 Wochenstunden Deutsch (de facto als Fremdsprache) unterrichten. Im Komitat Raab-Wieselburg-Ödenburg/ Györ-Moson-Sopron ist die Lage etwas besser, sowohl in Wieselburg, als auch in Ödenburg existieren Gymnasien, in denen zweisprachige Klassenzüge eingerichtet sind. Des weiteren funktionieren seit Jahren in Ödenburg, in Agendorf/Ágfalva und Kroisbach/Fertőrákos zweisprachige Kindergartengruppen.

Ein wichtiger Punkt ist in unserem Falle, daß die Akzeptanz und das Interesse der Mehrheitsbevölkerung an der deutschen Sprache – vor allem wegen wirtschaftlicher Faktoren – z.T. vorhanden ist. Wenn auch hier der Schritt weg vom sog. ”einsprachigen Reduktionismus” (vgl. Skutnabb-Kangas 1998) gelingen würde, könnte ein Umdenkprozeß entstehen, um bessere Voraussetzungen zu schaffen für den Ausbau des zweisprachigen Minderheitenunterrichts. Dazu gehören u.a. die Reform in der Ausbildung von Minderheitenpädagogen, Experten feilen   ja schon an neuen Curriculumentwicklungen, die Lehrwerke müssen neu konzipiert werden und am wichtigsten ist die entsprechende staatliche Unterstützung. Nur wenn die ungarische Mehrheitsbevölkerung und die verschiedenen Regierungs- und Minderheiteninstitutionen diese Form der Zweisprachigkeit erreichen wollen, ist der zweifelsohne vorhandene Wille der deutschen Minderheit zur Neubelebung der deutschen Sprache genügend, diese historische Aufgabe zu meistern. Die Chancen dazu existieren, die Entwicklung ist allerdings abzuwarten. Den "schleichenden Sprachtod" (vgl. REIN 1999:47) der deutschen Dialekte in Ungarn generell prognostizieren allerdings Viele.

Literatur

AMMON, Ulrich (1992): Varietäten des Deutschen. In: Offene Fragen – offene Antworten in der Sprachgermanistik. (Hrsg.: ÁGEL, Vilmos/HESSKY, Regina) (=Reihe Germanistische Linguistik 128) Budapest (Lizenzausgabe für Ungarn), 203-224.

AMMON, Ulrich (1994): Was ist ein deutscher Dialekt? In: Dialektologie des Deutschen. (Hrsg. MATTHEIER, Klaus/WIESINGER, Peter) (=Reihe Germanistische Linguistik 147) Tübingen, 369-384.

BASSOLA, Péter (1995): Deutsch in Ungarn – in Geschichte und Gegenwart. Heidelberg.

BEDI, Rezső (1912): A soproni hienc nyelvjárás hangtana (Lautlehre der heanzischen Mundart von Ödenburg). Ödenburg/Sopron.

BRADEAN-EBINGER, Nelu (1999): Kann eine Volksgruppe ohne Muttersprache bestehen? In: Suevia Pannonica, Archiv der Deutschen aus Ungarn. Jg. XVII (27) 1999, 23-36.

BRENNER, Koloman (1994): Das Schulwesen der deutschen Volksgruppe in Ungarn. In: (Hrsg. HOLZER, Werner/PRÖLL, Ulrike) Mit Sprachen leben Klagenfurt, 135-146.

ERB, Maria/KNIPF, Elisabeth (1999): A magyarországi németek körében végzett nyelvismereti felmérés tanulságai. (Resultate einer Erhebung bezüglich des Sprachgebrauchs unter den Ungarndeutschen) In: Kisebbségkutatás 1999/2., Budapest, 176-187.

HORNUNG, Maria/ROITINGER, Franz (1950): Unsere Mundarten. (=Sprech-erziehung 5) Wien.

HUTTERER, Claus Jürgen (1991): Aufsätze zur deutschen Dialektologie. (=Ungarndeutsche Studien 6) Budapest.

KNIPF, Elisabeth/ERB, Maria (1998): Sprachgewohnheiten bei den Ungarndeutschen. In: Beiträge zur Volkskunde der Ungarndeutschen 1998, Budapest 138-146.

KRANZMAYER, Eberhard (1956): Historische Lautgeographie des gesamtbairischen Dialektraumes. Wien.

MANHERZ, Karl (1977): Sprachgeographie und Sprachsoziologie der deutschen Mundarten in Westungarn. Budapest.

MOLNÁR, Helga (1998): Újratanulható-e az anyanyelv a magyarországi kisebbségi iskolákban? (Ist die Muttersprache in den Minderheitenschulen Ungarns neu zu erlernen?) In: Kisebbségkutatás 1998/3., Budapest 321-323.

REIN, Kurt (1999): Diglossie und Bilinguismus bei den deutschen in Rumänien und Ungarn sowie den GUS-Staaten. In: Dialektgenerationen, Dialektfunktionen, Sprachwandel. (Hrsg. Stehl, Thomas) (=Tübinger Beiträge zur Linguistik 411) Tübingen, 37-53.

SKUTNABB-KANGAS, Tove (1998): Oktatásügy és nyelv. Többnyelvi sokféleség vagy egynyelvi redukcionizmus. (Unterrichtswesen und Sprache. Vielsprachigkeit oder einsprachiger Reduktionismus) In: Regio 1998/3.sz., Budapest, 3-27.

SCHWOB, Anton (1971): Wege und Formen des Sprachausgleichs in neuzeitlichen ost- und südostdeutschen Sprachinseln. München.

WIESINGER, Peter (1980): "Sprache", "Dialekt" und "Mundart" als sachliches und terminologisches Problem. In: Zeitschrift für Dialektologie und Linguistik. Heft 26. Dialekt und Dialektologie. (Hrsgg. von GÖSCHEL, Joachim/IVIC, Pavle/KEHR, Kurt), 177-198.

In: Muhr, Rudolf/Schranz, Erwin/Ulreich, Dietmar (Hrsg.) (2004): Sprachen und Sprachkontakte im pannonischen Raum. Das Burgenland und Westungarn als mehrsprachiges Sprachgebiet. Peter Lang Verlag. Wien u.a., S. 67-78.

Nikolaus BENCSICS

(Eisenstadt, Österreich)

Das Ungleichgewicht in den deutsch-burgenlandkroatischen Sprachbeziehungen

1. Einleitung

Vor einiger Zeit hat mich ein Kollege halb scherzhaft, halb ernst mit der Frage überrascht: „Sag mir schnell, was „*Potschen*" *[påt∫n]* (der Patschen/der Reifendefekt) auf Burgenlandkroatisch heißt!" Er war aber genauso erstaunt, als ich ihm mit *puknuiti guma* (dt. Reifen platzen, Reifenpanne) antwortete. Zu Recht erwartete er eine Antwort in der Form "potschn", also *imam potschn* = *imam počn* wie die meisten Burgenlandkroaten wahrscheinlich geantwortet hätten.

Damit sind wir inmitten unserer Problematik der sprachlichen Überlagerungen vom Deutschen ins Burgenlandkroatische, woraus unser UNGLEICHGEWICHT resultiert.

Heute, da die Schwierigkeiten in der deutschen Sprache gebündelt auftreten – ich möchte nur auf die missglückte Reform der Rechtschreibung oder auf die vielen schleichenden Anglizismen hinweisen – zeigt der besagte Kollege mehr Verständnis für die oben angedeutete sprachliche Konstruktion.

2. Das Burgenlandkroatische im Kontakt mit anderen Sprachen

Man muss sich vor Augen führen, dass die Burgenlandkroaten seit 500 Jahren auf Tuchfühlung mit Deutschen, Ungarn und Slowaken inmitten der genannten Völker leben, ohne ein sprachlich zusammenhängendes Gebiet zu bilden. Alle drei Völker haben es zu einer Staatssprache gebracht und das nicht immer mit sanften sprachpolitischen Mitteln. Daher grenzt es fast an ein Wunder, dass die Kroaten in diesen Breiten überhaupt existent sind, und dass die gegenseitigen Wirkungen der unterschiedlichen Sprachen in vielen Bereichen des Lebens eher eine schiefe

Optik ergeben. Es ist als ein natürlicher Prozess zu betrachten, ähnlich wie bei den Donauschwaben in Ungarn oder in Rumänien.

2.1 Die Einflüsse aus dem Heanzischen und aus den Medien

Den sprachlichen Einfluss kann man auf zwei Ebenen besonders gut beobachten. Die Ebene des Gesprochenen in unmittelbarem Kontakt könnte man als heanzisch bezeichnen und die Ebene des Geschriebenen, also des Schrifttums, kann man heute eher als Diktat der Massenmedien ansehen. Eine sich in der Minderheit befindliche Volksgruppe hat nie die Möglichkeit, dem etwas Gleichrangiges entgegenzusetzen. Zur Entwicklung und dem immer größer werdenden Ungleichgewicht hat sehr viel die Lebenssituation, heute würde man sagen, die soziogeschichtliche Entwicklung, beigetragen. Je intensiver die Kontakte zwischen den Deutschen/Ungarn/Slowaken und Kroaten, umso größer der Einfluss auf das Burgenlandkroatische. Das heißt, dass ab Mitte des 18. Jh. die kulturelle Distanz zwischen den Kroaten und den Nachbarn immer kleiner wurde.

2.2 Die Einflüsse auf das Burgenlandkroatische vom 18. bis zum 20. Jhd.

Im 19. Jh. gehen bereits viele Kroaten aus den benachbarten westungarischen Ortschaften in die Industriegebiete Niederösterreichs und der Steiermark (Pottendorf, Wiener Neustadt, Schwechat), um zu arbeiten.[1] Zusätzlich kommt es unter den benachbarten Ortschaften zu einem sehr intensiven sprachlichen Austausch der Kinder untereinander zum Erlernen der anderen Sprache. Bis zu dieser Zeit ist nur die männliche Bevölkerung von dieser Entwicklung betroffen (und die Sprache wird bekanntlich von der Mutter erlernt), erst ab dem 20. Jahrhundert sind auch die Mädchen und Frauen betroffen, da sie sich im ungarischen und deutschen Sprachgebiet verdingen, um die finanzielle Not ihrer Familien zu lindern und zu ihrer Aussteuer etwas beizutragen. Damit beginnt eine massive Veränderung nicht nur in den primären Lebensbereichen wie die Sprache und das Gemüt, sondern auch in sekundären, wie z.B. die Speisen, Wohnkultur und Brauchtum, die dann einen sehr starken Druck auf die primären Bereiche ausüben. Im 20 Jh. nach dem Anschluss des Burgenlandes, vor allem erst nach dem Zweiten Weltkrieg auf die Spracheinstellung der Burgenlandkroaten eine verheerende Wirkung hatte,

---

[1] Vgl. . (Seedoch, *Die Kroaten im ...* und Karall-Geosits, *Das Pendlerwesen ...*)

ist das ohne große Schwierigkeiten in der Einstellung zur Sprache und Kultur nachzuweisen.

Viele der Pendler waren gezwungen, längere Zeit in den Großstädten zu verbringen und änderten achtlos ihre Sprachgewohnheiten, die sie dann an den Wochenenden und in den Ferien in ihre Heimatgemeinden brachten. In den 60-er Jahren des vorigen Jahrhunderts war es für ein Pendlerkind möglich, das Kroatische auf der Strasse spielend, von und mit den anderen Kindern zu erlernen. Heute geht das nicht mehr, boshafter Weise müsste man sagen, dass es umgekehrt ist. Bereits 1828 charakterisierte Johan Csaplovics in seiner Kurzmonographie: *Croaten und Venden in Ungern* die Situation:

> Die Sprache ist Slavisch, und von der echt Croatischen darin abweichend, daß sie je nach dem das Volk gemischt oder benachbart mit Ungern, Hienzen und Oesterreichern wohnt, mit ungarischen und deutschen Wörtern vermengt erscheint. Die Ober-Oedenburger nahmen weit mehr deutsche Ausdrücke auf, als die Unter-Oedenburger; obwohl die croatische Sprache deren nicht bedarf. So hört man z. B. den Bauern maccaronisieren: Moramo vinszko hondlanye sain loszat, d. i. wir müssen den Weinhandel sein lassen, statt; moramo vinszko terstvo osztavit. Da nun das Volk so verdorben spricht, muß sich auch die Geistlichkeit und die Beamten drein fügen, obschon es bey den ersten nicht an Männern fehlt welche sich die Sprachreinheit angelegen sein lassen. (Csaplovics, 26)

Der schriftsprachliche Einfluss nahm in der ersten Zeit eher durch die protestantische Bewegung und deren Gesangsbücher "Duševne pesne"(Geistliche Lieder, 1609, 1611) von Gregor Mekinich seinen Anfang. Ein Großteil der Lieder wurde vom Luther übersetzt. Da die Kroaten dieser Bewegung eher ablehnend gegenüberstanden, konnten sie ihre mitgebrachte kroatische Sprache ziemlich geschlossen bewahren. Erst ab dem 18. Jh. ist eine Verstärkung des deutschen Einflusses zu beobachten. Am Beginn des 19. Jh. werden auch die Schulbücher zweisprachig: deutsch-kroatisch, ungarisch-kroatisch herausgebracht. Auch die Wirkung der notwendigen zweisprachigen Ausbildung ist nicht zu unterschätzen. Beim Anschluss des Burgenlandes an Österreich lautete das stärkste Argument gegen Österreich: *Nedajmo se (za) daciuplačnike (poreznike) nimške kulture spravit* (dt. Lassen wir uns nicht zum Steuerknechten der deutschen Kultur degradieren., Flugblatt, Sopron, Februar 1919, 14.08) mit dem Grundton, die Kroaten werden in der deutschen Kultur untergehen. Es ist nicht zu leugnen, dass bis 1921 das Deutsche alle kroatischen Mundarten nachhaltig, lexikalisch und semantisch beeinflusst hatte. (Heute nur auf das österreichische Burgenland beschränkt.)

4. Das Burgenlandkroatische zwischen Schriftsprache und Volkssprache

Eine Sprache muss funktionell abgestimmt sein, also eine feine Differenzierung haben, schnell anwendbar sein und ein ausbalanziertes System haben. Diese Eigenschaften waren im Laufe der Zeit in der burgenlandkroatischen Sprache nicht vorhanden. Die Burgenlandkroaten sind in mehrfacher Weise in eine Zwickmühle gekommen: Zwischen Schriftsprache und Volkssprache sowie zwischen der praktischen Funktion als Alltagssprache und der Überregionalität der eigenen Sprache gekommen.

So ist eine Situation entstanden, die unerträgliche Überforderungen an die Benützer der Sprache – nämlich die gleichrangige Triglossie – gestellt hat. Besonders im 19. Jh., als die Nationalkultur die Sprache bestimmte und diese als das "einigende Band" der Ideologisierung zur Einheit war, ist viel Energie in die Sprachen investiert worden. Auf eine Sprache an der Peripherie zweier großer Sprachsysteme muss das einen enormen Druck ausgeübt haben, da gerade die Bildungselite (Priester, Lehrer) unter Zwang zur Standardisierung der Sprache geraten ist. Das Volk aber wurde, ohnmächtig geblendet, von der Industrialisierungswelle niedergerollt und von der deutschen beziehungsweise der ungarischen Sprache in Beschlag genommen. Die Rivalität in der Mehrsprachigkeit kippte dann zu Gunsten des Deutschen als Kultur- und Funktionssprache um. Das wurde möglich, weil in der burgenlandkroatischen Sprache zu Mitte des 19. Jh. ein Vakuum entstanden ist, das schwer zu kompensieren war. Darauf reagierte man mit vielen Entlehnungen. Ganze Sprachtrauben eines bestimmten Sprachgebietes wurden einfach übernommen.

5. Die Entwicklung des Burgenlandkroatischen vor dem Hintergrund des Heanzischen und Ungarischen

Die Kroaten nahmen aus der alten Heimat einen gewissen Sprachstock und Sprachschatz mit, die man als Erbwörter bezeichnen kann. Nicht zu verschweigen ist, dass bereits zu dieser Zeit etliche Lehnwörter verschiedenen Ursprungs und Alters vorhanden waren, z. B. gemeinslawische, italienische (dalmatinische) lateinische, deutsche, ungarische und einige türkische. Die Anpassung an die neuen Lebensgewohnheiten dauerte etwa 3-4 Generationen, also das ganze 16. Jh. hindurch. Bereits im 17 Jh. sehen wir deutliche Zeichen der Schulung an den Universitäten von Graz, Wien und Tyrnau. Die eigenständige kirchliche Erbauungsliteratur ab der Mitte des 18. Jh. ist meines Wissens nach ein eindeutiges Zeichen der Verselbständigung, bzw. Abnabelung von der südlichen kroatischen Kultur, aber keine Abtrennung. Eine soziale Angleichung an die hier älter ansässige ungarisch und deutsch sprechende Bevölkerung, vor allem an die Heanzen, veränderte die Denkweise, die Einstellung, die Lebensgewohnheiten und damit auch die Sprache der später angekommenen Kroaten. Das war die aktive Integration die nicht die Assimilation angestrebt, sondern die sich auf die Lebensweise ausgewirkt hatte, aber die Sprache nicht in der Substanz nehmen konnte.

Diese Angleichung ist bis heute sehr unterschiedlich und es gab Gebiete, die diesem Druck nichts entgegensetzen konnten und deshalb auch assimiliert wurden. Das berühmteste Beispiel ist Niederösterreich (Marchfeldkroaten, Baumhackl) sowie einige Gebiete im heutigen Niederösterreich und auch im Burgenland, die bereits im 19. Jh. sehr stark an die österreichischen Industriegebiete gebunden waren.

Für alle Gebiete ist aber eine fehlende Sprachloyalität kennzeichnend. Das Deutsche fungiert sehr oft als "lingua franca" unter den Kroaten. Und die erste weitreichende Folge dieser "lingua franca" ist, dass kein Bemühen mehr vorhanden ist, die eigene Sprache rein zu halten, wodurch die ursprüngliche Funktionalität sowie die Feinheiten und Nuancierungen der eigenen Sprache Schritt für Schritt verloren gehen.

Die Entwicklung des Burgenlandkroatischen ist dadurch gekennzeichnet, dass alle Ebenen mehr oder weniger von Interfenz und Entlehnung betroffen sind: die Phonetik, die Morphologie, die Syntax, der Wortschatz (Lexik) und die Semantik. In der letzten Zeit konnte ich auch einige verdächtige Zeichen in der Wortbildung entdecken, z. B. vor einigen Wochen ist in einem Radiosportbericht die Form *Hamburgeri su* (dt. die Hamburger sind) als Bewohner Hamburgs aufgetaucht, wo das Suffix -*er* eindeutig aus der deutschen Umgangssprache übernommen wurde (kr. *Hamburgovci, stanovniki Hamburga).* oder ohne Skrupel die Form *imam termine za furt pojt'* (dt. ich habe die Termine zum *Fortgehen),* angewendet wird.

6. Die Einflüsse in der Lexik[2]

Hier ist der Einfluss besonders auffallend, da ganze Phrasen und Systeme übernommen wurden: *sv'iña je hi: post'ala* (dt. das Schwein ist krepiert/hin geworden), *hakḷi:vi ḷu:di* (dt. heikle Leute), usw. Dabei kommt es zu unterschiedlichen Anpassungsformen:

6.1 Übernahme der Lautfolge

Die einfachste Form der Anpassung ist die Übernahme der Lautform wobei eine Eingliederung des entlehnten Wortes in eine entsprechende morphologische Kategorie erfolgt.[3] Dies scheint in der Empfängersprache dann notwendig zu sein, wenn neue Gegenstände, Begriffe, Eigenschaften oder Tätigkeiten entstehen und im bereits geschlossenen Sprachsystem nichts Entsprechendes vorliegt. Solche Wörter sind: *šostar* (dt. Schuster), *tišlr* (dt. Tischler), *peka/pek* (dt. Bäcker, Bäck, ung. pék), *verkrštot/berkštot* (dt. Werkstatt), *pumpa* (dt. Pumpe), *cukrka* (dt. Zuckerrübe) usw. Also neue Techniken, neue Bekleidungsformen, neue Wissensgebiete, Begriffe aus dem sozialen Leben ... sie alle sind "eine Bereicherung" der Sprache aber "nicht unbedingt notwendig" (Neweklowsky, 47).

6.2 Übernahme des deutschen Wortes und Verdrängung des kroatischen Erbwortes

Eine neue Tendenz, die in der letzten Zeit immer häufiger vorkommt, ist, dass ein bestehendes, ursprünglich vorhandenes kroatisches Wort durch Übernahme verdrängt wird, was kaum als Bereicherung angesehen werden kann. Beispiele dafür sind: [*ofer-aldov-žrtva* (dt. Opfer, ung. áldozat), *gauženjak-gauner* (dt. Gauner), *likter–sudac* (dt. Richter), *pavati-zidati* (bauen), *nudli-rizanci* (dt. Nudeln), *šlog-siča* (dt. Schlag), usw.

6.3 Lexikalische und semantische Interferenzen

Von einer lexikalisch-semantischer Interferenz sprechen wir bei ungenügender Differenzierung des semantischen Feldes wie z. B im Falle *rešeto* statt *sice* (dt. Sieb), *sito* (dt. Küchensieb) und *rešeto* (dt. Reiter), Begriffe, die in einigen Ortschaften durcheinander geraten sind.

---

[2] Der Bereich der lexikalischen Interferenz wurde in der wissenschaftlichen Literatur eher öfter aufgegriffen und behandelt. Ausführlich dazu: Gerhard Neweklowsky, László Hadrovics, Helene Koschat, Günther Stefanits, Josef Vass u. a. Elisabeth Palkovitsch, versuchte im "Wortschatz des Burgenländischkroatischen" alles zu retten, was aus den Wörterbüchern 1982, 1991. verbannt wurde.

[3] Vgl. dazu Neweklowsky, 47.

Homonymie scheint bei den folgenden Wörtern vorzuliegen: *hrbat* und *puklja* (dt. der Rücken und der Buckel), *pero* und *feder/fedr* (dt. Vogelfeder und Schreibfeder), *tribati* und *prauhati, pravati, nucati* (dt. nötig sein, brauchen) usw. Diese und ähnliche Überlagerungen und gegenseitige Beeinflussungen werden meistens durch die Zwei- oder Mehrsprachigkeit bedingt.

Eine augenscheinliche Beeinflussung ist bei der Anwendung der Präposition "über" - in der Bedeutung "über/von etwas sprechen" und "über" (darüber, hinüber) in räumlicher Bedeutung der Fall. In der kroatischen Standardsprache ist die Entsprechenung |o| bzw. *preko/prik*, im Burgenlandkroatischen kann *prik* beide Bedeutungen vertreten, das |o| ist anscheinend verlorengegangen. Ähnlich verhält es sich im Burgenlandkroatischen mit *zvana* (dt. außerhalb, außen), mit Ausnahme jener Ausdrücke, wo die Anwendung ähnlich dem Deutschen ist: *zvana sebe* (dt. außer sich), *zvana toga* (dt. außerdem), *zvana stana* (dt. außerhalb des Hauses). Im Burgenlandkroatischen wird *znat(i)* unter deutschem Einfluss als „können" und nicht das Kroatische *moći* verwendet: *uon ved' ni: znau aushoitat* (dt. er konnte es nicht mehr aushalten): *ja: p ti zna:l p'omot'* (dt. ich könnte dir helfen).

6.4 Die Vereinfachung der kroatischen Verwandschaftsbezeichnungen

Sehr stark ist die Vereinfachung der kroatischen Verwandschaftsbezeichnungen, denen unter der Veränderung der Gesellschaftsstruktur nicht mehr dasselbe Gewicht wie früher beigemessen wird. Die näheren Verwandschaftsbezeichnungen *muž* (dt. Mann), *žena* (dt. Frau), *...baba, staramat* (dt. Großmutter),... usw. sind noch intakt, aber bei der Bezeichnung des Stiefvaters *očuh* sind bereits Unsicherheiten zu bemerken, genauso bei der *nevesta/nevista* (dt. die Frau des Bruders), *šogor* und *šogorica* verdrängte einige Differenzierungen in der Verwandschaftsbezeichnungen, genauso werden *stric-strina, ujac-ujna* einfach durch Onkel und Tante ersetzt. Am interessantesten scheint mir die Verschiebung der Bedeutung von *otac* und *majka* zu Großvater und Großmutter zu sein, während für Vater und Mutter *tata/papa,* bzw. *mama* gesagt wird.

6.5 Lehnübersetzungen

Man könnte noch einige Beispiel für Lehnübersetzungen, wie *'ali po'ite* (dt. aber gehėn S'), *k'ai smo* (dt. wo sind wir denn? wo samma denn?, *ću te ja dostat* (dt. ich werde dich drankriegen), *ča je bilo luos?* (dt. was war eigentlich los), ... usw.

Weitere Beispiele für die Integration von fremden Elementen in die kroatische Sprache des Burgenlandes sind: *'onda smo z'ašli u kf'anenl'oga* (dt. dann kamen wir ins Gefangenenlager), *je bio: v'eliki fl'ukploc* (dt. war ein großer Flugplatz) usw. Eine Auflistung aller Interferenzen würde hier aber zu weit führen.

7. Morphologie und grammatisches System

Die Morphologie scheint im Kroatischen ein festes System zu sein. Trotzdem konnten wir schon früher auf einige Veränderungen unter dem deutschen Einfluss hinweisen (dt. Wort + kroat. Endung). Ich möchte diese Beispiele lediglich ergänzen:

- Der Gebrauch des reflexiven *sebe* (dt. sich) und der possessiven *svoj* (dt. sein) wird in den Mundarten immer gemäß dem deutschen Vorbild mit dem Personalpronomen *mene, njéga, ... moj, njégov ...* (dt. mich, ihn, ... mein, sein) angewendet.

- Der Verlust des Aorist und des Imperfekts.

- Der Gebrauch des Zahlwortes *jedan* als Indefinitivpronomen in Vertretung des unbestimmten Artikels: *bili jedan otac* (dt. es war einmal ein Vater). Das Präteritum vom Typ "habeo factum" geht auch auf das deutsche Vorbild zurück: *imam ubličeno* (dt. ich habe etwas an), *imamo narihtano* (dt. es ist vorbereitet/hergerichtet). Aspekteinbußen oder der Gebrauch von Adverbien und Präpositionen weisen etliche fremdsprachliche Spuren auf.

8. Die Einflüsse in der Syntax

Die schwierige grammatikalische Kategorie Syntax und ist im Burgenlandkroatischen weniger geschlossen und deshalb ist das Ungleichgewicht leichter festzustellen.

- Die Stellung des Verbs, im Deutschen sehr oft am Satzende, setzt sich in vielen Fällen auch im Kroatischen, besonders in Fragesätzen durch: *a žet smo tili u čtiri rano pojt, piše, ne kot se sad z autori vozu.* (dt. ...und fechsen sind wir um vier Uhr in der Früh **gegangen**, zu Fuß, nicht so wie heute, dass sie mit Autos (hinaus)**fahren** ...)

- Kongruenz der Zahlwörter mit dem Prädikat, auch abweichend von der Regel der kroatischen Sprache: *piet konji su na lapti,* (dt. fünf Pferde sind am Feld ...) *deset kravof stoju va štali* (dt. ...zehn Kühe sind im Stall...).

Im possessiven Genitiv stimmt die Stellung der genetivischen Nominalphrase nicht mit dem Kroatischen überein: *oca brat* (dt. der Bruder des Vaters), kroatisch wäre *očev brat*, nach der deutschen mundartlichen Stellung nicht der Genitiv, sondern mit dem Dativ dt. dem Vater sein Bruder (eindeutig heanzisch!).

Die infinitive Konstruktionen mit *biti, imati*, entsprechend dem Deutschen um zu, ohne zu + Infinitiv: *ur je vrime za pojt* (dt. ...es ist Zeit um zu gehen), *je reaku da imas svinju za prodat* (dt. ... er sagte, dass er ein Schwein zum Verkaufen hat).

Im Burgenlandkroatischen wird bei den Adverbien des Ortes und der Richtung *doli, gori, unutra/nuter* (dt. hinauf, herauf – oben, hinunter) genau unterschieden, im (Süd)Kroatischen gewöhnlich nicht. So findet man die genaue Unterscheidung *odzgor(a)* (dt. oben, gegen), *gori* (dt. hinauf, herauf), *(od)zdol(a)* (dt. unten) gegen *doli* (dt. hinunter, herunter), *nutri* (dt. drinnen) gegen *nutr(a)* (dt. hinein), was wir eindeutig als Einfluss der deutschen Sprache erkennen können. Deutsche Verbalpräfixe, wie *cugrunt* (dt. zugrunde); *dran* (dt. daran); *drauf* (dt. darauf); *durh* (dt. durch); *foribr* (dt. vorüber); *furt* (dt. fort); *hin* (dt. hin) sind etwas ganz normales in der Anwendung. (Hadrovics,183-188)

8. Die Einflüsse in der Phonetik und Phonologie

Gänzlich unbehandelt – außer einigen Ausnahmen (Neweklowsky, Koschat, Hadrovics) – wurden die phonetischen Interferenzerscheinungen achtlos liegengelassen. Ein Großteil davon ist bis heute nicht eindeutig geklärt, so z. B. der Ursprung der Diphtonge |ei|, |ou|, |ie|, |uo|, die in vielen burgenländischkroatischen Mundarten zu finden sind, obwohl diese Tendenz für heanzische Mundarten charakteristisch ist: *dic'ei - dice, b'ouže - bože, pout - pot* (dt. Kinder, Gott, Schweiss,) den kroatischen Mundarten ursprünglich aber fremd war. Ähnlich einzuschätzen sind auch die folgenden linguistischen Erscheinungen des Burgenlandkroatischen:

- Das Auftreten der Vokale |ü| und |ö|: *d'ölat* (dt. arbeiten), *pand'üljak* (dt. der Montag), *s'ölo* (dt. das Dorf), ... vor allem in den bedrohten Gemeinden.

- Reduktionserscheinungen in den unbetonten Vokalismus: *a< ė , dan < dėn.*

- Neutralisierung der Stimmbeteiligungskorrelation an der Wortgrenze: *brad je*, (dt. es ist der Bruder), *lib dan* (dt. ein schöner Tag), *pet krat?* (dt. fünfmal)

- Verlust der Palatalitätskorrelation: *n-nj nemu* (dt. ihm), *dugovajne* (dt. Sache, das Ding).

- Der Übergang von |j| in d'/dz: *jak –> džak/džak= djak* (dt. der Student, der Junge), *jačka –> djačka, džačka* (dt. das Lied).

- Das Phonem |h| im Anlaut und Auslaut: *hiža- iža* (dt. das Haus), *kruo* (dt. das Brot), *suo* (dt. trocken, wie Dach –> dô, Loch –> lôu).

- Die charakteristische Entrundung: *Knödel - kne:dl, Flügel - fli:gl*

- Die Qualität und Quantität in unbetonten Silben *cur'it-cu:r'it* (dt. regnen, fließen), *r'uk:a-ru:ka* (dt. die Hand), *juna:k –> jun'ak* (dt. der Bursche, der Held), *pi:sat –>p'isat* (dt. schreiben).

- Uvulare r-Aussprache in einigen Ortschaften (Weingraben, Kaisersdorf, Güttenbach): *p'rvi* (dt. der Erste).

Am einfachsten und eindruckvollsten ist der Übergang des Kroatischen zum Deutschen bzw. Ungarischen auf den Friedhöfen festzustellen. Die Sprache der Aufschriften verrät sehr viel über die tiefe Verwurzelung in der deutschen Denkweise. Außerdem ist seit 1989 die ZWEISPRACHIGKEIT gesetzlich geregelt worden, privat aber (Gebäudeaufschriften, Firmenbezeichnungen usw.) von der kroatischen Öffentlichkeit nicht umfassend akzeptiert und umgesetzt worden.

Leider konnte ich die Einflüsse des Kroatischen auf das Heanzische bzw. auf das Deutsche nicht aufzeigen, was aber nicht bedeutet, dass diese nicht existieren. Dazu müsste man genauere Studien über die einzelnen Ortschaften, die sich entweder im 19. Jh. assimiliert haben (vor allem jene in Niederösterreich am Marchfeld und bei Wiener Neustadt), oder einige kroatische Randgemeinden im Burgenland, die im Laufe des 20. Jh. die Sprache gewechselt haben. Ich vermute, dass etliche Spuren des Kroatischen auch in dem jetzt gesprochenen Deutsch zu Tage treten.

Zusammenfassung

Die Burgenlandkroaten bilden in unserem Raum, seit 500 Jahren gemeinsam mit den benachbarten Deutschen und Ungarn, eine enge Lebensgemeinschaft. Diese lange Lebensgemeinschaft hat in vielen Bereichen des Lebens, so auch in der Sprache der Kroaten, tiefe Spuren hinterlassen.

Die deutsche und ungarische Sprache ist in diesem Raum Staats- und Kultursprache geworden, das Kroatische Heim- und Kultursprache des Dorfes, woraus das Ungleichgewicht zu Ungunsten des Kroatischen entstanden ist. Die Beeinflussung ist im Wortschatz und der Formenbildung augenscheinlich, in der Phonetik, Wortbildung und Syntax eher schleichend.

Müßig wäre es, darüber übermäßig lang zu grübeln, warum der Überhang der deutschen Sprache auf das Burgenlandkroatische so groß ist. Anscheinend konnte die Standardisierung des Kroatischen nicht dasselbe leisten wie die deutsche Sprache. Dadurch ist das Prestige der deutschen Sprache, sowohl als Mundart, als auch die Schriftsprache immer mehr gestiegen und so zu einem Kristallisationssymbol des zivilisatorischen Fortschritts geworden. Kroatisch wurde zur Sprache des Heimes, der Familie, der Gemeinde, der Kirche und der inneren Einheit und dadurch wurde das Kroatische in eine schwächere Position gedrängt.

Obwohl das Phänomen der starken Überlagerung nur einseitig Deutsch –> Kroatisch in vielen Studien nachgewiesen wurde, wären für den umgekehrten Fall, also Kroatisch –> Deutsch, umfassende Studien in bereits assimilierten, aber auch in stark gefährdeten Gemeinden des Burgenlandes (auch Niederösterreichs) wünschenswert.

Literatur

BAUMHACKL, Friedrich (1940): Die Kroaten im Marchfeld. In: Unsere Heimat. Wien 1940, NF XIII, 93-107.

BENCSICS, Nikolaus (1971): Abriß der geschichtlichen Entwicklung der burgenländisch kroatischen Schrtiftsprache. Wiener Slawistisches Jahrbuch, Wien 1971/17, 16-28.

BREU, Josef (1970): Die Kroatensiedlung im Burgenland und den anschließenden Gebieten. Wien: Deuticke.

HADROVICS, László (1974): Schrifttum und Sprache der burgenländischen Kroaten im 18. und 19. Jahrhundert. Wien: Verlag der ÖAW.

KARALL, Demeter-Geosits, Stefan (1986): Das Pendlerwesen – Assimilation. In: Geosits, Stefan Hg. (1986): Die burgenländischen Kroaten in Wandel der Zeiten. Wien: Edition Tusch. S. 311-312.

KOSCHAT, Helene (1978): Die cakavische Mundart von Baumgarten im Burgenland. Wien. Verlag der ÖAW.

NEWEKLOWSKY, Gerhard (1978): Die kroatischen Dialekte des Burgenlandes und der angrenzenden Gebiete. Wien: Verlag der ÖAW.

PALKOVITS, Elisabeth (1987): Wortschatz des Burgenlandkroatischen. Wien: Verlag der ÖAW.

SEEDOCH, Johann (1986): Die Kroaten im burgenländisch-westungarischen Raum 1848 bis 1918. In: Geosits, Stefan (Heg.) (1986): Die burgenländischen Kroaten in Wandel der Zeiten. Wien: Edition Tusch. S. 125-142.

STEFANITS, Günther (1966): Die deutschen und die magyarischen Lehnwörter in der burgenländer kroatischen Mundart von Hornstein. Wien. Phil. Diss.

VASS, Josef (1965): Sprache und Volkstum der Mittelburgenländer Kroaten. Graz. Phil. Diss..

In: Muhr, Rudolf/Schranz, Erwin/Ulreich, Dietmar (Hrsg.) (2005): Sprachen und Sprachkontakte im pannonischen Raum. Das Burgenland und Westungarn als mehrsprachiges Sprachgebiet. Peter Lang Verlag. Wien u.a., S. 79-88.

Manfred M. GLAUNINGER

(Wien, Österreich)

Ausgewählte Aspekte wechselseitiger Beziehungen zwischen deutschen, ungarischen und kroatischen Dialekten im westpannonischen Raum

0. Einleitung

Seit Jahrhunderten bewohnen deutsch-, ungarisch- und kroatisch-sprachige Menschen, zuweilen in unmittelbarer Nachbarschaft miteinander lebend, den pannonischen Raum. Vor diesem Hintergrund möchte ich im Folgenden auf einige ausgewählte Aspekte wechselseitiger Beziehungen zwischen den genannten drei Sprachen - unter Fokussierung der involvierten Dialekte bzw. Nonstandard-Varietäten - eingehen.[1] Dabei bildet das am Westrand Pannoniens gelegene Gebiet der österreichisch-ungarischen Sprachgrenze den Bezugspunkt meiner Ausführungen. Allerdings wird dieses Areal etwas ausgreifender dimensioniert und auch der vorgelagerte Raum (inklusive der so genannten Hianzerei des Burgenlandes) miteinbezogen.

Die Untersuchung von „Sprach*beziehungen*" impliziert nun in gewissem Sinn stets die Phänomene des Sprach*kontakts* und des Sprach*wandels*, und zwar einerseits als entscheidende Voraussetzung, andererseits aber als augenfälliges Resultat von „Beziehungen" zwischen Sprachen. Deshalb seien mir einleitend auch einige grundsätzliche Überlegungen zu den Phänomenen „Sprachkontakt" und „Sprachwandel" gestattet.

1. „Sprachkontakt" und „Sprachwandel" als linguistische Probleme

Bis zum heutigen Tag ist es der Linguistik nicht gelungen, eine konsistente, den zeitgemäßen wissenschafts- und erkenntnistheoretischen An-

---

[1] Ich verzichte im vorliegenden Beitrag — einem kleinen Zeichen dankbarer Erinnerung an Claus Jürgen Hutterer — auf einen Anmerkungsapparat mit Hochzahlen und Fußnoten, schließe jedoch am Ende mit einem Verzeichnis relevanter und empfehlenswerter Literatur ab.

sprüchen der empirischen Relevanz und deduktiven Falsifizierbarkeit gerecht werdende Theorie zur Beschreibung und Erklärung des Sprachwandels vorzulegen. Die Gründe für diese Unzulänglichkeit liegen auf der Hand: Beim Sprachkontakt handelt es sich nicht um das Aufeinandertreffen abstrakter semiotischer Systeme in einem ahistorischen, gewissermaßen sozial „luftleeren" Raum, sondern ganz im Gegenteil um ein tiefgreifendes, äußerst komplex und vielschichtig determiniertes Phänomen der physischen und psychischen Interaktion von Menschen, die innerhalb sozialer Gruppen Sprachen in konkreten, historisch singulären Lebenssituationen bzw. Zeitabschnitten verwenden. Dabei verdichten sich sowohl gruppengebundene als auch individuelle politische, kulturelle, ökonomische, soziale und eine Reihe anderer Faktoren teils materieller, teils ideeller Art zu - je nach gegebener Sprachkontaktsituation spezifischen - Zwängen und Einflüssen, die auf das Kommunikationsverhalten der Sprecherinnen und Sprecher einwirken und gleichzeitig deren Sprachhandeln den generalisierend-prognostizierenden Deutungsbestrebungen einer - im zuvor definierten Sinn wissenschaftlichen - Theorie entziehen. Bezeichnenderweise spielen in diesem Kontext gerade auch Werturteile eine entscheidende Rolle - Werturteile über Sprachen, die im Grunde genommen stets Werturteile darstellen über die Menschen, die diese Sprachen sprechen.

Trotz dieses Dilemmas, das im Kern das Dilemma aller Sozialwissenschaften widerspiegelt, scheint aber - bei aller gebotenen Vorsicht - die Annahme eines Zusammenhanges zwischen Sprach*kontakt* und Sprach*wandel* gerechtfertigt, der sich in etwa auf folgende Weise formulieren lässt: Sprachkontakt führt ziemlich wahrscheinlich (auch) zu Sprachwandel. Oder, noch etwas präziser: Die Wahrscheinlichkeit, dass es infolge von Sprachkontakt nicht zu Sprachwandel kommt, ist gering. Wie sich dieser Sprachwandel aber im konkreten Fall einer bestimmten Sprachkontaktsituation entwickelt, welche Verlaufsrichtung und Intensität er einschlägt bzw. welchen Grad an Wechselwirkung er erreicht, welche Ebenen und Bereiche der involvierten Sprachsysteme in welchem Ausmaß von Veränderungen betroffen sind usw. - all das lässt sich bislang nicht einmal retrospektiv zufrieden stellend erhellen.

Noch einen weiteren Punkt im Kontext des Problemfeldes „Sprachkontakt und Sprachwandel" erachte ich für erwähnenswert. Es handelt sich dabei um ein sozialpsychologisches Paradoxon. Die Auseinandersetzung mit und die Aneignung von fremden Sprachen werden heutzutage innerhalb unserer Gesellschaft mehrheitlich positiv bewertet, was sich nicht zuletzt an der Intensität sowie der Förderung des schulischen und außerschulischen Fremdsprachenunterrichts ablesen lässt. Immerhin gilt Mehrsprachigkeit mehr denn je als Schlüsselkompetenz im Hinblick auf berufliche Karriereambitionen jedweder Art und wird nicht selten zum Signum für Intellektualität schlechthin stilisiert. Nun tragen aber - und damit sind wir beim zuvor erwähnten Paradoxon angelangt - ab einer gewissen qualitativen und quantitativen Intensität das Fremdsprachenlernen bzw. die Mehrsprachigkeit - als Formen des Sprachkontakts - zum Sprachwandel bei. Dieser aber stößt innerhalb der Gesellschaft fast ausnahmslos auf Ablehnung.

2. Die deutsch-ungarische Sprachgrenze

In großen sprachgeografischen Zusammenhängen gesehen, handelt es sich beim Gebiet der deutsch-ungarischen Sprachgrenze insofern um ein bemerkenswertes Areal, als auf rund 250 km Länge die Außensprachgrenze des Deutschen zu verschiedenen slawischen Sprachen Mittelost- und Südostmitteleuropas aufgebrochen wird. Eine Analyse der in diesem Gebiet gegebenen Sprachkontaktsituation hat vorrangig folgende Faktoren zu berücksichtigen:

a) Diachron betrachtet hat es sich bei der Sprachgrenze zwischen dem Deutschen und Ungarischen die längste Zeit hindurch um ein rein „innerungarisches" Phänomen gehandelt. Erst seit das Burgenland als österreichisches Bundesland existiert (d. h. seit 1921) bzw. besonders markant ab den Fünfzigerjahren des 20. Jahrhunderts, greifen geänderte staatspolitische Rahmenbedingungen tief in das sprachliche Gefüge der Region ein, wodurch letztendlich in nicht allzu ferner Zukunft die Sprachgrenze zwischen dem Deutschen und Ungarischen, die bis in die jüngere Vergangenheit innerhalb des ungarischen Staatsgebietes verlaufen ist, mit der österreichisch-ungarischen Staatsgrenze zusammenfallen dürfte. Möglicherweise wird sich der Zeitpunkt dieses Ereignisses aufgrund der seit einigen Jahren wiederum völlig gewandelten politischen Situation in Ostmitteleuropa und durch den unmittelbar bevorstehenden EU-Beitritt Ungarns noch ein wenig verzögern - zum Stillstand kommen dürfte dieser Prozess jedoch nicht mehr. Karl Manherz hat sich in seiner 1978 veröffentlichten Studie zur „Sprachgeographie und Sprachsoziologie der deutschen Mundarten in Westungarn" noch auf Erhebungen in 39 partiell deutschsprachigen Orten stützen können. Diese Zahl dürfen wir in der gegenwärtige Situation wohl nicht mehr als realistisch bezeichnen.

b) Während die Anfänge des Sprachkontakts zwischen Deutschsprachigen bzw. Ungarn am Westrand Pannoniens bis ins 11. Jh. zurückreichen, erfolgte die Ansiedlung kroatischsprachiger Menschen in diesem Raum in nennenswerter Zahl erst in „nachtürkischer" Zeit im 16. Jh. Was unser unmittelbares Untersuchungsgebiet anbelangt, so befindet sich heutzutage die überwiegende Zahl an Ortschaften, in denen das Kroatische gesprochen wird, auf der österreichischen Seite der deutsch-ungarischen Sprachgrenze, d. h. im österreichischen Burgenland. Somit hat sich also, analog zur deutsch-ungarischen Sprachgrenze, auch das Areal mit kroatischsprachigen Siedlungen - allerdings über eine längere Zeitspanne hinweg - sukzessive nach Westen verschoben. Die meisten ehemals kroatischsprachigen Dörfer auf der ungarischen Seite der Grenze sind madjarisiert. Für die heute noch zumindest partiell kroatischsprachigen Dörfer des Burgenlandes wiederum ist eine Art von „Sprachinsel"-Situation charakteristisch, da sie kein kompaktes, zusammenhängendes Siedlungsgebiet bilden.

c) Mehrsprachigkeit im Hinblick auf das Ungarische und Deutsche war - wenn auch natürlich in unterschiedlicher qualitativer und quantitativer Ausprägung - in unserem Untersuchungsgebiet bis in die jüngere Vergangenheit hinein ein prägendes Faktum. Die Standardvarietäten des Deutschen und Ungarischen spielten dabei im Rahmen sprachlicher Veränderungsprozesse eine ambivalente Rolle. Sie stellten z. T. beschleunigende Faktoren dar, so etwa im Fall des Wechsels der Unterrichtssprache vom Ungarischen zum Deutschen auf dem Boden des jungen Bundeslandes Burgenland bei gleichzeitiger Kontinuität des Ungarischen als Unterrichtssprache jenseits der Staatsgrenze. Sprachliche Normen konnten andererseits aber auch ihr gewohntes, retardierendes Potenzial innerhalb von Sprachwandelprozessen entfalten. Man denke beispielsweise an die Rolle des österreichischen Standarddeutsch als Rundfunk- und Fernsehsprache für die auf ungarischem Staatsgebiet lebenden Sprecherinnen und Sprecher deutscher Dialekte, und zwar noch vor dem Fall des Eisernen Vorhangs. Das Kroatische schließlich hat im Untersuchungsgebiet nie den Status einer offiziellen Staatssprache innegehabt. Dies dürfte - im zuvor skizzierten Zusammenhang des historischen Wandels - den erstaunlich hohen Grad an simultaner Deutsch- und Ungarischkompetenz bei den kroatischen Muttersprachlern (d. h. de facto deren Dreisprachigkeit) bis weit ins 20. Jh. hinein bedingt haben, weiters aber auch ein entsprechendes Ungleichgewicht, eine Einseitigkeit der Sprachwandel- bzw. Interferenzerscheinungen auch auf der Ebene der Nonstandardvarietäten zwischen dem Kroatischen und dem Deutschen auf der einen sowie dem Kroatischen und dem Ungarischen auf der anderen Seite.

2.1 Ausgewählte Interferenzerscheinungen

2.1.1 Ungarisches in den deutschen Dialekten des Burgenlandes

Die Einflüsse des Ungarischen auf die deutschen Dialekte des Untersuchungsgebietes beschränken sich im Grunde genommen ausschließlich - und insgesamt in nicht allzu hohem Ausmaß - auf die lexikalische Ebene. Relevante phonetische, morphologische oder syntaktische Interferenzen lassen sich nicht feststellen. Die sprachliche Durchdringung in ungarisch-deutscher Richtung ist in unserem Areal im Vergleich etwa zu slowenischen Interferenzen in den deutschen Dialekten Kärntens oder auch zu tschechischen Elementen in der Stadtsprache Wiens minimal. Über Jahrhunderte hinweg ist das Deutsche im Kontakt zum Ungarischen vorwiegend „gebende" Sprache gewesen, und das gilt für alle Varietäten und Ebenen des Kommunikationssystems, doch darauf soll hier nicht näher eingegangen werden. Sehr wohl verwiesen sei jedoch auf einige, wohl hinlänglich bekannte, aus dem ungarischen entlehnte (und nicht selten ursprünglich türkische) Lexeme in den deutschen Dialekten im deutsch-ungarischen Grenzraum:

- *tschisma* 'Stiefel' (< ung. *csizma* < türk. *čizme*)
- *teps* 'Backblech, Bratpfanne'(< ung. *tepsi* < türk. *tebsi*)
- *sallasch* 'eingezäunter Auslauf vor dem Schweinestall' (< ung. *szállás* < türk. *salaš*)
- *tschutter* 'bes. Art von Feldflasche' (< ung. *csutora*)
- *schüger* 'Barsch' (< ung. *sügér*)
- *tor* 'Leichenschmaus'(< ung. *tor*)
- *hotter* 'Gemeindegebiet, Dorfflur' (< ung. *határ*)
- *lekwa* 'Marmelade' (< ung. *lekvár* (Rückentlehnung!))
- *wiga* 'Stier' (< ung. *bika*)

- *tschinakl* 'Boot' (< ung. *csónak*)
- *hitwanig* 'böse, niederträchtig, gemein' (< ung. *hitvány*)
- *tschikal* 'Fohlen' (< ung. *csikó*)
- *batschi* '(freundlicher, gemütlicher) älterer Mann' (< ung. *bácsi*)
- *puschka* 'Gewehr' (< ung. *puska* (Rückentlehnung!))
- *gogosch* 'Hahn' (< ung. *kakas*) usw.

Heutzutage finden die meisten dieser Wörter nur noch selten Verwendung, und sie dürften in absehbarer Zeit endgültig in die Erinnerungssprache abgedrängt werden oder aber als spezifisch markierte Einheiten von alltäglichen Kommunikationssituationen losgelöste Funktionen erfüllen. Dies hängt natürlich v. a. damit zusammen, dass viele dieser Lexeme im Zuge der gesellschaftlich-ökonomischen Modernisierungen und Umwälzungen bzw. der Auflösung der traditionellen Agrarwirtschaft im Untersuchungsgebiet obsolet geworden sind.

In einem weit stärkeren Ausmaß als der Kontakt mit dem Ungarischen beeinflusst und verändert die deutschen Dialekte am Westrand des pannonischen Raumes seit jeher die ostösterreichische Verkehrssprache Wiener Prägung, d. h. es ist ein kontinuierlicher Vorgang der sprachlichen Überdachung zu beobachten. Durch diesen Druck wurde die Homogenität der deutschen Mundarten Westpannoniens schon früh gesprengt, und zwar zuerst entlang der bedeutenden Ost-West- bzw. Nord-Süd-Verkehrswege, auf denen seit dem späteren Mittelalter bzw. der Türkenzeit Wien und Pressburg mit lebensnotwendigen Agrargütern sowie mit Nachrichten versorgt wurden. (Man denke nur an die „Fleischhacker"- oder die „Heustraße" sowie an die „Donau"- und die „Poststraße".) Schließlich forcierten der Sprachgebrauch in den westungarischen Städten, deren Zunftpolitik Handwerker und Gewerbetreibende aus Wien und seinem Umland in großer Zahl anzog, und nachgeordnet die Sprache der Marktflecken innerhalb ihrer wirtschaftlichen Einzugsgebiete die Umformung der dörflichen Mundarten nach dem Vorbild eines verkehrssprachlichen, an Wiener Gepflogenheiten orientierten Kommunikationsusus. Diese starke sprachliche Sogwirkung Wiens dauert bekanntermaßen bis zum heutigen Tag unvermindert an, wobei - wie etwa Arbeiten von Rudolf Muhr zeigen - in den letzten Jahrzehnten (neben den Massenmedien) besonders der zur Arbeit, Ausbildung oder Studium nach Wien pendelnden Bevölkerung große Bedeutung als „Motor" sprachlicher Veränderung zukommt. Der Süden unseres Untersuchungsareals wird selbstverständlich v. a. auch von der steirischen Landeshauptstadt Graz sprachlich stark beeinflusst.

Markante und gut beobachtbare Phänomene dieser auf Überdachung zurückführenden Veränderungen der deutschen Dialekte im Untersuchungsgebiet sind (neben lexikalischen Innovationen) :

a) *ui* (< mhd. *uo*) > *ua* und *oa* (< mhd. *ei*) > *a*
b) *pi-* > *be-*

2.1.2 Deutsches und Ungarisches in den kroatischen Dialekten

Wie bereits zuvor ausgeführt, sind die kroatischen Dialekte des Untersuchungsgebietes in hohem Maß sowohl vom deutschen als auch vom ungarischen Sprachsystem beeinflusst worden. In der Lexik der kroatischen Mundarten findet sich dementsprechend eine sehr hohe Zahl an Elementen dieser beiden Kontaktsprachen, und es seien auch hier einige Beispiele aufgezählt:

- *fertuh* (< dt. *Fürtuch, Vortuch* 'Schürze')
- *flajsik* (< dt. *fleißig*)
- *cajk* (< dt. *Zeug*, auch in der Bedeutung 'Germ')
- *krumpl/krumpir* (< dt. *Grundbirne*) bzw. *erteflin* (< dt. *Erdapfel*)
- *nor* (< dt. *Narr*)
- *bakanči* 'Arbeitsschuhe' (< ung. *bakancs*)
- *boršun* 'Erbse' (< ung. *borsó*)
- *varoš* 'Stadt' (< ung. *város*) - aber *grad* 'Burg' usw.

Sehr häufig kommt es in den kroatischen Dialekten des Areals auch zur Verwendung grammatischer Funktionswörter (etwa Präpositionen oder Adverbien) aus dem Deutschen, z. B.:

- *(da)cuj, drauf, foribr, furt, hin, dran, cugrunt* usw.

Besonders prägnant sind jene Fälle, in denen äquivalente Lexeme aus beiden Kontaktsprachen entlehnt worden sind und - natürlich oft mit konnotativen oder pragmatischen Bedeutungsschattierungen - parallel Verwendung finden:

- *šostr (< dt. Schuster) neben varga (< ung. varga)*
- *voz (< dt. Fass) neben rdov (< ung. hordó)*
- *kuh (< dt. koch) neben sokač (< ung. szakács)*
- *raubr (< dt. Räuber) neben tolovaj (< ung. tolvaj)* usw.

Die Aussprache der meisten deutschen Lexeme im Kroatischen verweist auf eine direkte Übernahme aus den Dialekten (vgl. neben den bereits genannten Beispielen auch noch *merl* 'Möhrl' oder *hulr* 'Holler').

Der Einfluss des Deutschen auf die kroatischen Mundarten unseres Areals geht aber über die bloße Übernahme von Lexemen weit hinaus. Der Sprachkontakt hat hier z. T. in beträchtlichem Ausmaß in die grammatische Struktur eingegriffen, und zwar auf praktisch allen Ebenen. Drei Beispiele:

1. Phonetisch-phonologische Ebene:

a) Auftreten von *ü* und *ö*:

Die kroatischen Dialekte haben teilweise von den deutschen Mundarten die Rundung der Vorderzungenvokale *i* und *e* vor dem Laut *l* übernommen:

sölo < *selo, völik* < *velik, nedülja* < *nedilja* usw.

b) Auftreten von Diphthongierungen:

Das für die deutschen Dialekte des Burgenlandes ganz allgemein markante Phänomen der Diphthongierung hat vereinzelt auf die kroatischen Mundarten übergegriffen.

pout < *put, vouziti* < *voziti, peita* < *pita, seinek* < *senek* usw.

2. Morphologische Ebene

Die Integration von lexikalischen Elementen aus dem Deutschen in das grammatische System der kroatischen Dialekte führt zu morphologischen Hybridbildungen:

coprnica 'Hexe' (vgl. dt. *zaubern*), *šnorica* 'Schnur', *vešerica* 'Wäscherin', *švegrka* 'Schwägerin' usw.

3. Resümee

Die zuletzt beschriebenen Beispiele grammatischer Interferenz repräsentieren qualitativ wohl den höchsten Grad an sprachstruktureller Veränderung, der in unserem Untersuchungsgebiet als Resultat wechselseitiger - jedoch nicht äquivalenter, d. h. in alle Richtungen gleichwertiger - Beziehungen zwischen dem Deutschen, Ungarischen und Kroatischen auszumachen ist. Zur Herausbildung einer tatsächlichen hybriden Sprachvarietät beispielsweise ist es nie gekommen - trotz der schon seit Jahrhunderten bestehenden Kontaktsituation im Verhältnis dieser drei Sprachen und eines beachtlichen Grades an einschlägiger Mehrsprachigkeit innerhalb der Gesamtbevölkerung des Areals. Dass die Entstehung einer Hybridsprache durchaus möglich gewesen wäre - allerdings wohl nur unter völlig anderen sozialen, politischen und ökonomischen Bedingungen -, wurde am Südrand des pannonischen Raumes beweisen: Im kroatischen Osijek ist bis in die Mitte des 20. Jh.s hinein das so genannte Essekerische gesprochen worden, ein wohl einzigartiger deutsch-kroatisch-ungarischer Mischdialekt. Jede einzelne Sprachkontaktsituation zeigt eben ihr ganz spezifisches Entwicklungs- und Verlaufspotenzial. Dies lässt sich auch am Beispiel der Beziehungen zwischen Deutsch, Ungarisch und Kroatisch im pannonischen Raum erkennen.

Literatur

BRAUN, A.: Der mundartliche Wortschatz des Burgenlandes, erarbeitet an Hand der Tonaufnahmen der Wörterbuchkommission der österreichischen Akademie der Wissenschaften. Phil. Diss. (masch.) Wien 1975.

FÖLDES, Cs.: Interkulturelle Linguistik. Vorüberlegungen zu Konzepten, Problemen und Desiderata (= Studia Germanica Universitatis Vesprimiensis. Suppl. 1 (2003)). Veszprém / Wien 2003.

GEYER I.: Ungarischer Wortschatz in der Wiener Umgangssprache und älteren Wiener Mundart. In: Csáky, M. (u. a.) (Hg.): Die ungarische Sprache und Kultur im Donauraum. I. Beziehungen und Wechselwirkungen an der Wende des 18. und 19. Jahrhunderts. Vorlesungen des II. Internationalen Kongresses für Hungarologie. Wien, 1–5. September 1986. Budapest / Wien 1989: 394–398.

HORNUNG, M.: Die heanzischen Mundarten des Burgenlandes im Wandel unseres Jahrhunderts. In: Im Dienste der Auslandsgermanistik. Festschrift für Professor Dr. Dr. h. c. Antal Mádl zum 70. Geburtstag (= Budapester Beiträge zur Germanistik 34). Budapest 1999: 87–95.

HUTTERER, C. J.: Deutsch-ungarischer Lehnwortaustausch. In: Mitzka, W. (Hg.): Wortgeographie und Gesellschaft. Berlin 1968: 644–659.

MANHERZ, K.: Sprachgeographie und Sprachsoziologie der deutschen Mundarten in Westungarn. Köln / Wien 1978.

MUHR, R.: Sprachwandel als soziales Phänomen. Eine empirische Studie zu soziolinguistischen und sozialpsychologischen Faktoren des Sprachwandels im südlichen Burgenland (= Schriften zur deutschen Sprache in Österreich 7). Wien 1981.

NEWEKLOWSKY, G.: Die kroatischen Dialekte des Burgenlandes und der angrenzenden Gebiete (= Schriften der Balkankommission. Linguistische Abteilung XXV.) Wien 1978.

SCHEURINGER, H.: Geschichte der deutsch-ungarischen und deutsch-slawischen Sprachgrenze im Südosten. In: Besch, Werner (u. a.) (Hg.): Sprachgeschichte. Ein Handbuch zur Geschichte der deutschen Sprache und ihrer Erforschung. 2., vollständig neu bearbeitete und erweiterte Auflage (= HSK 4). Berlin / New York 2004: 3365–3379.

In: Muhr, Rudolf/Schranz, Erwin/Ulreich, Dietmar (Hrsg.) (2005): Sprachen und Sprachkontakte im pannonischen Raum. Das Burgenland und Westungarn als mehrsprachiges Sprachgebiet. Peter Lang Verlag. Wien u.a., S. 89-132.

Manfred A. FISCHER

(Wien, Österreich)

Pflanzennamen als Kulturgut
Einige Überlegungen und Sprachbeispiele als Grundlage für das Projekt
„Vernakulare Pflanzennamen im Süd-Burgenland"[1]

1. Vorbemerkung

Vor mehr als 20 Jahren erschien in den Burgenländischen Heimatblättern eine recht umfangreiche Zusammenstellung volkstümlicher (hauptsächlich hianzischer, aber auch einiger ungarischer) Pflanzennamen aus verschiedenen Ortschaften des Burgenlandes und aus verschiedenen Quellen, mit etymologischer Diskussion anhand der Fachliteratur, verfasst von Adolf Korkisch in Eisenstadt (KORKISCH 1981–1982). Als Beispiel für eine Sammlung burgenländischkroatischer Pflanzennamen sei DOBROVIĆ (1940) genannt. Der Initiative von Herrn Landtagspräsidenten Dr. Erwin Schranz ist es zu verdanken, ein Projekt zur Erfassung mundartlicher Pflanzennamen vorzuschlagen, das die heutige Situation wiedergeben soll, und zwar mit besonderer Berücksichtigung aller im Burgenland gesprochener Sprachen und der Sprachkontaktsituation, zunächst vor allem im Süd-Burgenland. Es ist auch daran gedacht, einige Gesichtspunkte und Fragestellungen zu berücksichtigen, die aus linguistischer Sicht nicht so nahe liegen und auch nur mit Hilfe botanischer Fachleute zu bearbeiten sind, wie etwa volkstaxonomische Aspekte: Welche Arten werden volkstümlich unterschieden und aufgrund welcher Merkmale geschieht das? In welcher Weise werden Beziehungen zwischen den Sippen gesehen und wie wirken sich solche Vorstellungen auf die Benennung aus? Eine Liste der zu behandelnden Arten und Gattungen befindet sich im Anhang.

Wie in anderen Sachbereichen, spiegeln auch die Namen der Pflanzen den mannigfachen und im Lauf der Zeit wechselnden Umgang des Menschen mit den benannten Objekten wider. Eng mit der *Nutzung* der

---

[1] Auszugsweise vorgetragen für den Hianzenverein in Oberschützen am 17.4.2004.

Pflanzen durch den Menschen ist die *Kenntnis* der Pflanzen (Botanik) verknüpft. Beides hängt untereinander und mit der Benennung (vernakularen wie wissenschaftlichen Nomenklatur) zusammen. Ohne Pflanzenkenntnis und ohne Botanik-Kenntnis ist eine Befassung mit den Pflanzen und deren Namen und deren geschichtlichem Wandel unmöglich oder jedenfalls unsinnig. Genauso wie natürlich umgekehrt linguistische und historische Kenntnisse unerlässlich sind – eigentlich selbstverständlich. Die real existierende Wissenschaft zeigt leider ein anderes Bild: Linguistik und Botanik und Ethnologie und Kulturgeschichte sind als Folge des wissenschaftlichen Spezialisierungsprozesses so weit voneinander getrennt worden, dass sie nicht immer wieder zusammen finden.

2. Einleitung

Zur Einstimmung in das Thema, aber auch um die verschiedenartigen Problematiken anzudeuten, seien im Folgenden einige Beispiele zur *Etymologie* (sprachlichen Herkunft) und Semasiologie (Bedeutungswandel) der Pflanzennamen geboten. Wichtiger als die meist im Vordergrund stehende Etymologie ist es nämlich, sich bewusst zu werden über das große Ausmaß und die Vielfalt der Bedeutungsänderungen vieler Namen, über die im Lauf der Geschichte sehr oft erfolgte – zeitliche und räumliche – Übertragung der botanischen Bedeutung von einem Namen zu einem ganz anderen (für dieselbe Pflanze werden verschiedene Namen verwendet: *Synonyme*), vor allem aber auch die Verwendung desselben Namens – zu verschiedenen Zeiten und in verschiedenen Gegenden – für ganz verschiedene Pflanzen (*Homonyme*). Vielfalt (und Chaos) der Pflanzennamen waren ständige Begleiter bei der Beschäftigung mit der Diversität der Pflanzen und sind auch eine ständige Quelle für Schwierigkeiten bei dieser Arbeit.

Die wissenschaftliche Botanik bedient sich zur Bezeichnung der Pflanzenarten und -gattungen (usw.) überwiegend lateinischer und griechischer Wörter. Viele darunter sind zwar alte Pflanzennamen, deren ursprüngliche Bedeutung ist jedoch oft nicht mehr bekannt und war oft auch ungenau, jedenfalls wurden die alten Namen verständlicherweise nicht im Sinn der modernen Wissenschaft verwendet. Die Formulierung „lateinischer Pflanzenname" ist daher grundsätzlich nichtssagend, jedenfalls missverständlich, denn zwischen dem klassischen Latein (der Antike), dem „Schullatein", dem mittelalterlichen Latein, dem Gelehrtenlatein der frühen Neuzeit, dem Mediziner- und Pharmazeuten-Latein und schließlich dem botanisch-wissenschaftlichen Latein seit Linné (Linnaeus) bestehen sehr große Unterschiede. Heute denkt man meist an diesen zuletzt genannten botanisch-lateinischen Namen, wenn von einem „lateinischen" Pflanzennamen die Rede ist. Im Folgenden werden diese immer „botanisch-lateinisch" genannt. Das Botanische Latein ist eine wissenschaftliche Fachsprache (Kunstsprache), die in der Neuzeit geschaffen wurde und mit dem „Schullatein" (dies ist leider meist bloß das Latein der antiken Klassiker, obwohl für unsere Kultur und Bildung das nachklassische Latein viel wichtiger ist) nicht allzu viel gemeinsam hat.

Abgesehen von den philosophischen Anfängen im antiken Griechenland (ARISTOTELES und sein Schüler THEOPHRASTOS – 371–285 v. Chr. –, dieser gilt als der erste Botaniker) standen bis in die Neuzeit angewandte Gesichtspunkte im Vordergrund. Altgriechisch (agr.) botánē heißt zunächst „Futter, Kraut, Weide" (GEMOLL), dann überhaupt „Pflanze". Dasselbe gr. Wort votáni bedeutet 2000 Jahre später „(Arznei-)Kraut" (WENDT 1999). Ein anderes Wort: agr. phytón, bedeutet „Pflanze", aber auch „Baum", dann „Sprössling", eigentlich „Gewächs" (agr. phyo = ich wachse), auch heute: gr. fitó = Pflanze. Die Botaniker wären also, wenn man von der wörtlichen Bedeutung ausginge, Kräuterkundler, jedenfalls angewandte Botaniker (das eigentlich bessere Wort Phytologie hat sich bis heute nicht durchgesetzt).

Das größte Interesse an der Beschreibung und Benennung der pflanzlichen Biodiversität hatten die Mediziner, heute müssten wir sagen: die Pharmazeuten, denn die Mannigfaltigkeit der Medizinalpflanzen ist größer als die aller anderen Nutzpflanzen. Bis in die frühe Neuzeit wichtig war Pedanios DIOSKURIDES, der im 1. Jh. n. Chr. lebte (aus dem südöstlichen Kleinasien [Kilikien] stammender, in Alexandria ausgebildeter Militärarzt) und um 60 n. Chr. sein berühmtes Werk „Perí hýlēs iatrikés" („Über die Heilmittel") schrieb. Erst recht spät, in der Zeit der Kräuterbuchautoren in der Renaissance, entdeckte man allmählich, dass in Mitteleuropa weitgehend andere Pflanzen wachsen als in der Mediterraneis. Volkssprachliche Pflanzennamen haben meist einen engen Geltungsbereich. Für überregionale und schriftsprachliche Pflanzennamen war die Wissenschaft vonnöten, die Maßstäbe für Klassifikation und Benennung setzte. Das ist übrigens auch heute nicht anders.

Bis vor kurzem gab es viele *mundartliche Pflanzennamen,* von denen zahlreiche nur lokale und eng-regionale Gültigkeit haben und damit weniger weit verbreitet sind als der entsprechende Dialekt. Diese Namen werden vor allem innerhalb enger geographischer Räume verwendet und haben keinen Rückhalt in der überregionalen Schriftsprache. Dennoch existieren, ganz im Gegensatz dazu, etliche Namen oder zumindest Wortstämme, die erstaunlich weit verbreitet sind, bis heute ebenfalls weitgehend unabhängig von der botanischen Bildungssprache. Einige von ihnen sind nie schriftsprachlich geworden, andere aber – gleichsam umgekehrt – sind gesunkenes Kulturgut, denn sie wurden einstmals in der Sprache der Apotheker verwendet, sind dort aber später durch neuere, „wissenschaftlichere" Namen – entsprechend dem Fortschritt der botanischen Wissenschaft – ersetzt worden, in der Sprache des „einfachen" (ungebildeten) Volkes hingegen erhalten geblieben, haben lautliche Entwicklungen mitgemacht, sodass ihr (meist griechischer oder lateinischer Ursprung) oft kaum noch erkennbar ist: „Gamander" (← chamaedrys), „Günsel" (← consolida), mda. „Saunigl" (← sanicula), „Schöllkraut" (← chelidonium) usw. (Näheres in den Kap. 4 und 5), sie sind im Deutschen zu Lehnwörtern aus der ehemaligen lateinischen Fachsprache geworden. (Entsprechendes – die sprachgeschichtlich jüngeren noch ohne lautliche Veränderung – gibt es in der Sprache der Gärtner: „Rockerl" (← auricula), „Calla", „Philo" (← „Philodendron".)

Hauptsächlich diese weit verbreiteten mundartlichen Namen sind es, die uns einiges erzählen können über die Rolle, die deren Träger einstmals für den Menschen gespielt haben, deren Erforschung daher ein *Beitrag zur Kulturgeschichte* ist. Dass die schillernde Vielfalt dieser Pflanzenbezeichnungen in den verschiedenen Dialekten für höhere Anforderungen an Genauigkeit, also für wissenschaftliche Zwecke ungeeignet ist, dass sie die Pflanzenkenntnis in mancher Hinsicht sogar eher behindert als fördert, versteht sich von selbst. Dies gilt übrigens auch für manche alltagssprachliche und schriftsprachliche Namen, die unabhängig von der botanischen Wissenschaft zustande gekommen sind. Alle nicht-wissenschaftlichen Namen kann man unter der Bezeichnung „Vernakularnamen" zusammenfassen. Schriftsprachliche Namen mit dem Anspruch botanischer Information und damit zugleich solche von weiterer Verbreitung setzen eine gewisse Normierung voraus, und die kann aber eigentlich nur von der zuständigen Fachwissenschaft geleistet werden. Diese so genannten <u>Büchernamen</u>, wie sie in Botanikbüchern und Schulbüchern aufscheinen, sind allerdings im deutschen Sprachbereich bis heute in nur höchst unzureichendem Ausmaß standardisiert, vielmehr herrschen derartig viele Synonyme und – noch schlimmer – auch Homonyme vor, dass jedem, der sich ernsthaft mit Pflanzenkenntnis befasst, von deren Gebrauch abgeraten werden muss (Näheres dazu bei FISCHER 2001 und 2002).

Wenn Nützlichkeitserwägungen das Motiv zur Befassung mit Pflanzen sind, ist eine *ungleichmäßige Betrachtung der Flora* unvermeidlich. Bauholz liefernde Gehölze werden genau betrachtet – aber nur, falls sich die Holzqualitäten als verschieden erweisen. Entsprechendes gilt für die übrigen Nutzpflanzen: für die Rohstoffe (Fasern, Farben usw.) liefernden Gewächse und natürlich genau so für die Nahrungspflanzen (für Haustier und Mensch), Gewürzlieferanten und Heilpflanzen, ebenso für Genussmittel und Rauschdrogen, letztere in engem Zusammenhang mit dem Kultus (Religion), wozu auch die einst wichtigen Zauberpflanzen gehören. Nicht zuletzt spielen Zierpflanzen eine immer größer werdende Rolle. Alle übrigen Sippen wurden hingegen wenig beachtet, als „Unkraut"[2], „Gras" etc. abgetan.

Dass die Verwendbarkeit (Nutzungsmöglichkeit) ausschlaggebend für Kenntnis und Benennung ist, lässt sich auch heute – oder sogar heute erst recht – beobachten: Selbst sehr auffallende, leicht kenntliche, unverwechselbare Arten wie *Adenostyles glabra* / Kalk-Alpendost, *Lysimachia punctata* / Trauben-Gilbweiderich, *Melittis melissophyllum* / Immenblatt erwiesen sich in der Untersuchung von KLEIN-SOUKOP (1992) als namenlos.

Insgesamt waren die Pflanzen jedoch bis zum 19. Jh. für den Menschen sehr viel wichtiger als heutzutage, sie wurden auch sorgfältiger beobachtet, und die floristischen Kenntnisse waren dementsprechend allgemein höher. Die zunehmende Kenntnis der Pflanzen fremder, überseeischer Länder trug dazu bei, dass zu Beginn der Neuzeit ein schreckliches Wirrwarr an Pflanzennamen herrschte, sowohl bei den griechisch (Dioskurides!) und lateinisch (bes. den Apothekern) schreibenden Fachleuten wie bei den die Landessprache verwendenden Ungebildeten. Dieses Chaos war wohl auch ein Stimulus für die Entstehung der Systematischen Botanik,

---

[2] Man beachte, dass „Kraut" die Nutzpflanze, näherhin die Arzneipflanze bezeichnet.

also für die Versuche, die Fülle der Gewächse nach wissenschaftlichen Ge-sichtspunkten zu ordnen und zu benennen. Beides hängt eng miteinander zusammen: Ohne sinnvolle, überzeugende und in weiten Kreisen akzep-tierte Ordnung der Vielfalt ist eine überregionale Benennung nicht mög-lich. Caspar BAUHIN in Basel (1560–1624) war wohl der bedeutendste Vorläufer von Carl LINNAEUS (Karl v. LINNÉ), der dann in der zweiten Hälfte des 18. Jh. die wissenschaftliche Biologie, insbesondere die Biosy-stematik (Systematik der Pflanzen und Tiere) begründete. Entscheidend ist, dass damit *allgemein akzeptierte Kriterien* für die Unterscheidung, Ord-nung und Benennung der Pflanzenfülle angewendet werden und alle Pflan-zen gleich wichtig sind, somit *Wissenschaftlichkeit* an die Stelle des Utilita-rismus tritt. Eigentlich nebenbei erfand LINNAEUS auch ein Benennungssy-stem und begründete die bot.-lat. Nomenklatur, die bis heute ein Rückgrat der Biologie bildet.

Ein Blick in die Geschichte – zunächst zurück zu den *Kräuterbuch-autoren* der Renaissance, des 16. Jh., die eigentlich die Grundlage für die spätere wissenschaftliche Botanik schufen und deshalb „Väter der Pflan-zenkunde" genannt werden – offenbart nicht nur das Durcheinander der Pflanzennamen, sondern führt auch die verschiedenen Sichtweisen vor, die sich in den Pflanzennamen widerspiegeln: Medizin (Pharmazie), Kult (Mythologie, Religion, Aberglaube, Esoterik), Land- und Forstwirtschaft usw. betrachten verständlicherweise die Pflanzen aus verschiedenen Blick-winkeln, nach verschiedenen Gesichtspunkten. Das hat entsprechend ver-schiedene Nomenklaturen und Namen zur Folge. Die griechischen, latei-nischen, arabischen Namen aus der alten Literatur (insbesondere von Dios-kurides), hauptsächlich bei den Apothekern verwendet, treffen sich mit den volkstümlichen Namen in den verschiedenen Landessprachen (und verwirren einander nicht selten gegenseitig). Wichtig sind diese vielen *vor-linnäischen Homonyme und Synonyme* aber auch deshalb, weil nicht we-nige der heute noch üblichen Pflanzennamen auf jene alten Namen zu-rückgehen, sowohl bei den wissenschaftlichen wie bei den vernakularen Bezeichnungen (zwischen denen natürlich enge Beziehungen, vielfach Wechselwirkungen bestehen). Dennoch müssen die *vernakularen* Namen (= volkstümlichen, nicht-fachlichen, zu denen keineswegs nur die mund-artlichen, sondern auch die alltagssprachlichen der Schriftsprache zählen) von den so genannten *Büchernamen* (den fachspezifischen, von den Bota-nikern – „künstlich" – geschaffenen, dazu gehören auch die botanisch-lateinischen der eigentlichen Wissenschaftssprache) sorgfältig unterschieden werden (siehe Kap. 8).

Erklärung der Abkürzungen

Die wissenschaftlichen, *botanisch-lateinischen* Namen sind jeweils *kursiv* gedruckt.

agr.	altgriechisch	idg.	indogermanisch (*)
ahd.	althochdeutsch	it.	italienisch
ak.	altkirchenslawisch	lat.	lateinisch
amer.	amerikanisches Englisch	lett.	lettisch
and.	altniederdeutsch	lit.	litauisch
anhd.	altneuhochdeutsch	mda.	mundartlich (dialektal)
arab.	arabisch	nhd.	neuhochdeutsch
bosn.	bosnisch (neustokavisch)	osm.-türk.	osmanisch-türkisch
bot.-lat.	botanisch-lateinisch	sln.	slowenisch
bulg.	bulgarisch	teut.	teutonisch („binnen-deutsch", „deutschländisches Deutsch")
d'bgld.	deutsch-burgenländisch (hianzisch)	urslaw.	urslawisch (*)
Dim.	Diminutiv (Verkleinerungsform)	verw.	verwandt (mit)
d'ktn.	deutsch-kärtnerisch	vlat.	vulgärlateinisch
dt.	deutsch (nhd. schriftsprachlich)	zT	zum Teil erschlossenes, nicht belegtes Wort
e.	englisch		
frz.	französisch		
gr.	griechisch („neugriechisch")		

→ entwickelt sich zu; ← ist entstanden (herzuleiten) aus; →→ Bedeutungsübertragung auf

(3) Kräuterbuchautoren

Leonhart Fuchs ist vielleicht der bedeutendste unter ihnen. Die Holzschnitte in seinem berühmten Hauptwerk (FUCHS 1543) sind so meisterhaft, dass sich fast alle Pflanzen eindeutig bestimmen lassen. In Klammern im Folgenden (soweit notwendig) die heute üblichen botanisch-lateinischen Namen. Nicht wenige der in diesem Werk akzeptierten Namen existieren noch heute in derselben Bedeutung:

z.B. Haselwurtz, Hünerdärm, Gauchheyl, Haußwurtz, Reinfarn, Marien distel, Hawheckel, Groß Kletten, Schwalbenwurtz, Maßlieben, Braunwurtz, Entzian (Gentiana lutea!), Roßmüntz, Hirtzzung, Manßtrew, Mystel, Weydt (Isatis tinctoria), Erdtrauch, Wunderbaum (Ricinus), Coriander, Betonick, Welschnuß, Ringelbluomen, Gartenkreß (Lepidium sativum), Ruprechtskraut (Geranium robertianum), Wald Geyßbart, Odermenig, Augentrost, ...

Einige sind nur **wenig verändert:**

Welsch bernklaw *(Acanthus mollis)*, Teütsch bernklaw *(Heracleum sphondylium)*, Holder *(Sambucus nigra)*, Weckholder, Agley, Radten = Kornnegelin *(Agrostemma githago)*, Sternkraut *(Aster amellus)*, Alantwurtz *(Inula helenium)*, Mertzen veiel = Mertzen Violen, Küttenbaum *(Cydonia oblonga)*, Syngrüen *(Vinca minor)*, Hertzgesperr *(Leonurus cardiaca)*, Burretsch = Borragen *(Borago officinalis)*, ...

Manche kennen wir heute als **Mundartnamen** (z. T. in abgewandelter Form):

Attich *(Sambucus ebulus)*, Goldwurtz weible *(Lilium martagon)*, Molten *(Atriplex hortensis)*, Wild Molten *(Chenopodium album)*, Pfaffenpint *(Arum maculatum* agg.), Lynen *(Clematis vitalba)*, Erdnussen *(Lathyrus tuberosus)*, Monatbluom *(Bellis perennis* cv.), Krüselbeer *(Ribes uva-crispa)*, Walstro *(Galium verum)*, Kartendistel *(Dipsacus)*, Zeiland *(Daphne mezereum)*, Meyenblümle *(Convallaria majalis)*, Fench *(Setaria italica)* [Fench, Fennich ist ein Lehnwort, das aus lat. panicum = Hirse umgebildet ist, und hat nichts mit Fenchel ← foeniculum zu tun], Künigundkraut *(Eupatorium cannabinum)*, Teütsch Ochsenzung *(Anchusa officinalis*; [e. German bugloss]), Negelbluom *(Dianthus)*, Zeitlosen *(Colchicum autumnale)*, Kesten, ...

Andere haben uns heute **unbekannte** Namen:

Hünerbiß *(Veronica hederifolia* agg.), Stickwurtz *(Bryonia dioica)*, Kleinvogelkraut *(Arenaria serpyllifolia)*, Gichtwurtz *(Paeonia officinalis)*, Kunrath *(Hypericum montanum)*, Kranichhals *(Geranium

dissectum), Rot-Wegerich (Plantago major), Weiß Wegdistel (Ono-
pordum acanthium), Lang Holwurtz (Aristolochia clematitis), Run-
de Holwurtz (Corydalis cava), Heyternessel (Urtica dioica), Wilder
Feldsaffran (Carlina vulgaris), Roßhuob (Tussilago farfara), Wisen-
hanenfuoß (Ranunculus auricomus agg.), Wasserhanenfuoß (Ranunculus sceleratus), Weiß waldhenle (Anemone nemorosa) [man vgl.
„Berghähnlein" für Anemone narcissiflora!], Erenbreiß mennle (Veronica officinalis), Erenbreiß weible (Kickxia spuria), Feldzwibel
(Gagea lutea), Daubenfuoß (Geranium pusillum), Erdtpfrimmen
(Genista germanica), Zäpfflinkraut (Ruscus hypoglossum), Zam
weiß senff (Diplotaxis tenuifolia), Wasserepff (Berula erecta), Leüß-
kraut (Helleborus foetidus), Tag und Nacht (Parietaria officinalis),
Blaw Gilgen [= Blau-Lilie] (Iris germanica), Gauchbluom (Cardamine pratensis), Wild Ochsenzungen (Anchusa arvensis), ...

In manchen Fällen ist uns der Name *im Botanischen Latein* geläufig oder
steht mit ihm in Zusammenhang:

Wasserwegerich (Alisma plantago-aquatica), Brennessel (Urtica
urens), Bluotwurtz (Geranium sanguineum), Rapuntzeln (Campanula rapunculus), Welsch Veiel (Matthiola incana; Levkoje (gr.) =
„Weißveilchen"!), Roßschwantz = Schaffthew (Equisetum), Welsch
Ochsenzung (Anchusa azurea = A. italica), Schwartz Andorn (Bal-
lota nigra), ...

Wieder andere Namen haben eine *andere Bedeutung* als heute:

Genßbluom (Leucanthemum vulgare agg.), Maier (Chenopodium
polyspermum), Storckenschnabel (Erodium cicutarium), Rindßaug
(Tripleurospermum inodorum), Bluotwurtz (Geranium sanguineum), Gottesgnad (Geranium pratense), Ruhrkraut (Filago vulgaris), Hederich (Sinapis arvensis), Baurnsenff (Lepidium campestre),
Besemkraut (Lepidium ruderale), Groß Habichkraut (Sonchus arvensis), Klein Habichkraut (Leontodon autumnalis?), Filtzkraut (=
Flachßseiden = Dotter) (Cuscuta), Kürbs (Lagenaria siceraria),
Garten Benedictenwurtz (Geum urbanum), Bonen (Vicia faba), Gul-
de Guntzel (Ajuga reptans), Grindkraut (Senecio vulgaris), ...

Dazu muss allerdings gesagt werden, dass FUCHS reichlich deutsche
Synonyme angibt, unter denen vereinzelt auch die entsprechenden uns

heute geläufigen Namen zu finden sind, z. B. heißt *Parietaria officinalis* nicht nur „Tag- und Nacht", sondern auch „Glasskraut".

Die Kräuterbuchautoren sind primär Pharmakognosten (Arzneimittelkenner), ihre Denkweise ist daher utilitaristisch, auch die Klassifizierung erfolgt primär *nicht* nach dem Aussehen (Phytographie), sondern nach der Wirkung: Beispiele aus L. FUCHS (1543):

• Die einander sehr unähnlichen *Aristolochia* und *Corydalis* heißen beide Holwurtz.

• Balsamkraut: mennle = *Momordica balsamina*; weible = *Impatiens balsamina*

• Erenbreiß: mennle = *Veronica officinalis*; weible = *Kickxia spuria*

In anderen Fällen entspricht die Klassifikation jedoch durchaus der heutigen, wissenschaftlichen (z. B. *Helleborus viridis + H. foetidus* = Christwurz; *Anagallis arvensis + foemina* = Gauchheil mennle + weible), *Equisetum* = Groß R. + Klein Roßschwantz. – Die Bezeichnungen „männlich" und „weiblich" sind allerdings nicht im Sinn biologischen Geschlechts zu verstehen: Die Sexualität der Pflanzen ist erst später entdeckt (R. J. Camerarius, 1694) und erst gegen die Mitte des 18. Jahrhunderts allgemein akzeptiert worden (vor allem aufgrund der Experimente von J. G. Gleditsch und J. G. Kölreuter). Vorher, so auch bei L. Fuchs, wurden die Geschlechterbezeichnungen allegorisch verwendet: Die zarteren und hinfälligen männlichen Pflanzen des Bingelkrauts und des Hanfes wurden als „weiblich" bezeichnet, die kräftigen, längerlebenden, fruchtenden als „männlich". Der „Männerfarn" *(Dryopteris filix-mas)* hat derberen Blattschnitt als der „Frauenfarn" *(Athyrium filix-femina).* Der Ausdruck „femeln" der Hanfbauern für die Entfernung der nicht fruchtenden männlichen Hanfpflanzen geht auf jene falsche Bewertung zurück.

Ein weiteres Beispiel für eine ehemalige, wohl pharmazeutisch motivierte „Gattung" mit Folgen für die vernakulare (nicht-wissenschaftliche) Nomenklatur:

▪ Chelidonium majus (= *Chelidonium majus*) → Schellkraut → Schöllkraut → e. greater celandine (chelidonium → e. celandine)

▪ Chelidonium minus (= *Ranunculus ficaria [Ficaria verna]*) → e. lesser celandine

Weitere Beispiele für nichtwissenschaftliche Taxonomie („folk taxonomy" = Volkstaxonomie):

• Salix/Weide: Salchern/Felbern: Verschiedene Wuchsformen haben vernakular verschiedene Namen.

(4) Bedeutungsänderungen (Beispiele aus der Semasiologie der Pflanzennamen)

(A) Vorwissenschaftliche Bedeutungsänderungen:

Ein Name wechselt seine Bedeutung von einer Pflanzensippe zur andern: Es entstehen **Homonyme** (gleichlautende Wörter, die aber verschiedene Bedeutung haben). Im Folgenden ist dies durch das Symbol →→ angezeigt, es bedeutet „wird zur Bezeichnung für ...", „nimmt die andere Bedeutung an". Der einfache Pfeil → hingegen bedeutet eine Veränderung (Abwandlung) des Wortes, also „dieses Wort verändert sich zu", „daraus entsteht die Wortform ...". (Die Abkürzungen für die Sprachen sind am Ende von Kap. 2 erklärt.)

agr. **phegos** (medit. *Quercus* sp.) →→ / → lat. **fagus** *(Fagus sylvatica)* → dt. **Buche** *(= Fagus sylvatica)*

agr. **sykomoréa** = urspr. Maulbeer-Feige = dt. Sykomore *(Ficus sycomorus)*; →→ e. sycamore (maple) = Berg-Ahorn; →→ amer. sycamore = Platane

dt. **Bohne** (← mhd. bōne ← ahd. bōna) = *Vicia faba* →→ *Phaseolus* (aus Amerika stammende Bohne: Garten-Bohne, Feuer-Bohne) (siehe FISCHER 1992)

dt. (norddeutsch, ursprünglich) **Flieder** = *Sambucus nigra* (= Schwarz-Holunder) →→ *Syringa vulgaris* (auch „Türkischer Flieder"; pers. lilak → arab. lilak → frz. lilas; → auch Farbbezeichnung!)

dt. (süddeutsch) **Holunder** = *Sambucus nigra* (= Schwarz-Holunder) →→ volkstümlich *Syringa vulgaris* (Flieder, allerdings meist mit dem Zusatz (Epitheton) „Türkischer" oder „Blauer")

dt. **Kastanie** *(= Castanea sativa)* ← mhd. kesten (vgl. mda. österr. „Kesten"!) ← ahd. chestin[n]a ← vlat./roman. castinea, castenea ← lat. castanea ← agr. kástanon (Baum) / kastáneia (Frucht) ← ?? – →→ Rosskastanie / *Aesculus hippocastanum* (← osm.-türk. at kastanı = „Pferdekastanie" → neulat. hippocastanum). – Man beachte: „Kastanie": bedeutet in Wien etwas anderes (nämlich *Aesculus hippocastanum* = Rosskastanie) als im übrigen Österreich (nämlich *Castanea sativa* = Edelkastanie)!

dt. **Kresse** ← ahd. kresso, die weitere Herkunft dieses westgermanischen Pflanzennamens ist unklar (DROSDOWSKI 1989). Bezeichnet werden damit scharf schmeckende Salatpflanzen, die meisten zur Familie Kreuzblütler/*Brassicaceae* gehörend. Als Büchername wird Kresse für die Gattung *Lepidium* verwendet, gemeint ist vernakular nur die Garten-Kresse / *Lepidium sativum*. Wie in vielen parallelen Fällen (-hirse, -kamille, -klee, -nelke, -raute, -rose, -schierling usw.) werden Composita mit demselben Grundwort, in diesem Fall -kresse, für andere Gattungen verwendet: Winterkresse/*Barbarea*, Sumpfkresse/*Rorippa*, Strandkresse/*Lobularia*, Steinkresse/*Alyssum*, Schaumkresse/*Cardaminopsis*, Pfeilkresse/*Cardaria*, Löffelkresse/*Cochlearia*, Graukresse/*Berteroa*, Gänsekresse/*Arabis*, Gämskresse/*Pritzelago*, Felskresse/*Hornungia*, Brunnenkresse/*Nasturtium*. Die zuletzt genannte ist die bekannteste „Kresse", allerdings ist sie in der Natur selten und wird meist mit der viel häufigeren (wenn auch anders schmeckenden) Bachkresse / *Cardamine amara* (auch Bitter-Schaumkraut genannt) verwechselt. Die aus Südamerika stammende Kapuzinerkresse / *Tropaeolum majus* hat zwar kressenartig schmeckende und als Salat verwendbare Laubblätter, ist jedoch kein Kreuzblütler.

dt. **Nelke** ← neilke ← mnd. negelke (Dim. von Nagel: „Nägelchen") = *Syzygium aromaticum* = Gewürznelke. Im 16. Jh. auf Gartenzierpflanzen aus der Gattung *Dianthus* übertragen, wohl nicht nur wegen des Duftes (DROSDOWSKI 1989: 483), sondern vielleicht auch wegen der äußeren Gestalt der Blüte (und auch wegen der genagelten Petalen?).

dt. **Rapunzel** ← lat. rapunculus (= „Rübchen"). Ursprüngliche Bedeutung: *Campanula rapunculus*, eine mediterrane Glockenblumen-Art mit essbarer Wurzel. Der Name dieses beliebten Wildwurzelgemüses kam wohl über die Klöster nach Mitteleuropa, wo es die dazugehörige Pflanzenart jedoch nicht gibt. In unseren Äckern kann jedoch im Winter eine Wildsalatpflanze geerntet werden, die zwar mit der Rapunzel-Glockenblume weder verwandt noch ihr ähnlich ist, auch werden nicht die Wurzeln, sondern die Laubblätter verwendet, dennoch wurde der Name auf sie übertragen – ein eindrucksvolles Beispiel für den Vorgang der Namensübertragung und den Vorrang des Utilitaristischen (Bauch geht vor Hirn). Seither heißt *Valerianella* im Deutschen auch „Rapunzel" und „Rapünzchen", schweizerisch „Nüsslisalat" (neben Feldsalat, Ackersalat und österreichisch Vogerlsalat).

dt. **Schwertel** / *Gladiolus*: Eine Verschiebung zwischen dem lateinischen und dem deutschen Gattungsnamen liegt vor bei *Iris/Gladiolus*: lat. „gladiolus" heißt „kleines Schwert"; tatsächlich wurden in früheren Zeiten Gladiolen so genannt: „rot swertel" (13. Jh.); aber nicht nur im 18. Jh. gibt es noch den Namen „Schwertel" in der Bedeutung von *Gladiolus* (MARZELL 1972: 692), sondern auch noch in einigen (keineswegs allen) Florenwerken zu Ende des 19. Jh. Erst in neuerer Zeit herrscht klare namensmäßige Trennung: *Iris* = Schwertlilie; *Gladiolus* = Gladiole = Siegwurz[3].

Kettenreaktionen durch Bedeutungsübertragungen und Umbenennungen:

Robinie / Akazie / Mimose: Auch die Sprache des Blumenhandels stiftet in manchen Fällen Verwirrung: Da (nicht nur) die Wiener die Robinie *(Robinia pseudacacia)* „Akazie" nennen, sehen sich die Blumenhändler gezwungen, die im Winter importierten blühenden Akazienzweige *(Acacia* spp.) in „Mimose" umzubenennen, was weiters zur Folge hat, dass sie die Mimose *(Mimosa pudica)* unter ihrem deutschen Namen „Sinnpflanze" verkaufen müssen.

Bedeutungsänderungen vom Altgriechischen bzw. Lateinischen ins Botanische Latein:

lat. **cucurbita** (= *Lagenaria* / Flaschenkürbis) →→ (bot.-lat.) *Cucurbita* (= aus Amerika stammende Gattung Kürbis)

agr. **daphnē**, gr. dafni (= *Laurus nobilis* / Lorbeer) →→ (bot.-lat.) *Daphne* (= Gattung Seidelbast u. Steinröserl)

lat. **ilex** (= *Quercus ilex* / Stein-Eiche)→→ *Ilex* (= Gattung Stechpalme u. Mate-Tee etc.)

lat. **carica** (= *Ficus carica* / Feige) →→ *Carica* (= Papaya, „Melonenkürbis")

lat. **viscum** (= *Loranthus* / Eichenmistel) →→ (bot.-lat.) *Viscum* (= Mistel)

---

[3] „Siegwurz" bezieht sich auf die netzfasrige Hülle, die die Achsenknolle (bei den meisten Arten) umgibt und die mit einem Panzerhemd (Harnisch) verglichen wird, daher die Homonymie mit *Allium victorialis*, dem Allermannsharnisch.

(B)   **Pflanzen wechseln ihren Namen im Laufe der Zeit: Es entstehen Synonyme:**

Vicia faba = dt. (altdeutsch) Bohne (ahd. bōna → mhd. bōne) → Saubohne (= Ackerbohne, Feldbohne, Dicke Bohne, Pferdebohne, Puffbohne) (wegen der Unterscheidung von *Phaseolus*) (siehe FISCHER 1992). „Bohne" ist somit zugleich Homonym, da mit diesem Namen einstens *Vicia faba* bezeichnet wurde, heute hingegen *Phaseolus.*

Lagenaria = lat. cucurbita (→ vlat. *curbita → ahd. kurbiz → mhd. kürbiz → dt. Kürbis) → Flaschenkürbis

Ilex aquifolium: Alte Zauberpflanze (immergrüner Baum mit stacheliggezähnten LB): Stechpalme / Hülse / Schradl (Niederösterreich) / Stechlaub (Vorarlberg)

(C)   **Bedeutungsänderungen durch Schaffung einer wissenschaftlichen Fachnomenklatur (Homonyme:**

Trivialbezeichnung vs. wiss./botan. Fachbezeichnung): Die ursprüngliche Bedeutung wurde entweder *erweitert* (Extension) oder *eingeengt* (Intension):

Bedeutungserweiterung:

lat. sorbus = *Sorbus domestica* (= Speierling) →→ bot.-lat. Gattung *Sorbus* (umfasst auch viele ganz andere Arten, wie Eberesche, Mehlbeere, Elsbeere)

lat. arbutus = *Arbutus unedo* (= „Erdbeerbaum" [der Lateinlehrer?]) →→ bot.-lat. Gattung *Arbutus.*

Viele deutsche vernakulare Namen treten als fachliche Gattungsnamen (Büchernamen) mit wesentlich erweiterter Bedeutung auf, z. B.:

Alant: wird in der Botanik als deutscher Büchername für die gesamte Gattung *Inula* verwendet, die weltweit rund 90, in Europa 19 und in Österreich 7 wildwachsende Arten umfasst. Der Name Alant bezieht sich ursprünglich und vernakular jedoch nur auf eine einzige Art, nämlich auf die bei uns in Bauerngärten kultivierte, alte, aus Mittelasien stammende Arzneipflanze *Inula helenium*, den Echt-Alant.

Ampfer/*Rumex*: bezeichnete ursprünglich nur die sauer schmeckenden Arten, hauptsächlich den Wiesen-Sauerampfer / *Rumex acetosa*; (s. u. unter Kap. 5A).

Baldrian/*Valeriana*: Ursprünglich war nur *Valeriana officinalis*, der „Echte" Baldrian gemeint; taxonomisch ist auch der Echte Speik ein Baldrian ebenso wie viele weitere Arten in Österreeich 7, weltweit 200).

Berufkraut/*Erigeron*: Die heute als botanischer Gattungsname verwendete deutsche Bezeichnung bezog sich ursprünglich nur auf *E. acer*, das Scharfe oder besser Echte B. Die Bezeichnungen „Berufkraut", „Beschreikraut" und „Vermeinkraut" werden für verschiedene Gattungen und Arten verwendet, sie beziehen sich darauf, dass diese Pflanzen im Volksglauben als Gegenmittel gegen das Verhexen von Kindern und Hausvieh verwendet worden sind. Auch die Redewendung „es geht mir – unberufen! – gut" zeugt von diesem alten Aberglauben (Abwehr gegen Schadenzauber: gleichbedeutend ist „toi, toi, toi!"). Mit Beruf im Sinne von Profession hat *Erigeron acre* also nichts zu tun. Der bot.-lat. Name *Erigeron* ist griechisch und abgeleitet von agr. eri = früh und agr. geron = Greis, also „Frühgreis", wegen der bald nach der Anthese infolge der sich verlängernden Pappushaare grau werdenden Körbe (kein sehr aussagekräftiges, spezifisches Merkmal, weil auch auf sehr viele andere Korbblütler-Gattungen zutreffend!). „Erigeron" ist also gleichbedeutend mit lat. senecio (vgl. die Korbblütler-Gattung *Senecio*/Greiskraut), in der vorlinnäischen Botanik wurden auch beide Namen für dieselben Pflanzen verwendet. Eine andere (angeblich unrichtige) Deutung wäre die Ableitung von agr. erion = Wolle und der lat. Silbe ger = tragend: „Wollträger".

Ehrenpreis/*Veronica*: Gemeint ist eigentlich, ursprünglich, vorwissenschaftlich eine einzige Art, nämlich *Veronica officinalis*, d. i. eine von rund 400 „botanischen" Ehrenpreis-Arten!

Enzian/*Gentiana*: Enzian ← *Gentiana* (nach einem kräuterkundigen illyrischen König benannt). Gemeint ist die Arzneipflanze *G. lutea*, in der bot.-lat. Nomenklatur die nomenklatorische Typusart der Gattung (d. h., an die der Gattungsname geknüpft ist). Die heute volkstümliche „Typisierung" mit *G. acaulis* agg. *(G. acaulis + G. clusii)* ist jungen Datums, geht auf die Touristikindustrie im beginnenden 19. Jh. zurück, als die (nicht naturwissenschaftlich gebildeten) Städter die Berge und ihre Pflanzen entdeckten und auffallende Pflanzen standarddeutsch benennen wollten und benannt haben.

Goldrute/*Solidago***:** ursprünglich nur die heimische Art *Solidago virgaurea* (= Echte Goldrute). Wie bei vielen alten Arzneipflanzen, ist der deutsche Name („Goldrute") eine Übersetzung des alten pharmazeutisch-lateinischen Namens virga aurea („goldene Rute"), den die deutschen Botaniker der Neuzeit als Gattungsbezeichnung für *Solidago* verwenden. („Solidago" ist ein alter Pflanzennamen, abgeleitet von lat. solidus = „fest, hart", der für verschiedene Pflanzen verwendet wurde, die bei Knochenbrüchen helfen sollen; vgl. „consolida".)

Haarstrang/*Peucedanum***:** Bezieht sich ursprünglich nur auf die Heilpflanze *Peucedanum officinale*, in der Botanik für die ganze, mehr als 100 Arten umfassende Gattung verwendet, zu der übrigens eine andere, wichtigere Azneipflanze, nämlich die Meisterwurz *(Peucedanum ostruthium)* gehört. „Haarstrang" ist ein alter Pflanzenname, dessen Etymologie unklar ist (verschiedene Deutungen bei MARZELL 3: 638).

Immergrün/*Vinca***:** eigentlich hauptsächlich *Vinca minor* und andere immergrüne Arten. Die Gattung Vinca umfasst auch sommergrüne Arten, z. B. *V. herbacea* („Krautiges" Immergrün, „Sommergrün"-Immergrün; wer weiß einen besseren deutschen Standardnamen?), eine submediterrane Art, die in Österreich sehr selten (auch im Burgenland) und gefährdet ist und unter Naturschutz steht.

Johanniskraut/*Hypericum***:** ursprünglich nur eine einzige von rund 370 Arten dieser botanischen Gattung, und zwar die Arzneipflanzenart *Hypericum perforatum*.

Kampferkraut/*Camphorosma***:** Die in Österreich nur im Burgenland (im Seewinkel) vorkommende Art *C. annua* duftet *nicht* nach Kampfer!

Labkraut/*Galium***:** Nur *Galium verum* ist das Labkraut im volkstümlichen, also eigentlichen und richtigen Sinn (das als Lab-Ersatz diente).

Leimkraut/*Silene***:** Nicht alle Arten werden dem deutschen Büchernamen gerecht (klebriger Stängel).

Salzkraut/*Salsola***:** Die in Österreich wachsende (einzige) Art ist *keine* Salzpflanze!

Veilchen/ *Viola*: Ursprünglich war nur die duftende Art *Viola odorata* gemeint (die Gattung umfasst weltweit ca. 400 Arten, in Europa 91, in Österreich 27, im Burgenland 17); die Farbbezeichnung „violett" bezieht sich auf die Farbe der Blütenkrone von *Viola odorata*

Waldrebe/ *Clematis*: Manche Arten dieser Gattung sind weder „Reben" noch wachsen sie im Wald;

Wegerich/ *Plantago*: Die meisten Arten dieser Gattung wachsen *nicht* auf Wegen!

Weidenröschen/ *Epilobium*: Der Name bezieht sich ursprünglich wohl nur auf *E. angustifolium.*

(D) Wirrwarr bei den Koniferen-Namen:

Kiefer ← ahd. kienforha („Kienföhre"); vgl. österr. mda.: „Forchn"

Rottanne = *Picea* (gr. kókkino élato). Im heutigen Griechenland nur in den Rodopen (an der äußersten Nordgrenze des Landes). — „Tannenbaum" = auch Fichte.

Fichte: nur dt. ahd. fiohta (→ fiuhta → Feichten-, Feuchten-: Feuchtenwang, Feuchtenbach), verw. lat. picea, agr. peukē (pefki), agr. wohl gleichbed. mit verw. agr. pitys = *Pinus, Abies*, Zushg mit idg. *pitu- = Saft (Harz) od. pit-/pik = stechend, spitz; – lat. pinus viell. verw. u. gleichbed.

STOWASSER (lat.) pinus = (1) Fichte, Föhre; (2) Pinie. picea = Pechföhre, Kiefer; abies = Tanne

PIGNATTI (bot. it.): *Abies alba* = abete bianco; *Picea abies* = abete rosso; *Pinus* = pini (*P. pinea* = pino domestico, pino da pignoli)

GEMOLL (agr.:) elátē= Fichte; peúkē = (1) Fichte; (2) Kienfackel; pítys = Harzbaum, Föhre, Fichte

WENDT (gr.): élato, eláti = Tanne; pefko, pefki = Fichte; // Kiefer = pefko, pefki; Pinie = kukunariá (kukunári = Pinienzapfen; Fichte = pefko, pefki, †pitys

LINNAEUS (Species Plantarum, 1753): *Pinus abies*, L. = *Picea abies* / FichtePinus picea, L. = *Abies alba* / Tanne; Linné hat die lateinischen Namen abies und picea anders (umgekehrt) interpretiert als üblich.

(5)   Sprachliche Gliederung deutscher Pflanzennamen

(A)   Einfache (Simplicia) gemeinsprachliche deutsche N., heute schriftsprachlich in Gebrauch, etymologisch germanisch; Wortbedeutung heute dem Nichtlinguisten unklar

Ahorn/*Acer* (innerhalb der Germania nur dt.; verw. lat. acer, idg. Wurzel ak- = scharf, vgl. dt. Ecke);

Ampfer/*Rumex* (urverwandt mit lat. amarus ← idg. *amro → germ. *ampra → ahd. ampf[a]ro = sauer, „der Saure"; dt. Sauerampfer ist also pleonastisch!);

Andel = *Puccinellia*; **Andorn**/*Marrubium*;

Apfel (ahd. apful; mhd. apfel; air. ubull; ks. ablъko, jablъko; bulg. jabəlko; russ. jábloko; li. obuolys, lett. âbuōls; idg. *abel-, *abol-; – dt. Apfelbaum = mhd. apfalter, vgl. Toponym Abfaltersbach);

Aspe (← ahd. aspa; bei unseren österreichischen Förstern heißt die Zitter-Pappel / *Populus tremula* ausschließlich so);

Bohne (vgl. FISCHER 1992); **Dirndl** (ostösterr. für *Cornus mas*): ahd. tirn, tirnlîn (HORNUNG & GRÜNER 2002); ?verw. bosn. drijen, bulg. drjan, urslaw. *deruъidg. *dheruo, verw. lat. firmus (Dauerhaftigkeit des Holzes!);

Distel; **Dost**; **Esche**/*Fraxinus* (← mhd. asch);

Kresse; **Quecke** = *Elymus (Agropyron) repens* (germ. *quiqua = lebendig, lebhaft, verw. keck; vgl. Quecksilber);

Quendel/*Thymus*; **Segge**; **Sinau** (←? sintau = „Immertau"; alter dt. Name für *Alchemilla*) ...

Exkurs zu den Baumnamen:

Die Endung <-*der*> geht auf das germ. Baumnamensuffix đr[a] zurück, dieses auf idg. *deru- = Baum, ?Eiche. Davon abgeleitet: → e. tree, dt. Teer, ebenso slawisch dərvo, bosn. drvo, russ. derevo = Baum.

Apfal<u>ter</u>, Flie<u>der</u>, Holun<u>der</u>, Maßhol<u>der</u>, Rüs<u>ter</u>, Wachol<u>der</u>.

(a)   **Wortbedeutung noch verständlich:** Heide (nach dem Vegetationstyp), Röte *(Rubia tinctorum)* (nach dem aus der Pflanze gewonnenen Farbstoff), ...

(b) **regionale, obsolete und dialektale Namen:** Alber, Arschitzen, Arve, Aspe, Asperl, Adlersbeer („Odlasbia"), Attich, Bunge, Felber, ...

(c) **Lehnwörter, z.T. volksetymologische Umbildungen (Fehldeutungen):**

Aus dem Griechischen, Lateinischen und dem Botanischen Latein:

Akelei (← *Aquilegia*);

Anis (mhd. anīs ← lat. anisum ← agr. ánēson, ánēthon ← ?); **Aprikose** (nicht von sonnig = lat. apricus = → lat. Aprilis → April) ← frz. abricot ← span. albaricoque ← arab. al-barquq ← spätgr. praikokkion ← vlat. persica praecocia = „frühreifer Pfirsich"; – bot.-lat. *Armeniaca;* die Marille stammt jedoch nicht aus Armenien, sondern aus Mittelasien!);

Baldrian (← *Valeriana*);

Barbarakraut (← *Barbarea*);

Birne (← ahd. bira ← vlat. pira; vgl. mda. Birbam: ohne n!);

Buchs (← lat. buxus ← agr. pyxís → lat. pyxis, vlat. buxis → frz. boîte, e. box, it. bussola, dt. Büchse);

Eberraute (= Aberraut ← lat. abrotanum);

Enzian (siehe Kap. 4C); **Gamander** (← lat. chamaedrys ← agr. chamai-drys = „Boden-Eiche", „Zwerg-Eiche");

Granten / Granaten / Granatapfel: ← malum granatum = „körniger Apfel" = *Punica granatum;* etym. damit zusammenhängend die Stadt Granada, der Halbedelstein Granat (Farbe des Granatapfelsafts = Saft aus den die Samen umgebenden Arilli), das Kriegsgerät Granate und vermutlich auch die d'ktn. „Granten" = Früchte von *Vaccinium vitis-idaea;*

Günsel (← lat. consolida = symphytum = „Zusammenwachsen"); **Kamille** ← mhd. gamille, kamille ← lat. chamaemelum ← agr. chamaimēlon = „Bodenapfel" (wegen des apfelähnlichen Dufts?) (ob mit „Kamille" in älterer Zeit die Echte Kamille / *Matricaria recutita (M. chamomilla)* gemeint war oder aber andere arzneilich verwendete Anthemideen, ist übrigens strittig);

Kerbel = mda. d'ktn. Keferfil (← lat. cerefolium ← lat. chaerephyllum ← agr. *chairephyllon = *Anthriscus cerefolium* = Echter Kerbel);

Kirsche *(Prunus avium)* ← vlat. cerasie, ceresia, lat. cerasus ← agr. kérasos (← kleinasiat. Herkunft);

Kohl (← lat. caulis = Stängel);

Lattich (← lat. lactuca ← lat. lac = Milch);

Margerite (frz. marguerite ← afrz. margarite; ← lat. margarita = Perle ← agr. margarítēs, márgaron → frz. acide margarique = perlfarbene Säure → frz. margarine → dt. Margarine; – auch die Margarete kommt etym. von der agr. Perle);

Marille (← it. armellino ← lat. armeniaca u. Einfl. v. „Amarelle", „Morelle" [← mlat. amarellus = bitter, sauer]);

Mispel (← ahd. mespila ← lat. mespilum ← agr. méspilon ← ?);

Pfirsich (← vlat. persica ← persica arbor / persicum malum = persischer Baum / – Apfel; → österr. „Pfeascha"; persische Vermittlung, die Baumart stammt aus China!);

Pflaume (← mhd. pflūme ← pfrūma ← vlat. *pruna); Primel (← primula);

Raute (← *Ruta*); Sanikel (← *Sanicula*; → etliche andere Heilpflanzen, mda.: Saunigl);

Schöllkraut (bot.-lat. *Chelidonium* ← agr. chelidonion = „Schwalbenkraut");

Speik ← lat. spica = eigentlich „Ähre": Dieses Wort wird aber seit der Antike (im Zusammenhang mit einem Pflanzennamen) für eine Parfumpflanze gebraucht (agr. nardos, lat. „spica nardi", „nardus spicata" etc.), deren botanische Identität strittig ist: Handelt es sich um den Lavendel (bot.-lat. *Lavandula spica* = L. *angustifolia*) oder um die asiatische Valerianacee *Nardostachys*? Mit „Speik" werden jedenfalls (bis heute) aromatische Alpenkräuter benannt, insbesondere in den Ostalpen die Baldrian-Art *Valeriana celtica*, der Echte Speik, einstens die wichtigste heimische Parfumpflanze (Ober-Steiermark) von beträchtlichem Handelswert (Handelszentrum Judenburg); V. *celtica subsp. norica* ist übrigens ein Endemit der Ostalpen und Österreichs;

Veilchen, mda. Feig[a]l (← [Dim.] ← anhd. Vei[e]l ← mhd. vīel← ahd. viola ← viola), ...

(d) Übersetzungen und Lehnübersetzungen

Alpenrose (← [agr.] *Rhododendron* = „Rosenbaum");

Aschenkraut (← [agr.] *Tephroseris* = lat. *Cineraria*);

Hundszunge (← [agr.] *Cynoglossum*);

Knabenkraut (← agr. orchis = Hoden; stärker verhüllende Lehnübersetzung statt ursprünglich „Knabenhödlein");

Kreuzkraut (← Greiskraut ← *Senecio* ← lat. senex = Greis); **Ochsenauge** (← [agr.] *Buphthalmum*);

Windröschen (← [agr.] *Anemone*, obwohl dieser Name wahrscheinlich gar nicht von agr. anemos = Wind stammt, sondern eine agr. Volksetymologie ist) ...

(e) **Lehnwörter aus anderen Sprachen:**

Alfalfa (arab.) = Luzerne = *Medicago sativa*;

Batate (← haitianisch/span. batata; →→ it. patata, e. potato = Kartoffel!); **Kartoffel** (← dt. tartuffel ←(←) it. tartufolo = Trüffel, Kartoffel);

Trüffel (← vlat. terrae tufer ← lat. terrae tuber = Erdknolle);

Weichsel (← ahd. wihsila [→ russ. višnja] = Süßkirsche ← idg. *ūīsk = Leim → viscum; – teut. „Sauerkirsche"); ...

(f) **Fremdwörter. Aus dem (botanischen) Lateinischen (etymologisch agr. od. lat.):**

Adonis; Akazie; Amarant (← bot.-lat. *Amaranthus* hat falsche Orhographie, etymologisch korrekt wäre „Amarantus");

Anemone (agr. volksetymologisch, s. o.);

Angelika; Anserine = *Potentilla anserina* (← anserina ← anser = Gans), **Arnika, Aster** (← lat. aster = Stern),

Aurikel = *Primula auricula* (← lat. auricula = Öhrchen; urspr. „auricula ursi" = „Bärenöhrchen") → „Rickerl", „Rockerl" (für verschiedene Gartenblumen);

Azalee = ehemalige botan. Gattung *Azalea* (heute Elemente von *Rhododendron*); **Balsamine** = *Impatiens balsamina*;

Orchidee (← *Orchideae*); **Pimpinella** (→ dt. Pimpinelle u. Bibernelle) = vorlinnäisch hpts. *Sanguisorba*, die Konfusion mit der Gttg *P.* ist alt (schon von Hieronymus Bock 1539 beklagt), *Pimpinella* hieß hingegen vorlinnäisch *Saxifraga*.

(B) Zusammensetzungen (Komposita) mit dt. Pflanzennamen:

Adlerfarn;

Grundbirne (→ d'bgld. Grumpern → sln. krompír, bosn. [neustokavisch] krùmpir, krómpir);

Eberesche ← spätmhd. eberboum (hat nichts mit dem Eber zu tun!, kommt vielmehr vermutlich von mhd. „aber-" in der Bedeutung „verkehrt, falsch" wie in Aberglaube, Aberwitz; DROSDOWSKIS (1989) Deutungsversuch scheint hingegen weit hergeholt: „... wird man ... an das in keltischen Orts- und Personennamen überlieferte gallische eburos = Eibe anschließen können");

Rosskastanie (osman./türk. at kastanï = „Pferdekastanie") = bot.-lat. Aesculus ← lat. aesculus = eine Eichen-Art, vielleicht *Quercus petraea* oder *Qu. pubescens*; ...

(C) Zusammensetzungen (Komposita) ohne Pflanzennamen:

Abbiss, Alpenglöckchen, Alpenhelm, Aronstab, Augentrost, Bärenklau, Bärwurz (wohl verhüllende Fehldeutung statt *Gebärwurz; L. FUCHS 1543 schreibt: „Ist aber ... Beerwurtz genent worden, entweder ..., oder darumb das soelch gewechß zuo vilen kranckheyten der baermuoter guot ist"), Ehrenpreis, Frauenmantel, Lungenkraut, Rittersporn, ...

(D) Nicht mehr verständliche Zusammensetzungen:

Berufkraut / Beschreikraut (Zauberpflanzen): wirksam gegen das Beschreien (Verhexen); Elsbeere / Elsen / Ölexn: Sprachlich verwandt, bezeichnet botanisch Verschiedenes: Elsbeere = *Sorbus torminalis*; Elsen, Ölexn = *Prunus padus* / Traubenkirsche;

Gillkraut (= „Gü-Greidl"): *Helleborus viridis, H. dumetorum* und andere (?): veterinärmedizinisch (gegen Schweinerotlauf);

Käspappel/Pappel (*Malva sylvestris* u. *M. neglecta*), dazu Pappelrose/*Alcea* und Samtpappel/*Abutilon*: hat nichts mit der Baumgattung Pappel = ← *Populus* (dies Lehnwort aus dem Lateinischen) zu tun, sondern mit dem dt. Wortstamm, der auch in „aufpäppeln" vorliegt;

Maßlieb(chen) (← mittelniederl. matelieve; ← germ. *mat[i] = Speise, Essen, Essbarkeit, appetitanregend);

Maulbeere ← mhd. mūlber ← *mūrber ← ahd. mōrberi; pleonastische Bildung aus ahd. mūr, mōr (= Brombeere) ← lat. morum (Maulbeere, Brombeere); vgl. d'ktn.-mda. „Muurn" (= Brombeere), vgl. Lorbeer (← lat. laurus + dt. Beere)!;

Veilchenwurzel: das pharm. verwendete Rhizom bestimmter *Iris*-Arten duftet veilchenähnlich;

Walnuss = Welsche [= walische = romanische, lateinische, italien.] Nuss i. U. zu heimischen Nüssen wie z. B. Haselnuss.

(E)   **Beispiele für die Etymologie bot.-lat. Namen:**

dt. **Bachbunge**, niederländ. beekpunge → neulat. beccabunga → bot.-lat. *Veronica beccabunga.*

Rumex patientia: Das Artepitheton ist durch sprachliche Verballhornung oder Sprachscherz entstanden: patientia ← frz. patience ← frz. la patience (= die Geduld) ← frz. lapacion/lapaciom (frz. Schulaussprache des Latein u./od. Sprachblödelei) ← lat. lapathium (= Sauerampfer) ← lapathum (= ds.) ← agr. lápathon (= ds.). Die dt. (mda.) Namen „Geduld" u. „Geduldkraut" (MARZELL) etc. leiten sich vom bot.-lat. N. ab.

(6)   Büchernamen und Vernakularnamen[4]

Die Unterscheidung zweier wichtiger Haupttypen von Pflanzen- und Tiernamen ist bei der Beschäftigung mit deutschen Pflanzennamen grundlegend und unumgänglich: Den außerwissenschaftlichen, nicht-fachlichen (alltagssprachlichen) Namen (die ich die *vernakularen* nenne) stehen die fachlichen (fachspezifischen) gegenüber, die *Büchernamen* genannt werden (vgl. Kap. 7). Im „Wörterbuch der Botanik" von WAGENITZ (2003) werden die volkstümlichen Namen mit den Büchernamen unter dem gemeinsamen Oberbegriff „Vernakularnamen" zusammengefasst. Ich halte dies entschieden für ungünstig, denn die wichtige Unterscheidung zwischen den volkstümlichen eigentlichen Vernakularnamen und den botanischen Büchernamen ist m. E. überaus wichtig; sie entspricht dem *Unterschied zwischen Alltagssprache und Fachsprache.*

---

[4] Aus einem Vortrag über Sinn und Unsinn deutscher Pflanzennamen, vgl. FISCHER 2004

Die Vernakularnamen umfassen:

(a) die *gemeindeutschen schriftsprachlichen* Namen (Buche, Erbse, Herrenpilz, Kornblume, Philodendron, Tanne, Veilchen, Waldmeister);

(b) die *umgangssprachlichen*, meist *regionalen* (z. B. Aspe, Dirndlstrauch, Eierschwammerl, Kastanie, Märzenbecher, Moosbeere, Osterglocke, Schwarzbeere) und schließlich

(c) die große Zahl der *mundartlichen* (dialektalen) Namen.

Ich vermeide den Ausdruck „deutsche Pflanzennamen", denn *die Vernakularnamen sind ebenso deutsch wie die Büchernamen*. In der Diskussion über die Sinnhaftigkeit „deutscher" Pflanzennamen wird fast durchwegs zwischen Vernakularnamen und Büchernamen, also zwischen diesen beiden Grundtypen *nicht* unterschieden. Obzwar dieses Thema bei den Botanikern im Allgemeinen und traditionellerweise kein Interesse findet – genau genommen, hat es tatsächlich mit Botanik fast nichts zu tun –, denken nämlich neuerdings nicht nur Pädagogen, sondern auch Botaniker (WISSKIRCHEN & HAEUPLER 1998, BUTTLER & HARMS 1998) darüber nach, welche Rolle deutsche Namen neben den wissenschaftlich-lateinischen haben können und sollen. Solange die vernakularen und dialektalen Namen mit den deutschen Büchernamen gleichgesetzt oder vermengt werden, führen diese Überlegungen jedoch zwangsläufig ad absurdum.

Uns heute vertraute Büchernamen werden naiverweise oft fälschlich für vernakular gehalten, obwohl sie als Fachausdruck geschaffen worden und oft gar nicht alt sind: **Aronstab, Blaugras, Pfingstrose, Stechginster, Sterndolde.** Andere Namen, denen die fachsprachliche Konstruktion sehr wohl leicht anzumerken ist **(Bermuda-Blauaugengras, Dreikantiger Runzelbruder = Sparriges Kranzmoos, Österreichische Zitzen-Sumpfbinse)**, werden nicht selten als „gekünstelt" und das Sprachgefühl verletzend negativ beurteilt. Tatsächlich sind fachlich zufriedenstellende Namen naturgemäß immer konstruiert, wie das allgemein für Fachausdrücke aller Disziplinen selbstverständlich ist. Echt vernakulare Namen (manche sind übrigens keineswegs unkompliziert gebaut: **König-aller-Kräuter, Habmichlieb, Gretl-in-der-Stauden**) hingegen sind fachlich grundsätzlich unbrauchbar, weil ungenau und mehrdeutig.

Die universale Wissenschaftssprache war bekanntlich einst – bis ins 19. Jahrhundert – das Lateinische, genauer: eine kunstsprachliche, botanische Variante des Neulateins oder Gelehrtenlateins (und keinesfalls klassisches oder Schullatein), eine Rolle, die im Lauf des 20. Jahrhunderts vom Englischen übernommen worden ist. Weniger bekannt ist, dass die taxonomische Botanik (mein engeres Fachgebiet) m. W. heute die letzte Wissenschaftsdisziplin ist, in der jene altehrwürdige Rolle des Lateinischen noch nicht ganz ausgestorben ist (möglicherweise wird es schon in zwei Jahren so weit sein). Der botanische Taxonom muss sich nämlich auch im 21. Jahrhundert des Botanischen Lateins (vgl. STEARN 1992) bedienen – bei der Erstbeschreibung neuentdeckter Taxa (z. B. Unterarten, Arten, Gattungen). Keinesfalls dürfen die botanisch-lateinischen Fachbezeichnungen für die Pflanzentaxa mit Vokabeln des „Lateinischen" gleichgesetzt oder verwechselt werden, wie das in sprachwissenschaftlichen Arbeiten leider und unverständlicherweise immer wieder geschieht.

Weder an der äußeren Gestalt noch an der Etymologie lässt sich erkennen, ob es sich um einen *Vernakularnamen* oder einen Fachausdruck (einen so genannten *Büchernamen*) handelt. Manche kompliziert gebauten (merklich konstruierten) Komposita wie **Zwerg-Haarschlund, Strand-Klaffmund** und **Purpurblau-Steinsame** lassen den fachlichen Charakter vermuten, viele andere Komposita hingegen wie **Butterblume, Hundszahn, Fuchsschwanz** und **Moosbeere** sind vernakular, während nichtzusammengesetzte Wörter wie **Andorn, Baldrian, Gamander, Günsel, Lauch** Fachcharakter haben und botanische Taxa (in den Beispielen Gattungen) bezeichnen.

Die Bezeichnungen **Akazie, Gras, Kastanie** (ebenso wie die Termini **Wurzel, Blatt, Blüte, Frucht, Staude, Wald** usw.) bezeichnen in der Alltagssprache jeweils einen anderen Begriff[5] als im fachspezifischen Kontext.

Im landwirtschaftlichen Sprachgebrauch steht der (neuerdings wieder wichtig gewordene) Dinkel *neben* dem Weizen; die taxonomische Situation wird nicht beachtet oder kommt jedenfalls in diesem Namen nicht zum Ausdruck. Der Botaniker hingegen verwendet Weizen als Bezeichnung für die (übergeordnete) taxonomische **Gattung** *Triticum,* zu der der Dinkel *(= Triticum spelta)* ebenso gehört wie der Weizen *(= Triticum aestivum).* Dieser Weizen des Landwirts heißt botanisch korrekt Saat-Weizen, denn er ist eine Art innerhalb der Gattung Weizen. Um taxono-

---

[5] Ich unterschiede hier und im Folgenden zwischen Name = Wort einerseits und Begriff = Bedeutung, Definition andererseits.

misch exakt zu sein und Missverständnisse zu vermeiden, könnte man den Dinkel **Dinkel-Weizen** nennen – analog zum **Türkenbund**, der taxonomisch informativ Türkenbund-Lilie genannt wird, um klarzustellen, dass er eine Lilien-Art ist.

Wir halten zusammenfassend fest: Fachliche (taxonomische) Namen sind – ob nun Eigennamen oder nicht – jedenfalls *Fachausdrücke*, d. h. ihre Bedeutung ist durch fachspezifische Definition festgelegt. Diese *Büchernamen* sind *taxonomisch* definiert im Unterschied zu den *vernakularen* Namen, und zwar auch dann, wenn beide gleich lauten. Beide sind „deutsche Namen", auch wenn sie miteinander eigentlich sonst nichts gemein haben. – Siehe dazu die Tabelle am Ende! Näheres dazu bei FISCHER (2001, 2002, 2004).

Bei populären Pflanzen und Pflanzengruppen sind Büchernamen außerhalb der Wissenschaft so weithin bekannt geworden, dass sie als volkstümlich gelten können: Orchidee, Orchis, Wulfenie (Botanikbücher verwenden für diesen auch botanisch interessanten Stenoendemiten[6], der heute als Kärntner Nationalblume gilt, die Bezeichnung Kühtritt – vermutlich ein lokaler Volksname – als „deutschen Namen", obwohl der heute nur noch in Botanikbüchern aufscheint, denn populär ist in neuerer Zeit einzig und allein der Name Wulfenie).

(7) Gegenüberstellung Büchernamen / Vernakularnamen

Büchernamen	Vernakularnamen
• deutsche fachliche Standardnamen, d. h. schriftsprachliche, in der *Fachliteratur* verwendete Namen; sie sollten ebenso *wissenschaftlich sein* wie die bot.-lateinischen!	• sowohl (a) gemein-*schriftsprachliche* wie „volkstümliche" = (b) *umgangssprachliche* und (c) *mundartliche* Namen; fälschlich deutsche „Trivialnamen" genannt
• fachsprachlich	• gemeinsprachlich (alltagssprachlich)

---

[6] *Wulfenia carinthiaca* subsp. *carinthiaca*, die Kärntner Wulfenie, kommt nur in einem sehr eng begrenzten Gebiet, nämlich auf dem Gartnerkofel in den Karnischen Alpen, an der österreichisch-italienischen Grenze, vor, hat daher ein natürliches Verbreitungsareal von nur wenigen Hektar, ist jedoch Bewohnerin zweier Staaten.

- stärkerer Eigennamen-Charakter

- definierte Begriffe, daher wissenschaftlich exakt

- parallel mit den bot.-latein. Namen

- künstliche, konstruierte Fachausdrücke
- relativ jung

- Benennungsakt meist bekannt und angebbar und/oder unklar
- standardisiert (hoffentlich künftig!)
- wenige Synonyme sind zulässig, keine Homonyme
- geben taxonomische Auskunft (bei Arten über die Gattungszugehörigkeit; bei Unterarten über die Artzugehörigkeit)
- die Alpenrose ist keine Rose, die Hunds-Rose sehr wohl (Unterschied zumindest in der Rechtschreibung!)

Beispiele:
Von den gleichlautenden Vernakularnamen unterscheiden sie sich durch:
eingeengte Bedeutung (Intension):
Kastanie = *Castanea*

Buche = *Fagus*

- stärkerer Appellativum-Charakter
- nicht (genau) definiert, daher ungenau

- nicht parallel, daher oft widersprüchlich und fachlich irreführend
- Elemente der „natürlichen" Sprache
- relativ alt (mit Bedeutungsverschiebungen)
- meist unbekannt

- nicht standardisiert

- oft viele Synonyme, auch etliche Homonyme
- geben keine oder oft falsche taxonomische Auskunft

- Unterschied nicht ersichtlich; (Orthografische Form nicht genormt)

Beispiele:
Es lassen sich unterscheiden:

= Rosskastanie und/oder Edelkastanie?
Oberbegriff auch für Hainbuche (= *Carpinus)* und Hopfenbuche (= *Ostrya)*?

Klee = *Trifolium*	• alle Schmetterlingsblütler?
	• alle Pflanzen mit „Kleeblättern"?
	• lle Schmetterlingsblütler mit „Klee-blättern"?
Akazie = *Acacia*	Robinie (= Scheinakazie, Falsche Akazie) oder (echte) Akazie?
erweiterte Bedeutung (Extension):	siehe Kap. 4C!

(8) Literaturhinweise

AMMON U. (1995): Die deutsche Sprache in Deutschland, Österreich und der Schweiz. Das Problem der nationalen Varietäten. – Berlin etc.: Walter de Gruyter.

BAUER W. (1976): Pere. [= Beere.] – In: KRANZMAYER E. † (Ed.): Wörterbuch der bairischen Mundarten in Österreich 14: 1047–1065, Karten zwischen Spalte 1052 und 1053. – Wien: Österr. Akademie der Wissenschaften.

BUTTLER K. P. & HARMS K. H. (1998): Florenliste von Baden-Württemberg. Liste der Farn- und Samenpflanzen (*Pteridophyta* et *Spermatophyta*). – Fachdienst Naturschutz: Naturschutz-Praxis – Artenschutz 1. – Karlsruhe: Landesanstalt für Umweltschutz Baden-Württemberg.

DOBROVIĆ I. (1940): Paprikovanje u biljnom carstvu. – Hrvatske Novine 1940/15–33.

DROSDOWSKI G. (Bearb.) (1989): Duden Etymologie. Herkunftswörterbuch der deutschen Sprache. 2. Aufl. – Der Duden in 10 Bänden 7. – Mannheim etc.: Dudenverlag.

FISCHER M. A. (1992): Der Name der Bohne. – In: BARTH F. E. & al.: Bohnengeschichten. Beiträge zur Hauptnahrung Althallstätter Bergleute. Broschüre zur Ausstellung des Naturhistorischen Museums und des Museums Hallstatt [im Rahmen der oberösterreichischen Landesausstellung 1992]: pp. 42–55. – Hallstatt: Verlag des Musealvereines Hallstatt.

FISCHER M. A. (Ed.) (1994): Exkursionsflora von Österreich. Bestimmungsbuch für alle in Österreich wildwachsenden sowie die wichtigsten kultivierten Gefäßpflanzen (Farnpflanzen und Samenpflanzen) mit Angaben über ihre Ökologie und Verbreitung. – Stuttgart & Wien: E. Ulmer.

FISCHER M. A. (2001): Wozu deutsche Pflanzennamen? – Neilreichia 1: 181–232.

FISCHER M. A. (2002): Zur Typologie und Geschichte deutscher botanischer Gattungsnamen mit einem Anhang über deutsche infraspezifische Namen. – In: Festschrift für Herwig Teppner. – Stapfia 80: 125–200.

FISCHER M. A. (2004): Sollen Pflanzen und Tiere auch deutsche wissenschaftliche Namen tragen? – In: ZABEL H. (Hrsg.): Deutsch als Wissenschaftssprache? – Paderborn: IFB-Verlag.

FUCHS L. (1543): New Kreüterbuoch, in welchem nit allein die gantz histori, das ist, namen, gestalt, statt vnd zeit der wachsung, natur, krafft vnd würckung, des meysten theyls der Kreüter so in Teütschen vnnd andern Landen wachsen, mit dem besten vleiß beschriben, sonder auch aller derselben wurtzel, stengel, bletter, bluomen, samen, frücht, vnd in summa die gantze gestalt, allso artlich vnd kunstlich abgebildet vnd contrafayt ist, das deßgleichen vormals nie gesehen, noch an tag kommen. – Basell: Michael Isingrin. (Reprint 2001: Köln: Taschen GmbH.)

GEMOLL W. (1959): Griechisch-deutsches Schul- und Handwörterbuch. 7. Aufl. – München & Wien: G. Freytag, Hölder-Pichler-Tempsky.

GENAUST H., 1996: Etymologisches Wörterbuch der botanischen Pflanzennamen. 3., vollst. überarbeitete u. erw. Aufl. – Basel &c.: Birkhäuser.

GRASSMANN H., 1870: Deutsche Pflanzennamen. – Stettin. (N. v.)

GREUTER W. & al. (Eds.) (2000): International Code of Botanical Nomenclature (Saint Louis Code), adopted by the Sixteenth International Botanical Congress St Louis, Missouri, July–August 1999. – Regnum Vegetabile 138. – Königstein: Koeltz Scientific Books.

GRIMS F. (1979): Volkstümliche Pflanzen- und Tiernamen aus dem nordwestlichen Oberösterreich. – Linzer Biol. Beitr. 11: 33–65.

HAMMER M. & FISCHER M. A. (2001): Buchbesprechung: H. GENAUST: Etymologisches Wörterbuch der botanischen Pflanzennamen. – Neilreichia 1: 243–246.

HORNUNG M. & GRÜNER S. (2002): Wörterbuch der Wiener Mundart. 2., erw. u. verbess. Aufl. – Wien: öbv & hpt.

JÄGER E. J. & WERNER K. (Eds.) (2002): Exkursionsflora von Deutschland 4. Gefäßpflanzen: Kritischer Band. 9. Aufl. – Heidelberg & Berlin: Spektrum Akademischer Verlag.

JANCHEN E. (1951): Deutsche Pflanzennamen. – Angewandte Pflanzensoziologie 4: 17–38. – Wien: Springer.

JUNGMAIR O. & ETZ A. (1989): Wörterbuch zur oberösterreichischen Volksmundart. (4. Aufl.) – „Aus dá Hoamat" 33. – Linz: Landesverlag.

KLEIN-SOUKOP M. (1992): Volkstümliche Pflanzennamen im Gebiet der Gemeinde Frankenfels (Niederösterreich). – Wien: Diplomarbeit an der Universität Wien.

KOCH G. [= W.] D. J. (1835–1837): Synopsis Florae Germanicae et Helveticae exhibens stirpes phanerogamas rite cognitas, quae in Germania, Helvetia, Borussia et Istria sponte crescunt .... – Francofurti ad Moenum: sumpt. Friederici Wilmans.

KOCH W. D. J. (1838): Synopsis der Deutschen und Schweizer Flora ... [Deutsche Fassung der „Synopsis Florae Germanicae ...".] – Frankfurt a. M.: F. Wilmans.

KORKISCH A. (1981–1982): Volkstümliche Pflanzennamen aus dem Burgenland. Eine sprachwissenschaftliche Untersuchung. – Burgenländische Heimatblätter 43 (1981): 37–44, 78–86, 125–140, 167–184; 44 (1982): 21–36, 80–95, 119–128, 157–179.

KUBÁT K., HROUDA L., CHRTEK J. jun., KAPLAN Z., KIRSCHNER J., ŠTΠPÁNEK J. & al. (Eds.) (2002): Klíč ke květeně České republiky. – Praha: Academia.

KÜHN E. (1975): Peier. – In: KRANZMAYER E. † & HORNUNG M. (Eds.): Wörterbuch der bairischen Mundarten in Österreich 13: 845–848. – Wien: Österr. Akademie der Wissenschaften.

MANSFELD R. (1986): Verzeichnis landwirtschaftlicher und gärtnerischer Kulturpflanzen (ohne Zierpflanzen) 1–4. 2. Aufl., Hg.: J. SCHULTZE-MOTEL. – Berlin etc.: Springer.

MARTINČIČ A., WRABER T., JOGAN N., RAVNIK V., PODOBNIK A., TURK B. & VREŠ B. (1999): Mala flora Slovenije. – Ljubljana: Tehniška založba Slovenije.

MARZELL H. (& PAUL H.) (1943–1979): Wörterbuch der deutschen Pflanzennamen 1–5. – Leipzig bzw. Stuttgart: S. Hirzel & Wiesbaden: F. Steiner. – 1 (1943), 2 (1972), 3 (1977), 4 (1979), 5 (1958). – Fotomechanischer Nachdruck: Köln: Parkland-Verlag, 2000 (4 Bde mit insges. X + 5922 Halb-Seiten, 1 Registerband mit 668 Halb-Seiten; ISBN 3-88059-982-3).

MEIGEN W. (1898): Die deutschen Pflanzennamen. – Berlin: Verlag des Allgemeinen Deutschen Sprachvereins (S. Berggold).

MOSSBERG B., STENBERG L., ERICSSON S. (1992): Den nordiska floran. – Wahlström & Widstrand.

POHL H.-D. (1989): Kleine Kärntner Mundartkunde mit Wörterbuch. – Klagenfurt: Heyn.

SCHUSTER M. & SCHIKOLA H. (1984): Sprachlehre der Wiener Mundart. – Wien: ÖBV.

SEIDENSTICKER P. (1997): die seltzamen namen all. Studien zur Überlieferung der Pflanzennamen. – Z. f. Dialektologie u. Linguistik, Beih. 101. – Stuttgart: Franz Steiner.

SMOLA G. (1958): Volkstümliche Pflanzennamen der Steiermark. – Mitt. Abt. Zool. Bot. Landesmus. „Joanneum" Graz 7/8: 21–80.

STACE C. (1997): New Flora of the British Isles (2nd ed.). – Cambridge (U. K.): Cambridge University Press.

STEARN W. T. (1992): Botanical Latin (4th ed.). History, grammar, syntax, terminology and vocabulary.– Portland (Oregon): Timber Press.

STOWASSER J. M., PETSCHENIG M. & SKUTSCH F. (1994): Stowasser. lateinisch-deutsches Schulwörterbuch. – Wien: HPT-Medien (Hölder-Pichler-Tempsky).

TREBEN M. (1985): Gesundheit aus der Apotheke Gottes. – 23. Aufl. – Steyr: Ennsthaler.

TREBEN M. (1986): Heilkräuter aus dem Garten Gottes. – München: Heyne.

TUTIN & al. (1964–1993): Flora Europaea 1–5. – Cambridge (U. K.): Cambridge University Press.

WAGENITZ G. (2003): Wörterbuch der Botanik. Die Termini in ihrem historischen Zusammenhang. (2., erw. Aufl.) – Heidelberg & Berlin: Spektrum.

WENDT H. F. (1999): Langenscheidts Taschenwörterbuch Griechisch. – Berlin etc.: Langenscheidt.

WINDBERGER-HEIDENKUMMER E. (2000): Pflanzennamen – eine pseudoonymische Kategorie? – Österr. Namenforschung 28 (1): 97–114.

WISSKIRCHEN R. & HAEUPLER H. (1998): Standardliste der Farn- und Blütenpflanzen Deutschlands. Mit Chromosomenatlas von F. ALBERS. – Hrsg.: Bundesamt für Naturschutz. – Stuttgart: E. Ulmer.

Dank: Für Hinweise auf Literatur über burgenländische Pflanzennamen bin ich den Herren Dr. Nikolaus Bencsics, HR. Dr. Heiling und Dr. Eduard Weber sehr dankbar.

ANHANG

Gesamtliste der Arten - mit zu erforschenden, weil vermutlich interessanten Mundartnamen

(Taxonomie und Nomenklatur nach FISCHER 1994). Einige Kulturpflanzen und auch Pilze sind berücksichtigt, Zimmerpflanzen jedoch nicht. Mit einigen schlagwortartigen Hinweisen zur Beachtung bei den Befragungen. – SBgld = Süd-Burgenland. – sp. = (species = eine bestimmte, unbenannte) Art; spp. = Arten.

Fragen an die Gewährsleute (grundsätzlich stets nur anhand einer vorzuweisenden lebenden Pflanze!):

(1) Kennen Sie diese Pflanze (Pflanzenart, Pflanzengattung)? Wie (wo) haben Sie sie kennengelernt?

(2) Wissen Sie, wie sie im *Volksmund* (= Mundart, = Dialekt) genannt wird?

(3) *Woher* kennen Sie diesen mundartlichen Namen? Verwenden Sie ihn?

(4) Kennen Sie noch *andere Namen* für dieselbe Pflanze? (in anderen Sprachen?)

(5) Können Sie sich denken, *warum* diese Pflanze so heißt? Was dieser Name eigentlich bedeutet? (Gibt dieser Name [sonst noch] einen Sinn?)

(6) Wissen Sie, wie diese Pflanze *schriftsprachlich* („in der Schule", in den Büchern) heißt? Woher wissen Sie das?

(7) Wozu wird diese Pflanze *verwendet*? Ist sie eine Heilpflanze oder Wildgemüsepflanze (Wildsalatpflanze), ist sie essbar oder giftig? Spielt sie im Brauchtum eine Rolle?

(8) *Wo* findet man sie? Wächst sie *wild*? Oder nur in Gärten kultiviert?

(9) Kennen Sie Pflanzen(arten), die dieser <u>ähnlich</u> sind? Oder *gleich oder ähnlich heißen*? Oder in gleicher Weise verwendet werden? Die man miteinander *verwechseln* kann? Wo liegen die Unterschiede?

(10) Haben verschiedene Teile (Organe) einer Pflanze (Pflanzenart) verschiedene Namen (z. B. Pflanze vs. deren Frucht: Rose/Hagebutte, Haselstrauch/Haselnuss, Buche/Bucheckern), so sind auch diese zu erheben.

Natürlich sollen, wenn möglich, auch Namen für weitere, in der folgenden Liste nicht enthaltene Pflanzenarten oder -gattungen festgehalten werden. Angaben aufgrund von Beschreibungen, aber auch anhand von Bildern und Herbarbelegen dürfen jedoch nicht oder nur mit größter Skepsis berücksichtigt werden, jedenfalls muss in diesen Fällen genau notiert werden, worauf sich die ermittelten Angaben beziehen und wie sie zustande gekommen sind! Suggestivfragen sind verboten! Fangfragen sind erlaubt (zur Kontrolle der Seriosität der Antwort)!

1.	*Abies alba*	**Edel-Tanne.** Unterscheidung von der Fichte?
2.	*Acer*	**Ahorn:** Was ist der „Ahorn" schlechthin? *A. campestre* Feld-A.; *Acer pseudoplatanus,* Berg-A.; *Acer platanoides* Spitz-A.
3.	*Achillea millefolium* agg.	**Echte Schafgarbe.** Andere Arten? Blütenfarbe?
4.	*Aconitum*	**Eisenhut:** Arten?
5.	*Adonis aestivalis*	**Sommer-Adonis** (*A. vernalis* im Bgld. unbekannt?)
6.	*Adoxa moschatellina*	**Moschuskraut**
7.	*Aegopodium podagraria*	**Geißfuß**
8.	*Agaricus*	**Egerling:** Arten?
9.	*Agrimonia eupatoria*	**Odermennig**
10.	*Agrostemma githago*	**Kornrade**
11.	*Ajuga reptans*	**Kriech-Günsel**
12.	*Alchemilla*	**Frauenmantel**

13. *Allium ursinum*	**Bär-Lauch:** Im SBgld wohl sehr selten oder weithin fehlend; dennoch dem Namen und der Verwendung nach bekannt?
14. *Alnus*	**Erle:** *A. glutinosa*
15. Schwarz-Erle; *A. incana*	**Grau-Erle**
16. *Althaea officinalis*	**Echter Eibisch:** kultiviert? wild?
17. *Amanita muscaria*	**Fliegenpilz**
18. *Amanita phalloidea*	**Grüner Knollenblätterpilz**
19. *Anemone*	**Windröschen:** *A. nemorosa* Busch-**Windröschen**; *A. ranunculoides* **Gelb-Windröschen** (im SBgld sehr selten?); *A. sylvestris* **Waldsteppen-W.**
20. *Anethum graveolens*	**Dill** (kultiv.)
21. *Angelica* sp.	**Engelwurz:** kultiviert? wild?
22. *Antennaria dioica*	**Katzenpfötchen**
23. *Anthriscus cerefolium*	**Echter Kerbel**
24. *Anthyllis vulneraria*	**Gewöhnlicher Wundklee**
25. *Arctium*	**Klette:** Arten?
26. *Armoracia rusticana*	**Kren**
27. *Artemisia abrotanum*	**Eberraute** (kultiv.)
28. *Artemisia absinthium*	**Echter Wermut**
29. *Artemisia vulgaris*	**Echter Beifuß**
30. *Aruncus dioicus*	**Geißbart**
31. *Asarum europaeum*	**Haselwurz**
32. *Atriplex*	**Melde:** Unterscheidung von *Chenopodium* **Gänsefuß**? *A. hortensis* **Garten-M.**; andere spp.?
33. *Avena sativa*	**Kultur-Hafer;** *A. fatua* **Flug-H.**
34. *Bellis perennis*	**Gänseblümchen**
35. *Berberis vulgaris*	**Berberitze**
36. *Betula pendula*	**Hänge-Birke**
37. *Boletus caesareus*	**Kaiserling**
38. *Boletus edulis*	**Herrenpilz**
39. *Borago officinalis*	**Boretsch**
40. *Briza media*	**Zittergras**
41. *Bromus*	**Trespe:** *B. hordeaceus, B. japonicus, B. secalinus* etc.

42.	*Bryonia*	Zaunrübe: Arten?
43.	*Calluna vulgaris*	Besenheide; vgl. *Erica*!
44.	*Caltha palustris*	Sumpfdotterblume
45.	*Calystegia sepium*	Zaunwinde (vgl. *Convolvulus*)
46.	*Cannabis sativa*	Hanf (wild und kultiv.)
47.	*Cantharellus cibarius*	Eierschwammerl
48.	*Capsella bursa-pastoris*	Hirtentäschel; vgl. *Thlaspi arvense*!
49.	*Cardamine amara*	Bachkresse = Bitter-Schaumkraut; *C. pratensis* Wiesen-Schaumkraut
50.	*Cardamine (Dentaria)*	Neunblatt-Zahnwurz; *C. (D.) bulbifera*. *enneaphyllos* Zwiebel-Zahnwurz
51.	*Carduus*	Ringdistel: Arten?
52.	*Carlina*	Eberwurz: *C. vulgaris*
53.	Golddistel, *C. acaulis*	Silberdistel
54.	*Carpinus betulus*	Hainbuche
55.	*Carum carvi*	Wiesenkümmel
56.	*Castanea sativa*	Edelkastanie
57.	*Centaurea cyanus*	Kornblume
58.	*Centaurium erythraea*	Echtes Tausendguldenkraut
59.	*Chaerophyllum bulbosum*	Kerbelrübe
60.	*Chelidonium majus*	Schöllkraut
61.	*Chenopodium*	Gänsefuß: *C. album, Ch. hybridum, Ch. bonushenricus*; andere Arten?; vgl. *Atriplex*!
62.	*Chrysosplenium alternifolium*	Milzkraut
63.	*Cichorium intybus*	Wegwarte
64.	*Cirsium oleraceum*	Kohl-Kratzdistel: Wildgemüse?; *C. arvense* Akker-K.; andere Arten?
65.	*Clematis vitalba*	Gewöhnliche Waldrebe
66.	*Colchicum autumnale*	Herbstzeitlose: Frühlingszustand vs. Blühzustand!, Giftigkeit bekannt?
67.	*Conium maculatum*	Fleckenschierling: Unterscheidung von *Aethusa*/ Hundspetersilie?
68.	*Convallaria majalis*	Maiglöckchen
69.	*Convolvulus arvensis*	Acker-Winde
70.	*Cornus*	Hartriegel: *C. sanguinea*
71.	Rot-H.; *C. mas*	Dirndlstrauch

72. *Corydalis*	Lerchensporn: *C. solida*; andere spp.?
73. *Corylus avellana*	Hasel: Strauch?, männliche Kätzchen?, Früchte?
74. *Crataegus*	Weißdorn: *C. laevigata* Zweikern-W.; *C. monogyna* Einkern-W.
75. *Crocus* sp.	Safran: Was sieht ähnlich aus, blüht aber im Spätsommer und Frühherbst?; vgl. *Colchicum*!
76. *Cruciata laevipes*	Wiesen-Kreuzlabkraut; andere Arten?
77. *Cuscuta*	Teufelszwirn
78. *Cyclamen purpurascens*	Zyklame: im SBgld sehr selten (?)
79. *Cynosurus cristatus*	Kammgras
80. *Daphne cneorum*	Steinröserl
81. *Daphne mezereum*	Echter Seidelbast
82. *Daucus carota*	Wild-Möhre und Kultur-M. (Karotte etc.)
83. *Dianthus*	Nelke: *D. carthusianorum* Kartäuser-N.; andere Arten?
84. *Dictamnus albus*	Diptam (im SBgld?)
85. *Digitaria sanguinalis*	Himmeltau
86. *Dipsacus*	Karde
87. *Dryopteris filix-mas*	Männerfarn, Echter Wurmfarn: Woran zu erkennen?
88. *Echinochloa crus-galli*	Hühnerhirse
89. *Echium vulgare*	Natternkopf
90. *Elymus (Agropyron) repens*	Kriech-Quecke
91. *Epilobium*	Weidenröschen (Maria Treben: „Kleinblütiges W."!?); *E. angustifolium* Waldschlag-Weidenröschen
92. *Equisetum arvense*	Acker-Schachtelhalm; & andere Arten?
93. *Erica carnea*	Schneeheide; vgl. *Calluna*!
94. *Eriophorum*	Wollgras
95. *Euonymus*	Spindelstrauch: Arten!?
96. *Eupatorium cannabinum*	Wasserdost
97. *Euphorbia cyparissias*	Zypressen-Wolfmilch & andere Arten (annuelle und perenne)!?
98. *Euphrasia*	Augentrost
99. *Fagopyrum esculentum*	Buchweizen (kultiv.)

100. *Fagus sylvatica*	Rot-Buche
101. *Filicinae*	Farne
102. *Fragaria*	Erdbeere: *F. vesca;* Wald-E.; *F. moschata;* Zimt-E.; *F. viridis;* Knack-E.; *F. ×ananassa;* Ananas-E. (kultiv.)
103. *Frangula alnus (= Rhamnus frangula)*	Faulbaum
104. *Fraxinus*	Esche: *F. excelsior;* Edel-Esche; *F. ornus;* Blumen-E.
105. *Fritillaria meleagris*	Schachblume: wild? im Garten?
106. *Gagea lutea*	Wald-Gelbstern; andere Arten?
107. *Galanthus nivalis*	Schneeglöckchen; vgl. *Leucojum*!
108. *Galeopsis*	Hohlzahn: *G. tetrahit*; *G. pubescens* & al.; vgl. *Lamium*!
109. *Galinsoga* sp.	Franzosenkraut
110. *Galium*	Labkraut: *G. album;* Wiesen-L.; *G. aparine;* Klett-L.; *G. odoratum* Waldmeister; *G. verum* Echtes L.
111. *Gentiana*	Enzian: *G. acaulis* fehlt im SBgld; andere Arten?
112. *Geranium*	Storchschnabel: Arten?
113. *Glechoma hederacea*	Gundelrebe
114. *Hedera helix*	Efeu
115. *Helleborus niger*	Schneerose: wohl nur kultiv. (im Garten); *H. viridis* & *H. dumetorum* Nieswurz. wild?, kultiviert? wo? warum?
116. *Hepatica nobilis*	Leberblümchen: im SBgld wohl sehr selten
117. *Hieracium*	Habichtskraut: *H. murorum* & al.?
118. *Holcus lanatus*	Samt-Honiggras („Wolliges H.")
119. *Hordeum murinum*	Mäuse-Gerste; *H. vulgare* Kultur-G.
120. *Humulus lupulus*	Hopfen
121. *Hypericum perforatum*	Echtes Johanniskraut; andere Arten?
122. *Ilex aquifolium*	Stechpalme
123. *Impatiens*	Springkraut: *I. noli-tangere* Rührmichnichtan; *I. glandulifera* Drüsen-Springkraut
124. *Juglans regia*	Walnuss
125. *Juncus*	Simse
126. *Juniperus communis*	Echter Wacholder; *J. sabina* Sebenbaum

127. *Knautia arvensis*	Wiesen-Witwenblume
128. *Lamium*	Taubnessel: *L. maculatum;* Flecken-T.; *L. purpureum;* Purpur-T.; *L. amplexicaule;* Stängelumfassende T.; *L. album;* vgl. *Galeopsis!*
129. *Larix decidua*	Europa-Lärche
130. *Lathraea squamaria*	Schuppenwurz
131. *Lathyrus tuberosus*	Knollen-Platterbse; andere Arten?
132. *Leontodon hispidus*	Wiesen-Leuenzahn; vgl. *Taraxacum!*
133. *Leucanthemum*	Margerite
134. *Leucojum vernum*	Frühlings-Knotenblume: selten; auch kultiviert? Vgl. *Galanthus nivalis* Schneeglöckchen (im S-Bgld wohl nicht wild, sondern nur kultiv.)
135. *Levisticum officinale*	Liebstöckl (kultiv.)
136. *Ligustrum vulgare*	Liguster
137. *Lilium*	Lilie: *L. martagon* Türkenbund-Lilie
138. *Linum usitatissimum*	Flachs
139. *Lolium perenne*	Dauer-Lolch
140. *Lonicera*	Heckenkirsche und Geißblatt: Arten?
141. *Loranthus europaea*	Eichenmistel (im SBgld?)
142. *Lychnis flos-cuculi*	Kuckuckslichtnelke
143. *Lycopodium*	Bärlapp: Arten?
144. *Lysimachia*	Gilbweiderich: *L. nummularia* Pfennigkraut; *L. punctata, L. vulgaris*
145. *Lythrum salicaria*	Blutweiderich
146. *Macrolepiota procera*	Parasol
147. *Malus*	Apfel
148. *Malva*	Malve
149. *Matricaria recutita (= M. chamomilla)*	Echte Kamille; *M. discoidea (= M. matricarioides)* Strahllos-K.
150. *Melampyrum*	Wachtelweizen: Arten?
151. *Melittis melissophyllum*	Immenblatt
152. *Mentha*	Minze: *M. piperita;* Pfeffer-M. (kultiv.); *M. longifolia;* Ross-M.; *M. arvensis* Acker-M. ...
153. *Mercurialis perennis*	Wald-Bingelkraut; *M. annua* Acker-B.
154. *Mespilus germanica*	Mispel (kultiv.)
155. *Morchella esculenta*	Morchel
156. *Morus alba*	Weißer Maulbeerbaum (kultiv.)

157. *Myosotis sylvatica*	Wald-Vergissmeinnicht; andere Arten?
158. *Narcissus*	Narzisse (kultiv., wild?)
159. *Ononis spinosa*	Dorn-Hauhechel
160. *Orchis*	Knabenkraut: Arten?
161. *Origanum vulgare*	Echter Dost
162. *Ornithogalum*	Milchstern
163. *Orobanche*	Sommerwurz
164. *Oxalis acetosella*	Wald-Sauerklee
165. *Papaver rhoeas*	Klatsch-Mohn
166. *Papaver somniferum*	Kultur-Mohn (kultiv.)
167. *Pastinaca sativa*	Pastinak: wild? kultiviert?
168. *Persicaria* (*Polygonum* spp.)	Knöterich: *P. lapathifolia;* Ampfer-K. und andere Arten?!
169. *Petasites*	Pestwurz: *P. albus*
170. Weiße P.; *P. hybridus*	Rote Pestwurz
171. *Phyteuma*	Teufelskralle: *Ph. spicatum;* Weiß-T.; andere Arten?
172. *Picea abies*	Fichte: vgl. *Abies*
173. *Pimpinella*	Bibernelle: *P. saxifraga, P. major,* vgl. *Sanguisorba*!
174. *Pinus*	Rot-F.; & andere Arten?!
175. *Plantago*	Wegerich: *P. lanceolata*
176. Spitz-W.; *P. major*	Groß-W., *P. media* Mittel-W.
177. *Platanthera*	Waldhyazinthe
178. *Platanus* sp.	Platane
179. *Polygonatum*	Weißwurz: *P. multiflorum* Mehrblüten-W.; *P. odoratum;* Duft-W.; *P. latifolium* Breitblatt-W.
180. *Polygonum aviculare*	Gewöhnlicher Vogelknöterich
181. *Populus*	Pappel: *P. alba* Silber-P.; *P. nigra* Schwarz-P.; *P. tremula* Aspe
182. *Potentilla*	Fingerkraut: *P. anserina* Gänse-F.; *P. erecta* Blutwurz; weitere Arten?
183. *Prenanthes purpurea*	Hasenlattich

184. *Primula*	**Primel:** *P. veris; P. elatior;* **Stängellos-P.**; *P. farinosa;* **Hoch-P.**; *P. vulgaris;* **Mehl-P.**; *P. auricula* **Aurikel:** fehlt im SBgld; Unterschied zwischen Primel und Schlüsselblume?
185. *Prunella vulgaris*	**Gewöhnliche Brunelle**
186. *Prunus armeniaca*	**Marille;** *P. avium*
187. Kirsche; *P. cerasus*	**Weichsel;** *P. domestica*
188. Zwetschke; *P. padus*	**Traubenkirsche;** *P. persica*
189. Pfirsich; *P. spinosa*	**Schlehe.**
190. *Pteridium aquilinum*	**Adlerfarn**
191. *Pulmonaria officinalis*	**Echtes Lungenkraut;** andere Arten?
192. *Pulsatilla*	**Küchenschelle:** *P. grandis; P. pratensis subsp. nigricans*
193. *Quercus*	**Eiche:** *Q. robur* **Stiel-Ei.**; *Q. petraea* **Trauben-Ei;** *Q. cerris* ;**Zerr-Ei.**
194. *Ranunculus ficaria (= Ficaria verna)*	**Scharbockskraut**
195. *Ranunculus*	**Hahnenfuß:** Arten??
196. *Raphanus raphanistrum*	**Acker-Rettich**
197. *Rhamnus cathartica*	**Gewöhnlicher Kreuzdorn;** andere Arten?
198. *Rhinanthus minor*	**Klein-Klappertopf;** andere Arten?
199. *Ribes rubrum*	**Rot-Ribisel;** *R. uva-crispa* **Stachelbeere**
200. *Robinia pseudacacia*	**Robinie**
201. *Rosa canina*	**Hunds-Rose;** andere Arten (Wildrosen!)?
202. *Rubus idaeus*	**Himbeere;** *R. fruticosus* agg. **Brombeere;** *R. caesius:* ist das eine Brombeere oder nicht?
203. *Rumex acetosa*	**Wiesen-Sauerampfer;** *R. obtusifolius* **Stumpfblatt-Ampfer**
204. *Salix*	**Weide:** *S. alba;* **Weiß-W.;** andere baumförmige Arten?; *S. caprea;* **Sal-W.;** *S. cinerea* **Asch-W.;** was ist Kopf-W.??
205. *Salvia*	**Salbei:** *S. officinalis:* wild? kultiviert? (Achtung: Fangfrage!); *S. pratensis* **Wiesen-S.;** *S. verticillata* **Quirl-S.;** *S. glutinosa;* **Kleb-S.;** andere Arten?
206. *Sambucus*	**Holunder:** *S. ebulus;* **Zwerg-H.;** *S. nigra* **Schwarz-H.;** *S. racemosa;* **Rot-H.**

207.	*Sanguisorba minor*	Klein-Wiesenknopf; *S. officinalis;* Groß-W.; vgl. *Pimpinella!*
208.	*Sanicula europaea*	Echte Sanikel
209.	*Satureja hortensis*	Bohnenkraut (kultiv.); andere Arten?
210.	*Scabiosa* sp.	Skabiose; Unterscheidung gg. *Knautia?*
211.	*Scrophularia nodosa*	Knoten-Braunwurz
212.	*Secale cereale*	Roggen (kultiv.)
213.	*Senecio ovatus* (*S. nemorensis* agg.)	Fuchs-Greiskraut
214.	*Serratula tinctoria*	Färber-Scharte
215.	*Silene latifolia* (*S. alba)*	Weiße Lichtnelke
216.	*Sinapis arvensis*	Acker-Senf; vgl. *Raphanus raphanistrum*
217.	*Solanum nigrum*	Schwarz-Nachtschatten; *S. tuberosum*
218.	Grumpern; *S. lycopersicum*	Paradeiser
219.	*Sonchus*	Gänsedistel
220.	*Sorbus torminalis*	Elsbeere; *S. aucuparia*
221.	Eberesche; *S. aria*	Mehlbeere
222.	*Spergula arvensis*	Acker-Spörk
223.	*Stachys recta*	Aufrecht-Ziest; *S. annua* Einjahr-Ziest
224.	*Stellaria media*	Vogelmiere
225.	*Symphytum officinale*	Echte Beinwell; *S. tuberosum* Knollen-B.
226.	*Syringa vulgaris*	Flieder (kultiv.)
227.	*Tanacetum parthenium*	Mutterkamille; *T. vulgare* Rainfarn; *T. corymbosum* Straußmargerite
228.	*Taraxacum officinale*	Löwenzahn: Gibt es ähnliche Arten, mit denen man diese Pfl.(-Art) verwechseln kann? Wie unterscheidet man sie, wie heißen sie? Vgl. *Leontodon hispidus!*
229.	*Taxus baccata*	Eibe
230.	*Teucrium chamaedrys*	Edel-Gamander
231.	*Thlaspi arvense*	Acker-Hellerkraut
232.	*Thymus*	Quendel; kultivierte und wilde Arten?
233.	*Tilia*	Linde: Arten??
234.	*Triticum aestivum*	Weizen i. e. S.; *T. spelta* Dinkel (kultiv.)
235.	*Tussilago farfara*	Huflattich

236.	*Ulmus*	Ulme: *U. minor* Feld-U.; *U. glabra* Berg-U.; *U. laevis* Flatter-U.
237.	*Vaccinium myrtillus*	Heidelbeere; *V. vitis-idaea* Preiselbeere
238.	*Valeriana officinalis* (agg.)	Arznei-Baldrian; andere Arten?
239.	*Valerianella* sp.	Feldsalat
240.	*Verbascum*	Königskerze: Arten?!
241.	*Verbena officinalis*	Eisenkraut
242.	*Veronica*	Ehrenpreis: *V. chamaedrys;* Echter E. Gamander-E.; *V. officinalis*
243.	*Veronica* spp.	annuelle Ehrenpreis-Arten: *V. persica, V. hederifolia* agg. spp. (annuell, segetal); *V. filiformis;* weitere Arten? Wie unterscheiden sie sich? Heißen die auch anders?
244.	*Viburnum lantana*	Filz-Schneeball; *V. opulus* Echter Schneeball: wild? im Garten?
245.	*Vinca minor*	Gewöhnliches Immergrün
246.	*Viola*	Veilchen: *V. odorata* März-V. Gibt es verschiedene Arten? Wie unterscheiden sie sich? Heißen die auch anders?
247.	*Viola arvensis*	Acker-Stiefmütterchen
248.	*Viscum album*	Mistel; vgl. *Loranthus europaeus*
249.	*Zea mays*	Mais

In: Muhr, Rudolf/Schranz, Erwin/Ulreich, Dietmar (Hrsg.) (2005): Sprachen und Sprachkontakte im pannonischen Raum. Das Burgenland und Westungarn als mehrsprachiges Sprachgebiet. Peter Lang Verlag. Wien u.a., S. 131-134.

Erwin SCHRANZ

(Bad Tatzmannsdorf, Österreich)

Das „Haus der Volkskultur" - Zur Eröffnung

Rede von DDr. Erwin Schranz, Präsident der Burgenländisch-Hianzischen Gesellschaft anlässlich der Eröffnung des Hauses der Volkskultur am 5.10.2003 in Oberschützen

Hier steht es also, das moderne Haus der Burgenländisch-Hianzischen Gesellschaft, bewusst von Architekt Hans Gangoly, einem gebürtigen Oberwarter, als Kontrapunkt zum fachmännisch restaurierten Arkadenhaus gesetzt – und doch wieder verbindend, indem man in den stimmungsvollen Hof des Altbaues einbezogen ist – man gleichsam im Hofe sitzt. Es ist ein aussagekräftiges Symbol: schöpfend aus der Vergangenheit, aber in die Zukunft weisend.

Als 1996 die Burgenländisch-Hianzische Gesellschaft gegründet wurde, – bewusst zum Geburtstagsjubiläum „75 Jahre Bundesland Burgenland" – wurde eine Lücke geschlossen, heute würde man vielleicht sagen, eine Marktlücke entdeckt, wobei wir uns aber keineswegs als „Lückenbüßer" fühlen! Es gab ein emotionales Defizit, wir befanden uns weiterhin auf der Suche nach unserer Identität im Burgenland. Aber was ist das Besondere am Burgenländer?

Wir wissen „Der Mensch lebt nicht vom Brot allein", es gibt auch noch etwas Anderes und Wichtigeres als rein materielle Güter. Der Burgenländer liebt sein Land, aber wie soll er das zum Ausdruck bringen?

Und da besinnt er sich wieder seiner Muttersprache „sei Muida-Schproch", zu ihr hat er, wie zur Mutter, die engste, die intensivste, die innigste Beziehung. Und gerade die wirkliche Muttersprache, der unverfälschte Dialekt, ist vor allem im Vergleich zur erlernten Hochsprache die persönlichste, die mittelbarste und die ausdrucksstärkste Möglichkeit, mit anderen Menschen in Kontakt zu treten.

Es ist also damals etwas „rouglat" geworden. Wir fanden ein offenes Ohr bei der Bevölkerung und in der Folge auch bei der damaligen Landesregierung, mit LH Stix und LHStv. Jellasitz an der Spitze, die unser Projekt auch finanziell großzügig unterstützten. Mit unserem Wahlspruch "tuitsnatuits" sind wir also ans Werk gegangen. Jetzt haben wir ein konkretes Dach über dem Kopf, ein Haus der burgenländischen Identität.

Und wie das Haus vier Seiten hat, so befinden sich derzeit auch vier Einrichtungen unter demselben Dach. Die Synergieeffekte sind schon jetzt spürbar. Das Haus der Volkskultur soll und wird ein ständiger Quell, ein erfrischendes „Bründl" burgenländischer Kultur sein. In diesem Haus sind also untergebracht:

- die Burgenländisch-Hianzische Gesellschaft
- das grenzüberschreitende Dialekt-Institut
- der Museumsverein Oberschützen mit der Sammlung F. Simon und der Dokumentation zu G. A. Wimmer
- das Burgenländische Volksliedwerk

Die *Burgenländisch-Hianzische Gesellschaft*, unser Hianzenverein, trägt bewußt dazu bei, die Vielfalt im Lande zu pflegen. Wir können und wollen den hianzischen Dialekt beleben. Es gelingt dies wunderbar bei zahlreichen Veranstaltungen, etwa dem „Hianzentog" jeweils anfangs Juni im stimmungsvollen Ensemble des Freilichtmuseums Bad Tatzmannsdorf oder durch den vielfältig bunten, jährlich erscheinenden Hianzenkalender. Unser ausgeprägter, einmaliger Ui-Dialekt ist es wert, erhalten und gepflegt zu werden. Die Hianzische Gesellschaft leistet dazu einen wichtigen Beitrag auf vielen Ebenen und ist mit über 1000 Mitgliedern einer der größten Vereine des Landes.

Das *grenzüberschreitende Dialekt-Institut* widmet sich der Erforschung und Aufbereitung unseres Dialektes, auch für Schulen, wobei besonders die Sprachkontakte über die Grenze hinweg oder zu unseren Volksgruppensprachen nicht zu kurz kommen sollen. Heute konnte etwa das älteste gesprochene Sprachdokument aus dem Burgenland, eine Aufnahme auf Wachsplatte, zufällig aus Oberschützen, aus dem Jahr 1909, hier erstmals vorgespielt werden. Wissenschaftliche Tagungen, wie etwa das Programm-Symposion gestern, finden statt und die Sprachbezüge, etwa zum Kroatischen und Ungarischen werden erforscht. Immer wieder gibt es Anfragen nach einem Hianzischen Wörterbuch, wie das andere Bundesländer für ihre Mundarten schon vorweisen können. Dieses Thema werden wir noch aufgreifen. Auch ein modernes, interaktives hianzisches Lautwörterbuch wird geschaffen, wozu man eigentlich gar keine Buchstaben mehr braucht, sondern auf Knopfdruck die entsprechenden Dialektausdrücke hören kann. Viele Projekte und Veranstaltungen sind in Vorbereitung: unser Haus soll also eine lebendige Sprach- und Kulturwerkstätte werden.

Der Dritte im Bunde ist der rührige *Museumsverein Oberschützen*. Gerade Oberschützen ist prädestiniert für Kultur – mit seinen maturaführenden Schulen, übrigens den einzigen des Burgenlandes im Jahre 1921, mit seiner Einrichtung der Musikuniversität Graz, mit dem Kulturzentrum.

Hier hat auch der evangelische Pfarrer *Gottlieb August Wimmer* eine modern gestaltete, würdige Dokumentation und Gedenkstätte erhalten. Wimmer war ein Mann, der mit unglaublicher Tatkraft Reformen aller Art, kirchliche und weltliche bis zum Obstbau und den Pockenimpfungen eingeführt hat, der nicht nur ein Reformer, sondern im wahrsten Sinn des Wortes ein Revolutionär war.

Und das Heimathaus des liebenswürdigen Zeichenprofessors *Franz Simon*, der ein unermüdlicher Sammler und Zeichner, ein lange Zeit leider verkannter großer Volkskundler war, dessen längst vergriffene monumentalen Bücher von hohem dokumentarischen und künstlerischen Wert sind und in dessen wohlig-warmer Bauern-Stube man sich wieder wohl fühlen kann, wie in alten Zeiten.

Zuletzt hat auch das *Burgenländische Volksliedwerk* seine Heimstätte hier gefunden. Es pflegt engagiert unser altes, traditionelles Liedgut, die burgenländische Volksmusik, den tänzerischen Ausdruck. Wo anders als in Lied und Musik offenbart sich die Seele eines Volkes?

Im Haus der Volkskultur gibt es also einen vielfältigen Kultur-Mix. Es wird auch eine Vorreiterrolle für das Jahr der Volkskultur spielen, das 2004 stattfindet.

Uns ist wichtig, dass man dieses Haus nicht nur passiv erlebt, sondern aktiv mitgestalten kann, dass nicht nur die Sprache und der Dialekt vorkommen, sondern die gesamte Volkskultur Beachtung findet, dass es nicht nur Historisches zutage fördert, sondern Zukunftsweisendes gestaltet. Es wird auch ein Platz sein für die Jugend, für moderne Ausstellungen, für Lesungen und Unterhaltungen.

Wir legen Wert darauf, dass man unser Haus nicht nur konservierend oder konsumierend betrachtet, sondern es ergeht die Einladung zum aktiven Selber-Mittun. Unser Ziel ist: hier soll ein Kompetenzzentrum für Dialekt und burgenländische Volkskultur entstehen.

Wie sagte doch der Altmeister alternativer Kulturformen Günther Nenning? „Wer meint, Volkskultur sei etwas Altmodisches, hat von der Zukunft nichts verstanden". So wollen wir hoffen, dass in diesem Haus, aus reicher Tradition schöpfend, die Zukunft aktiv und selbstbewusst mitgestaltet wird. Der Anfang ist gesetzt. „In Gott's Naoum' gemmas aoun!"

In: Muhr, Rudolf/Schranz, Erwin/Ulreich, Dietmar (Hrsg.) (2005): Sprachen und Sprachkontakte im pannonischen Raum. Das Burgenland und Westungarn als mehrsprachiges Sprachgebiet. Peter Lang Verlag. Wien u.a., S.135-148.

Rudolf MUHR

(Graz, Österreich)

Dialekt als Teil der inneren Mehrsprachigkeit[1]

1. Einleitung

Die vorliegende Arbeit geht einleitend auf das Burgenland als Sprachenlandschaft ein und beschreibt seine besonderen Merkmale. Anschließend werde ich mit der Frage beschäftigen, was man unter "Dialekt" in der heutigen Zeit möglicherweise verstehen kann und mich dabei genauer mit dem Begriff „Dialekt" auseinandersetzen, diesen als einen Teil der inneren Mehrsprachigkeit definieren und zu zeigen versuchen, welche Auswirkungen ein derartiger Ansatz für die Arbeit eines Dialektinstitutes möglicherweise hat.

2. Das Burgenland als Sprachenlandschaft und Auswanderungsgebiet

2.1 Das arme Dörferland und Auswanderungsgebiet

Das Burgenland ist bekanntlich ein Dörferland und jenes österreichische Bundesland, in dem die Mehrheit der Bevölkerung nach wie vor in kleinen Dörfern lebt und wo es – im Gegensatz zu anderen Teilen Österreichs - keine großen Industrieansiedlungen und keine größeren Städte gibt. Das unterscheidet dieses Bundesland z.B. ganz deutlich von Vorarlberg, das ungefähr die gleiche Anzahl von Einwohnern hat. Weiters ist das Burgenland seit Mitte des 19. Jhd. ein Auswanderungsland, das aufgrund seiner Randlage, seiner kleinbäuerlichen Struktur und der lange Zeit vorherrschenden Überbevölkerung in alle Richtungen Menschen exportierte. Die Auswanderungswellen in die USA, Kanada, Australien und in

---

[1] Vortrag gehalten am 4.10.2003 anlässlich der Eröffnung des Hauses für Volkskultur in Oberschützen. Der Vortragscharakter des Textes wurde weitgehend beibehalten.

Als gebürtigem Südburgenländer freut mich die Eröffnung des Hauses für Volkskultur und des burgenländischen Dialektinstituts ganz besonders. Den Initiatoren dieses Hauses möchte ich herzlich zu seiner Errichtung gratulieren und Ihnen viel Erfolg für die künftige Arbeit wünschen.

andere Ländern der neuen Welt sind gut dokumentiert und es gibt kaum ein burgenländische Familie, die nicht irgendwo in der Welt (entfernte) Verwandte hat oder gehabt hat. Die Auswanderung nach dem ersten Weltkrieg war zu manchen Zeiten derart intensiv, dass sich z. B. die Schiffahrtsfirma Lloyd im Jahre 1919 veranlasst sah, in Güssing ein Büro zu eröffnen. Binnen eines Jahres reisten damals fast 8.000 Personen aus. Nach dem 2. Weltkrieg kam es noch einmal zu einer letzten großen Auswanderungswelle. Typisch für die Situation des Burgenlandes in der zweiten Hälfte des 19./Anfang des 20. Jhds waren die Saisonarbeit auf den großen ungarischen Gutshöfen und die Auswanderung in die USA, die zu dieser Zeit in weiten Teilen noch überwiegend deutschsprachig war (besonders im Mittelwesten und rund um Philadelphia).

Wie groß die Wanderlust der Burgenländer war, lässt sich an meiner eigenen Familie zeigen: Mein Urgroßvater und meine Urgroßmutter wanderten um die Wende zum 20. Jhd. zeitweise in den Mittelwesten der USA aus, der zu dieser Zeit so gut wie ausschließlich deutschsprachig war. Mein Urgroßvater, der als Zimmermann arbeitete, fuhr sogar sieben Mal über den Atlantik, meine Urgroßmutter, die bei einem reichen Rechtsanwalt als Haushälterin ihr Geld verdiente, fünf Mal. Wenn man bedenkt, wie langwierig und beschwerlich das Reisen damals war, kann man sich über so viel Reiselust nur wundern. Aber: Mit dem vielen Geld, das meine Urgroßeltern verdient hatten, zeichneten sie 1914 Kriegsanleihen und damit war all das schwer verdiente Geld zur Gänze verloren. Klarerweise waren es die guten Verdienstmöglichkeiten, die diesen Heerscharen von Emigranten den Antrieb gaben. Kennzeichnend für die Zeit ist auch, dass insgesamt 7 der 12 Geschwister meines Großvaters väterlicherseits in die USA auswanderten und nie mehr zurückkamen.

Jene aber, die aus dieser Generation dennoch zurückkamen – meistens in den sechziger und siebziger Jahren des vorigen Jahrhunderts und nachdem sie in Pension gegangen waren, sprachen für uns, ihren Enkeln oder Großenkeln, einen „seltsamen Dialekt", über den wir uns hinter vorgehaltener Hand lustig machten. Es war das Burgenländische, wie es Anfang des 20. Jhds gesprochen wurde und in der Diaspora konserviert worden war. Das bedeutete, dass z.B. alle ui-Wörter noch voll erhalten waren – also *Bui* (Bub), *Kui* (Kuh), *Schui* (Schuh), *tui* (tu), *muisn/muis* (müssen/muss), *viun* (Wurm) und *zuichan* (ziehen) usw. Noch auffallender waren die naslierten Diphthonge die extra lang ausgesprochen wurden: *hiãnts* (*jetzt, also*), *niã* (nie), *Hiã* (Hühner), *Biãnl* (kleiner Bub), *Buã* (Knochen), *kuã mãeisch* (kein Mensch), *Luãm* (Lehm) etc. Das Gras war *schêa/schãei griã* (schön grün) und *a guits fuida* (ein gutes Futter). Alte Wörter wie *iãchl* (drüben) oder *eintn* (unten), *iãcher* (euer) *nindascht* (nirgends), *ampa/aeimpa* (Eimer), *rougli* (locker), *ploudat* (trächtig/aufgebläht), *fuam* (Schaum) und *lekwa*[2] (Marmelade) usw. die in der heutigen burgenländischen Alltagssprache kaum mehr vorkommen, kamen den Amerikaheimkehrern ganz selbstverständlich über die Lippen. Es hatte also seit ihrer Auswanderung intensiver Sprachwandel stattgefunden.

2.2 Die Sprachlandschaften des Burgenlandes und der überregionale Sprachwandel

Würden diese Auswanderer heute zurückkommen, würden sie ihr Burgenländisch vermutlich sehr befremdlich finden. Im Norden bis zum Ödenburger Gebirge und teilweise noch bis Bernstein, käme ihnen das Burgenländische wie Wienerisch vor. Vor allem im Seewinkel würde selbst die ältere Generation für sie nicht mehr Burgenländisch klingen, sondern eben anders. Sie würden mit dem Umstand konfrontiert, dass der Norden Burgenlands seit langer Zeit als Tagespendler- und Urlaubsgegend unter dem intensiven sprachlichen Einfluss Wiens steht und sich dieser Umstand sprachlich massiv ausgewirkt hat. Weiter unten – südlich des Bernsteiner Gebirges würden sie allerdings auch nicht ganz zufrieden sein, denn auch dort käme ihnen manches anders vor, denn der Einfluss Wiens wirkt auch hier, wenngleich ein wenig schwächer, denn schließlich fahren nach wie vor sehr viele Burgenländer ins benachbarte Niederösterreich oder nach Wien arbeiten, obwohl diese Zahl gegenüber früher massiv abgenommen hat und vor allem die jüngere Generation es gleich vorzieht, ganz in die Städte zu ziehen.

Lediglich in den kleinen Ortschaften des bis vor knapp 15 Jahren völlig isolierten Pinkatales und in den kleinen Orten im Hügelland rund um Güssing käme ihnen das Burgenländische noch sehr vertraut vor. Die dörflich-ländliche Struktur und die regionale Abgeschiedenheit im

---

[2] Ein ungarisches Lehnwort: „Lekvár": "fruchtiges Mus".

Grenzland zu Ungarn bewirkten den Erhalt der meisten genuin (süd-) burgenländischen Formen, vor allem bei der älteren Generation.

Im Schuljahr 1994/95 führte ich zusammen mit Karl Pratl, Lehrer an der HBLA für wirtschaftliche Berufe in Güssing, mit den Schülern der 5. Klasse ein kleines Unterrichtsprojekt durch, das das Ziel hatte, die regionale Sprache in der Herkunftsorten der SchülerInnen zu erforschen. Es zeigte sich, dass in den Orten Kleinmürbisch, Rohr, Gerersdorf, Neustift, Sulz und Eberau alle primären Sprachmerkmale des (Süd-) Burgenländischen, d.h. fast alle ui-Wörter, der Diphthong [ūa] statt langem [a:] [kūa : kã:] (kein) usw. erhalten geblieben sind.

Demgegenüber neigten die SprecherInnen aus der Bezirksstadt Güssing und aus dem Grenzübergang Heiligenkreuz dazu, das [ui] durch ein [ua] (Bua statt Bui) zu ersetzen. Das galt auch für andere primäre phonologische Kennzeichen des Südburgenländischen, die in den größeren Ortschaften und bei der jüngeren Generation bereits zur Gänze ersetzt wurden.:

- [ua] ersetzt durch [a:] [huam:ha:m] (heim)
- [ia] ersetzt durch [ü:] bzw. [ea] [gria /miakt/meakt] (grün/merkt) usw.

Je weiter man im Lafnitztal und im Burgenland nach den Norden geht, um so mehr nehmen diese neueren Sprachmerkmale zu, die einerseits für das Steirische und andererseits für das Wienerische typisch sind. Die massive Veränderung des Burgenländischen im Sinne einer Angleichung an das Ostösterreichische mit Wien als seinem Zentrum begann Ende der sechziger, Anfang der siebziger Jahre des vorigen Jahrhunderts, als die Burgenländer zu einem Land der Tages- und Wochenpendler wurden und vor allem die angrenzenden Bundesländer und die größeren Städte Wien, Graz, Wiener Neustadt usw. auszupendeln begannen. Es begannen auch die enormen Reformen der Kreisky-Zeit zu wirken und viele junge Menschen begannen weiterführende Schulen zu besuchen, wodurch sich auch ihre Sprache und vor allem ihre lokale Bindung veränderte.

Überall dort, wo die Menschen durchfahren, wegfahren, zurückkommen und wieder wegfahren, geschieht auch sprachlich etwas. Jene, die herkommen, lassen etwas zurück und jene, die wegfahren und wieder zurückkommen, nehmen jedesmal von auswärts einiges mit. Deshalb verändert sich die Sprache auch dort am meisten, wo die Menschen in Bewegung sind. An meinen gleichaltrigen SchulkollegInnen und Spielkameraden aus dem Heimatort konnte ich diese Entwicklung beobachten – manche gingen in die weiterführenden Schulen und änderten erst allmählich ihre Ausdrucksweise. Andere arbeiteten als Bauarbeiter und änderten sich kein bisschen, weil sie in Gruppen aus derselben Gegend auf den Baustellen arbeiteten und sprachlich eigentlich immer daheim waren. Wiederum andere gingen in die Dienstleistungsbranche nach Wien und wurden dort z.B. Friseure, Kellner etc. Manche von ihnen kamen nach einem Monat zurück und sprachen bereits nach so kurzer Zeit wienerischer als irgendein Wiener – worauf wir Zurückgebliebenen staunten und sie hänselten, was bald aufhörte, denn wir waren dann auch nicht mehr zuhause, sondern in Graz oder Wien. Ein paar Jahre später konnten jene, die ständig weg waren garnicht mehr anders als sich Wienerisch auszudrücken – sie hatten eine andere Sprache gelernt und waren darin aufgegangen. Eine Nachbarin wanderte nach Vorarlberg aus und sprach nur mehr Vorarlbergisch, eine andere nur mehr Tirolerisch. Das Zusammentreffen mit ihnen war irgendwie seltsam, man hatte das Gefühl, diesen Menschen nicht mehr zu kennen. Mit der anderen Sprache waren sie scheinbar auch andere Menschen geworden, obwohl man sie so gut gekannt hatte.

Ein ganz anderer Fall war jener etwa 55-jährige Maurer, der seit dreißig Jahren in allen Bundesländern, vor allem aber in Ostösterreich und Wien gearbeitet hatte und mir ein Interview gab. Als ich ihn fragte, welche Sprache er bei der Arbeit bzw. im Burgenland verwende, antwortete er mit einer Gegenfrage: „Welche Sprache willst du, dass ich rede?" Es stellte sich heraus, dass er fast alle ostösterreichischen Regionalvarianten (Steirisch, Kärntnerisch, Oberösterreichisch, Niederösterreichisch und Wienerisch) bis in die kleinsten Einzelheiten beherrschte und beliebig von einer Variante in die anderen umschalten konnte. Mein Staunen war dementsprechend. Er erklärte seine „Vielsprachigkeit" damit, dass es einfach zu mühsam und nervig gewesen war, von den Arbeitskollegen ständig wegen seiner burgenländischen Ausdrucksweise gehänselt zu werden. Also beschloss er, sich an die Sprache seiner Umgebung anzupassen. Wenn er zuhause war, sprach er wieder sein Südburgenländisch wie eh und je. An diesem Fall kann erkennen, wie wichtig sprachliche Netzwerke und die Einbettung in einen bestimmten sprachlichen und sozialen Kontext sind.

Sie bestimmen unser sprachliches Kleid, das wir täglich tragen – was darunter liegt, bleibt verborgen oder auch nicht – wie bei dem Maurer.

Diesen sprachlichen Weg – der Wechsel zwischen mehreren Varianten - haben viele burgenländischen Tages- und Wochenpendler eingeschlagen und nicht nur sie. Sie pendeln nicht nur zwischen Wohnort und Arbeitsplatz, sondern auch zwischen der Sprache hier und dort. Und natürlich bleibt die Sprache, die sie zuhause verwenden, von jener von außerhalb nicht unbeeinflusst. Sie kommt vor allem dann zum Vorschein, wenn Mütter ihre Kinder „schön" zu sprechen lernen, weil sie glauben, dass man mit der lokalen Sprache auffallen würde bzw. diese nicht gut genug wäre. Sie kommt auch dann zum Vorschein, wenn Väter ihren Kindern Regeln klar und deutlich vermitteln wollen oder wenn sie mit Außenstehenden kommunizieren (man will schließlich etwas darstellen, etwas Unangreifbares repräsentieren) – oder wenn Lehrer neuen Stoff an der Tafel erklären. Werden die Schüler gemaßregelt, geschieht dies zuerst in der gewohnten alltäglichen Sprache der Gegend, erst wenn das nichts hilft, wird auf eine formale Ausdrucksweise umgeschaltet. Dann weiß jeder Schüler und jedes Kind aus Erfahrung, dass es jetzt Ernst wird und man aufpassen muss. Das Großregionale oder Überregionale in der Sprache dient immer dazu, Macht und Autorität zu repräsentieren, während regionale oder lokale Formen Nähe, Vertrautheit und Sicherheit vermitteln.

Das wiederum zeigt, dass die lokale, regionale Sprache des Einzelnen persönlich, unmittelbar und speziell ist, die überregionale, nationale Sprache unpersönlich, mittelbar und allgemein. Die Erstere, das lokale Burgenländisch wie es im Elternhaus gesprochen wird - ist die unmittelbare Muttersprache der Burgenländer, letztere – die überregionalen Formen bzw. die Standardsprache - in den Bildungsinstitutionen erlernt, aber nicht primär erworben – sie ist eine Zweitsprache. Für den Einzelnen besteht zwischen dem Wechsel zu einer anderen Sprache wie dem Englischen Ungarischen oder Französischen oder dem Wechsel vom lokalen Burgenländischen zum Wienerischen sozialpsychologisch und vom kognitiven Vorgang her kein Unterschied: Gleichgültig wie verschieden oder wie nah sich die verwendeten Sprachen/Varianten sind, sie erfordern einen bewussten kognitiven Aufwand und das kompetente Beherrschen eines bestimmten Sprachsystems. Im Fall von Varianten einer Sprache unterscheidet sich lediglich die sog. linguistische Distanz (die konkreten sprachlichen Unterschiede), die aber in manchen Fällen wie dem Wechsel vom Burgenländischen zum Vorarlbergischen ungefähr gleich groß ist, wie etwa der Wechsel zwischen Norwegisch und Schwedisch. Man kann daher berechtigterweise sagen, dass die Verwendung von regionalen Varianten einer Sprache für den einzelnen Sprecher im Diskurs prinzipiell dieselbe Wirkung hat, als ob er/sie eine andere Sprache verwenden würde.

Ich will damit sagen, dass zwischen einer Sprache, einem Dialekt, einer benachbarten Bundesländervariante oder einer Gruppensprache sozialpsychologisch und pragmatisch kein Unterschied besteht: Man hat als Sprecher das Gefühl eine andere Sprache zu sprechen, selbst wenn die linguistischen Unterschiede nur gering sind. Dieser Umstand begründet das, was ich seit Mitte der 80-er Jahre „innere Mehrsprachigkeit" nenne.

3. Dialekt, Dialektologie und innere Mehrsprachigkeit

3.1 Dialekt als wissenschaftlicher Begriff

Ich möchte nun auf die Begriffe „Dialekt" und „innere Mehrsprachigkeit" eingehen und zeigen, welche Auswirkungen dieses Konzept auf den Umgang mit Sprache, Sprachen und Dialekte hat.

Wenn man sich in einem Dialektinstitut befindet, sollte man wissen, was ein Dialekt ist. Schaut man in den klugen Büchern der Sprachwissenschaftler nach, findet man Definitionen wie die folgenden.

(1) Bei David Crystal in der Encylopedic Dictionary of Language and Languages heißt es:
"A language variety in which the use of grammar and vocabulary identifies the regional or social background of the user". (Eine sprachliche Varietät, in der der Gebrauch von Grammatik und Wortschatz die regionale oder sozialen Herkunft des Sprechers definiert.)

(2) Im Longman dictionary wiederum heißt es zusätzlich:
„A dialect is often associated with a certain accent. Sometimes a certain dialect can gain status and become the Standard variety of a country." (Ein Dialekt wird oft mit einem bestimmten Akzent assoziiert. Manchmal kann ein bestimmter Dialekt einen

(hohen) Status erringen und die Standardvarietät eines Landes werden.)

(3) Im Vocabulaire de Linguistique von J. Phelizon (einem französischen, linguistischen Wörterbuch) heißt es lapidar:

„Parler d'un contreè ou d'un groupe social." (Ausdrucksweise einer Gegend oder einer sozialen Gruppe).

(4) Und im Wörterbuch sprachwissenschaftlicher Termini heißt es:

1. Mundart. 2. Bezeichnung des größeren sprachlichen Zu-sammenhänge, in dem sich die einzelnen Ortsmundarten einfü-gen, der sprachlichen Gemeinsamkeiten einer Reihe von Mundarten. 4. beliebige regionale Variante einer National-sprache.

Schaut man schließlich noch unter "Mundart" nach steht:

"Mundart, auch Dialekt, selten Idiom: natürlich gewachsene Form der überwiegend gesprochenen Sprache einer in der Regel geografisch gebundenen Sprachgemeinschaft mit bestimmtem sprachlichen Regelsystem. Mundarten bilden die Grundschicht der sich aus ihnen entwickelnden Nationalsprachen."

Im Französischen gibt es daneben noch den Begriff „patois". Er wird folgendermaßen definiert:

"Parler regional appartenant a un dialecte ou un langue." (Re-gionale Ausdrucksweise, die zu einem Dialekt oder einer Spra-che gehört".)

Im Englischen wird weniger von Dialekten, sondern allgemein von „accents" oder von „vernacular" gesprochen. Und im Deutschen steht der Begriff „Mundart" neben „Dialekt" usw.

Das ist zugegebenermaßen verwirrend und nicht nur für Laien. Die Kunst der Wissenschaftler Wissen zu erarbeiten, hat leider oft den Preis ihrer Verständlichkeit. Tatsächlich gibt es keine allgemein anerkannte De-finition von Dialekt, denn jede Sprache hat ihre eigenen, leicht verschie-denen Vorstellungen von dem, was "Dialekt" ist. Dementsprechend unterscheiden sich auch die verwendeten Begriffe und die Einschätzung der Sachverhalte. Der Grund dafür ist, dass sich die Sprachsituation in verschiedenen Ländern und Sprachen deutlich unterscheiden.

Obwohl z.B. Deutsch, Englisch, Französisch, Spanisch und Portugiesisch plurizentrische Sprachen sind, also Sprachen, in mehreren Ländern vorkommen und dort jeweils nationale Varianten der Standardsprache entwickelt haben, unterscheiden sich diese Sprachen erheblich hinsichtlich ihrer Sprachauffassungen.

Als stark zentralisierte Sprachen kann man das Französische und Deutsche ansehen, wo sehr starke Vorstellungen von "richtiger" Sprache bestehen. Solche Vorstellungen gibt es natürlich auch im Englischen, Spanischen und Portugiesischen - der Unterschied ist jedoch, dass diese die sprachliche Zentralisierung nicht mehr aufrechterhalten können oder wollen: Das Englische ist in so viele nationale Varianten aufgeteilt ist, dass man nicht mehr von einer einheitlichen Standardnorm sprechen kann. Die Frage der Korrektheit relativiert sich und findet ihren primären Bezugspunkt im nationalen Rahmen. Das gilt erst recht für das Spanische und Portugiesische, die ebenfalls über viele Länder verteilt sind und sehr bevölkerungsreiche Sprachen sind.

3.2 Dialekt als „Stigma" und Untergeordnetes

Man kann sich natürlich fragen, was das mit dem Begriff "Dialekt" zu tun hat? Sehr viel, wie ich glaube: Die herkömmliche Auffassung von Dialekt, als etwas Untergeordnetes, Minderwertiges, Regionales, sozial Stigmatisiertes hängt auf das Engste mit der Idee der Einheit von Nation und Sprache zusammen. Dialekte werden dann als etwas Untergeordnetes betrachtet, wenn es darüber sprachlich etwas Übergeordnetes gibt, dem alle verpflichtet sind. Das ist in allen Staaten die sog. Landessprache, die vielfach als Standardsprache auch als Nationalsprache fungiert. Sie soll das Land einen und einen gemeinsamen Bezugspunkt für regionsübergreifende Kommunikation und noch wichtiger - die Identität des Landes - bilden. Dazu verfügt die Standardsprache über eine geschriebene Form, sie ist kodifiziert, also hinsichtlich ihrer Form und ihres Vokabulars in Wörterbüchern und Nachschlagewerken festgelegt, wird über die Bildungsinstitutionen des Landes an die heranwachsenden Generationen vermittelt und muss in den Institutionen des Staates verwendet und befolgt werden und ist damit die Sprache der Öffentlichkeit. Den Gegensatz dazu bilden eben die sog. Dialekte, die all das angeblich nicht sind.

Dieses Konzept hat bei genauerer Betrachtung aber Schwierigkeiten, sich vor der sprachlichen Realität zu beweisen. Das beginnt schon mit dem Umstand, dass in plurizentrischen Sprachen jedes Land seine eigenen Standardnormen entwickelt hat und daher ein Aufsatz eines Schülers in deutschländischen Variante des Deutschen vor dem Rotstift der meisten österreichischen Deutschlehrer kaum Gnade finden würden. Umgekehrt gilt das erst recht - ein Umstand, den die österreichischen Schriftsteller kennenlernen, wenn sie in deutschen Verlagen publizieren wollen. Weiters stellt sich heraus, dass die Standardsprache nicht durchgehend die Sprache der Öffentlichkeit ist - im Gegenteil - die meisten Österreicher sprechen im Alltag NICHT die kodifizierte Standardsprache in irgendeiner Form, sondern andere Varianten. Ausländische Studenten sind daher am Anfang ihres Studienaufenthalts immer völlig schockiert - sie haben das Gefühl, hierzulande werde überhaupt nur Dialekt gesprochen. Ich muss dann immer psychologisch Erste Hilfe leisten und ihnen erklären, dass es mir bei meinem ersten Englandaufenthalt auch nicht besser gegangen ist und es nach einiger Zeit besser werden wird. Sie stellen dann fest, dass sie die Sprache im Fernsehen noch am ehesten verstehen, bis sie auf die Millionenshow stoßen. Aber nicht nur dort ist dennoch vieles befremdlich - vor allem bei Liveinterview - die Österreicher reden ja so komisch hört man vor allem von den zugereisten deutschen Studenten. Nach einiger Zeit gewöhnt man sich daran und wenn sie meine Lehrveranstaltungen besuchen lernen sie auch, dass man die wichtigsten Unterschiede mit etwas sieben bis acht phonetisch-phonologischen Regeln erfassen kann. Das erstaunt sie, aber noch mehr erstaunt sie, wenn ich ihnen sage, dass sie froh sein können, in Österreich zu sein, denn hier würde auch die deutsche Standardsprache verwendet, daneben aber noch andere Varianten, die sie damit auch lernen und so mehr Sprache können, als ihre Kollegen, die vielleicht eine norddeutsche Uni als Studienplatz ausgesucht hätten, wo sie nur die Variante hören, die ihnen von den Kassetten des Goethe-Instituts entgegengeschallt ist. So gesehen, wird der scheinbare Nachteil mit einem Mal zu einem Vorteil.

Was ich damit verdeutlichen will, ist, dass die Frage des Dialekts prinzipiell aus zwei Perspektiven betrachten kann: Als Abweichung von der vorgeschriebenen, landesweit gültigen Sprachnorm, die es aus verschiedenen Gründen zu vermeiden oder sogar zu bekämpfen gilt oder als sprachlichen Reichtum, als gleichberechtigte sprachliche Ausdrucksform, die in einer Region oder sozialen Gruppe beheimatet ist und dieser eine sprachliche Heimat und soziale Identität gibt.

Von Michael Clyne, dem berühmten australischen Linguisten gibt es den Satz: Sprachen vereinigen und teilen. Sie vereinigen sozial jene, die dieselbe Sprache sprechen und schließen jene aus, die sie nicht sprechen.

Damit ist auch das soziale und politische Kernproblem genannt, das hinter der Dialektfrage steht: Wer eine eigene Sprache spricht, kann auch politische Ambitionen haben und sich eventuell selbständig machen. Und wer eine eigene Sprache spricht, die andere nicht beherrschen, ist für die diese anderen unverständlich. Es gibt im Zusammenhang mit „Dialekt" also ein grundsätzliches Kommunikationsproblem, das zu Mißverständnissen und zu sozialen Spannungen führt.

Hinter der Dialektfrage stehen somit tiefliegende soziale Fragen nach Einheit, Macht und Selbständigkeit, die in allen Gesellschaften der Welt eine zentrale Rolle spielen. Jede Art von regionaler, sprachlicher oder sozialer Selbständigkeit ist damit eine Machtfrage, eine Frage von Anpassung oder Abgrenzung. Die Lösung für all diese Probleme, die bei genauerer Betrachtung des Begriffs "Dialekt" auftauchen, ist jedoch sehr einfach: Sie liegt in den Begriffen "Mehrsprachigkeit" und "Mehrfachidentität" und im Abgehen von der Vorstellung, dass nur die Einsprachigkeit, den vollwertigen Menschen definiert und es in einem Land nur einen einzigen Standard geben darf.

4. „Dialekt" als wesentlicher Teil der „inneren Mehrsprachigkeit" der Burgenländer

Ich komme damit zum Begriff der "inneren Mehrsprachigkeit" zurück und meine, dass man jeden Dialekt, jede regionale Variante - aus der Sicht des jeweiligen Sprechers als "Sprache" betrachten kann, und zwar im kommunikativen Sinn. Seine jeweilige "Variante" ist jene, die für ihn den Standard der alltäglichen Kommunikation darstellt, in der er/sie sein Leben sprachlich bewältigt. Damit ist diese jeweilige Variante funktional gleichwertig zur kodifizierten Standardsprache - die beiden zur Übermittlung von Informationen und zum Stiften von sozialen Beziehungen dienen. Was dem jeweiligen "Dialekt" fehlt, ist seine kodifizierte schriftliche Form, die überregionale Verständlichkeit und oft genug die soziale Anerkennung. Für jedes der drei Mängel gibt es aber Abhilfe: Die soziale Anerkennung erwirbt sich ein Dialekt durch die Sprachloyalität seiner Sprecher und durch Maßnahmen, die zu seiner Entstigmatisierung führen und durch eine Änderung in den Spracheinstellungen. Wenn die eigene Sprache als etwas Natürliches angesehen wird, ist sie auch nichts Schlechtes.[3] Die überregionale Verständlichkeit erwibt sich ein Dialekt, dann, wenn es in den nationalen Medien Sprecher gibt, die diese Varianten verwenden (dürfen) bzw. die sprachliche Vielfalt ds Landes den Schülern im Unterricht nahegebracht wird. Die schriftliche Fixierung ist zuerst einmal über sog. Dialektlexika möglich - der Ausbau zu einer eigenen Schriftsprache jedoch ein langer Weg, wie die Entwicklung des Letzeburgischen zeigt, der aber einem politischen und sozialen Bedürfnis entsprechen muss.

Betrachtet man die Liste der Nachteile, die mit einem Dialekt verbunden weiter, kommt man als erstes zur mangelnden überregionalen Verständlichkeit. Sie kann durch innere Mehrsprachigkeit ausgeglichen werden, indem der einzelne Sprecher nicht nur eine Variante - seine eigene - sondern möglichst viele und natürlich die landesübliche kodifizierte Standardsprache in Wort und Schrift beherrschen. Moderne Industriegesellschaften wie die unsere brauchen überregionale Kommunikationsmittel und es wäre ein fataler Fehler, dieses wichtige Werkzeug nicht gut zu beherrschen.

5. Das Konzept der „inneren Mehrsprachigkeit" als Weg zur Entstigmatisierung regionaler Sprachkompetenzen und zur Gewinnung sprachlichen Selbstbewusstseins

Die innere Mehrsprachigkeit beschreibt daher das sprachliche Repertoire eines kompetenten Sprechers, das verschiedene Varianten einer Sprache umfasst, die vom Sprecher funktional kompetent eingesetzt wer-

---

[3] Ich gebe meinen österreichischen Studenten dafür immer das folgende Beispiel: Sie sollten sich vorstellen, was passierte, wenn sie mit ihren Familienangehörigen beim Frühstück so reden würden wie im Gespräch mit Ihrem Professor oder bei einem Vortrag. Die Reaktion ist meistens großes Gelächter, man kann es sich einfach nicht vorstellen, was zeigt, dass die persönliche Sprache der Familien einer Regionen ebenfalls als ein Standard angesehen werden muss und nicht als eine sprachliche Verirrung.

den können. Die herkömmliche Standardsprache hat in diesem Repertoire aufgrund ihres Verbindlichkeitsgrads für institutionelle Kommunikation immer noch eine bevorzugte Stellung, sie hat diese aber nicht mehr als einzig anerkannter Standard der Kommunikation außerhalb der Institutionen. Nur wenn man Dialekte als eine Sprache unter vielen anderen betrachtet, kommt man von der fatalen Stigmatisierung dieser Sprachformen weg.

Die innere Mehrsprachigkeit gibt den Menschen ihre sprachliche Identität zurück und verhilft ihnen zu einem positiven Selbstverständnis ohne dass dadurch ein Mangel an Kommunikationsfähigkeit eintritt. Es ist damit ein Konzept, das von den Bedürfnissen der Sprecher ausgeht und nicht von den Bedürfnissen der "Sprache" bzw. der Erhaltung ihrer einheitlichen Norm und den Ansprüchen der dahinter stehenden Mächte. Und damit werden auch Begriffe wie "Umgangssprache" oder "Halbmundart" irrelevant, die ihre Legitimation einzig aus Absonderung des Dialekts als illegitime Sprache beziehen. Das vereinigte Europa hat die Gleichstellung der Nationalsprachen mit sich gebracht, es ist an der Zeit, dass es auch zu einer Gleichstellung innerhalb der Sprachen kommt.

Die Frage, wie nach all den Ausführungen, meine Definition des Begriffs "Dialekt" ausschaut, steht nach all diesen Erwägungen im Raum und wartet darauf beantwortet zu werden. Meine Antwort ist ein Zitat von Max Weinreich, einem amerikanischen Linguisten und Vater des berühmten Soziolinguisten Uriel Weinreich. Er definierte Dialekt als "A language without an army" – "Eine Sprache ohne Armee". Ich finde, dass diese Definition in ihrer Kürze alles aussagt, was ich versucht habe, deutlich zu machen.

6. Literatur

ABRAHAM, Werner (1988): Terminologie zur neueren Linguistik. 2., völlig neu bearb. u. erw. Aufl. Tübingen: Niemeyer. (Germanistische Arbeitshefte; Ergänzungsreihe 1).

BUßMANN, Hadumod (Hrsg.) (2002): Lexikon der Sprachwissenschaft. Dritte, aktual. u. erw. Aufl. Stuttgart: Kröner.

CRYSTAL, David (1993): Die Cambridge-Enzyklopädie der Sprache. Übers. und Bearb. der dt. Ausg. Stefan RÖHRICH u.a. Frankfurt a.M./New York: Campus.

HOLZER, Werner/PRÖLL, Ulrike (Hrsg.) (1994): Mit Sprachen leben. Praxis der Mehrsprachigkeit. 6. Burgenländische Forschungstage im Herbst 1992 auf Burg Schlaining. Klagenfurt: Drava.

LEWANDOWSKI, Theodor (1994): Linguistisches Wörterbuch. 6. Aufl. Heidelberg/Wiesbaden: Quelle & Meyer. (UTB; 1518).

MUHR, Rudolf (1981): Sprachwandel als soziales Phänomen. Eine empirische Studie zu soziolinguistischen und soziopsychologischen Faktoren des Sprachwandels im südlichen Burgenland. Wien. Braumüller. 208 S. (= Schriften zur deutschen Sprache in Österreich 7).

MUHR, Rudolf (1994): Die Sprachlandschaft des südlichen Burgenlandes. Bericht über ein Projekt an der Höheren Bundeslehranstalt für wirtschaftliche Berufe Güssing. Eigenverlag der HBLA Güssig. S. 3-18.

WIENOLD, Götz (1968): Sprachlicher Kontakt und Integration. In: ZS f. Mundartforschung 35/1968, S. 209-218.

WILDGEN, Wolfgang (1988): Darstellung einiger wichtiger Methoden der Kontaktlinguistik. In: WAGNER, Karl-Heinz/WILDGEN, Wolfgang (Hrsg.): Studien zum Sprachkontakt. Bremen: Univ. (BLIcK: Bremer Linguistisches Kolloquium; 1). S. 3–23.

In: Muhr, Rudolf/Schranz, Erwin/Ulreich, Dietmar (Hrsg.) (2005): Sprachen und Sprachkontakte im pannonischen Raum. Das Burgenland und Westungarn als mehrsprachiges Sprachgebiet. Peter Lang Verlag. Wien u.a., S. 149-162.

Ingeborg GEYER[1]

(Wien, Österreich)

Dialekt und Volkskultur – zeitgemäß?
Das Spannungsfeld Dialekt – Umgangssprache - Hochsprache

1. Begriffsbestimmung

1.1. Dialekt oder Mundart

Um zum Thema *Spannungsfeld – Dialekt –Umgangssprache – Hochsprache* jene Punkte aufzeigen zu können, die zu den sprachlichen Konfliktsituationen führen, müssen wir die Begriffe definieren und ihre geschichtliche Entwicklung kurz darstellen.

Der Dialekt ist die kleinräumige, bodenständige, am weitesten von der Schriftsprache entfernte mündliche Sprachform, die sich aus älteren Vorstufen wie z.B. dem Mittelhochdeutschen regelhaft und eigenständig weiterentwickelt hat. Seit dem 16. Jahrhundert wird das eingedeutschte Gelehrtenwort „Dialekt" aus griech. *diálectos* wörtlich „Zerredetes" verwendet. Es bezog sich ursprünglich auf die landschaftlich verschiedenen Redeweisen des antiken Griechenland (Wiesinger, 2003:205). Im lateinischen Wörterbuch des Petrus Dyspodius von 1536 wird der lateinische Eintrag dialectus so erklärt: *ein eigenschafft der sprach* oder *eigene weiß zů reden* (vgl. Eichinger, 2003:49). Im Zuge der Eindeutschungen von Fremdwörtern wird 1640 von Philip von Zesen statt *Dialekt* „Mundart" vorgeschlagen, damit ist die gesprochene Sprache gemeint, im Gegensatz zur „Schreibart", der geschriebenen Sprache, die im 16. Jahrhundert durch die Erfindung des Buchdrucks und die Verwendung des Papiers statt des teuren Pergaments plötzlich an Bedeutung gewann.

1.2. Schriftsprache und Umgangssprache

Ohne auf die geschichtliche Herausbildung der großräumigen Dia-

---

[1] Institut für Österreichische Dialekt- und Namenlexika der Österreichischen Akademie der Wissenschaften

lektlandschaften im Hochmittelalter näher einzugehen, muss aber jedenfalls auf die bereits im Hochmittelalter gesellschaftsbedingten unterschiedlichen Sprachformen kurz hingewiesen werden.

Die herrschende Oberschicht, der Adel stand der gesellschaftlich un-
bedeutenden Klasse der Untertanen, der Bauern auf dem Land gegenüber.
Die Forschung spricht von der „Herrensprache" und der „Bauernsprache",
also einer Art überregionaler Umgangssprache und einer Ortssprache, dem
Dialekt, der einzigen Sprache, der Muttersprache. Wiesinger hat in seinen
Untersuchungen zu Kanzlei- und Schreibsprachen festgestellt, dass z.B. das
a für mhd. *ei* in *Stein, Bein* bereits ins 12. Jahrhundert zurückreicht, auf
die Städte Wien und Wr. Neustadt beschränkt war und auf die Herrensprache der Babenberger zurückgeht. Die Bürger der Stadt haben sich
sprachlich an der sozialen Oberschicht ausgerichtet und ihre Redeweise
angepasst. Auf dem Land war bis um 1900 der Ortsdialekt das Kommunikationsmittel schlechthin und es gab deutliche Stadt - Land Gegensätze in
der gesprochenen Sprache.

Verallgemeinernd gesagt, war im Mittelalter die Bauernsprache der
Dialekt und die Herrensprache, die sich ja auch in der Schreibsprache
widerspiegelt, sozusagen die „Schriftsprache".

Mit dem Beginn des Buchdrucks wurde man sich plötzlich der klein-
räumigen Ausprägung der Mundarten bewusst und versuchte für die
Druckwerke, wie z.B. die damals in Mode kommenden Flugschriften der
Reformation eine Sprache mit größerer Reichweite zu verwenden. Mit der
Einführung der Schulpflicht im 18. Jahrhundert kam nun auch die bäuerliche Bevölkerung zunehmend mit der Schriftsprache in Kontakt. Trotzdem war die Alltagsmündlichkeit weiterhin dialektal, zur Kommunikation
innerhalb der Regionen bildeten sich Umgangssprachen heraus, die zwischen Dialekt und Schriftsprache angesiedelt und durch semantische und
lautliche Merkmale der jeweiligen Dialektareale geprägt sind.

2. Die Entwicklung der Hoch- oder Schriftsprache

Bereits im 17. Jahrhundert gibt es Bemühungen, eine im ganzen
deutschen Sprachraum einigermaßen verbindliche Sprachform zu schaffen.
Die Sprachgesellschaften dieser Zeit bemühten sich einerseits um die
Ausbildung einer Dichtersprache, wie z.B. die „Fruchtbringende Gesell-

schaft", andererseits haben auch damals schon sprachwissenschaftlich interessierte Mitglieder dieser Gesellschaften wie der Grammatiker Justus Schottel, der Lexikograph Caspar Stieler und der um die Reinheit der Sprache besonders bemühte Philip von Zesen darüber disputiert, wie man in der geschriebenen und gesprochenen Alltagssprache zu einem vernünftigen Ausgleich kommen könne. Dabei herrschte die Meinung vor, dass man eine auf gehobener bürgerlicher Praxis fußende Ausgleichssprache anstreben soll, in der die regionalen Besonderheiten gemieden werden sollten.

Mitte des 18. Jahrhundert hat Maria Theresia im damaligen Kaiserreich die allgemeine deutsche Schriftsprache ostmitteldeutscher Prägung eingeführt. Sie wurde vom Leipziger Sprachgelehrten Johann Christoph Gottsched „normiert". Die Wiener Oberschicht und das Großbürgertum begann nun diese „Schriftsprache", dieses Schrift- oder Hochdeutsch, wie die österreichische Variante von Standarddeutsch heißt, auch mündlich zu gebrauchen. Diese mündliche Form der Schriftsprache nahm und nimmt Anleihen aus der in unmittelbarer Umgebung gesprochenen Sprache bzw. dem Dialekt, sei es in der Aussprache bestimmter Laut- und Konsonantenverbindung, grammatikalischer oder semantischer Besonderheiten.

2.1. Schrift- oder Hochdeutsch als Ausgleich zwischen den Dialekten

Es waren Dialekte, die die Grundlage für das Hoch- und Standarddeutsch abgegeben haben. Es gab ursprünglich mehrere selbständige Sprachgebiete, wie das Bairische, das Schwäbische, Fränkische und Sächsische. Alle diese Dialekte haben einen gemeinsamen Bezug: sie haben sich aus germanischen Volksstämmen herausgebildet.

Die breite Auffächerung der Dialekte im Norden wird mit Niederdeutsch zusammengefasst und dient als Abgrenzung zu den oberdeutschen Mundartgebieten. Zwischen diesen beiden großen Mundartlandschaften liegen die sogenannten mitteldeutschen Mundarten eingebettet, die Kennzeichen beider Mundartlandschaften tragen.

Diese niederdeutsche bzw. norddeutsche Sprachregion war in vordeutscher Zeit Ausgangspunkt für mehrere sich weiter entwickelnde *Nationalsprachen* wie Englisch, Niederländisch, Friesisch und auch Sächsisch.

Eine große Blüte und regionale Ausdehnung erfuhr das Sächsische im Wirtschafts- und politischen Verbund der Hanse, die zwischen 1300 und 1500 den gesamten norddeutschen Sprachraum sowie die Häfen und Stapelplätze der Ostsee wirtschaftlich, rechtlich und politisch bestimmte. Das führte dazu, dass Niederdeutsch die beherrschende Verkehrs- und Umgangssprache bis weit in den Osten hinein wurde. Dabei war Niederdeutsch sprachlich scharf vom Hochdeutschen abgetrennt durch die Beibehaltung der germanischen Laute *p t k*, wie z.B. in *Panne* Pfanne, *open* offen, *Tid* Zeit, *Water* Wasser, *maken, ik* usw.

Mit der Entdeckung Amerikas und der Orientierung des europäischen Handels nach Indien kam es in Deutschland zu einer Südorientierung und zur Übernahme der hochdeutschen Sprache in niederdeutsche Gebiete, zunächst im wirtschaftlichen Schrifttum und dem Rechtsschrifttum, dann aber auch in den religiösen Texten der Reformation und der Bibelübersetzung Luthers (Näheres Knoop [1997] 14). Das bedeutet, dass die deutsche Sprache Mittel- und Oberdeutschlands von den niederdeutschen Sprechern aus der Schrift gelernt wurde und damit auch eine schriftmäßige Aussprache eingeübt wurde. Sie wurde gegenüber der dialektal ausgerichteten Aussprache der oberdeutschen, süddeutschen Länder vorbildlich.

2.2. Schriftdeutsch in Varianten

Der Zusammenschluss zweier schon durch verschiedene Lautentwicklungen wie Lautverschiebung und Diphthongierung auseinander entwickelter Sprachformen, nämlich niederdeutsch und hochdeutsch in eine neue schriftliche Gemeinsprache musste über das gesamte große deutsche Sprachgebiet zu Unterschieden führen, verstärkt durch die Tatsache, dass die Bewegung vom Norden ausging. Diese neue gemeinsame Ausgleichssprache wurde zwar „Hochdeutsch" genannt, das niederdeutsche Element war aber im wahrsten Sinn des Wortes tonangebend, denn die Aussprache wurde von der niederdeutschen Bevölkerung nach der schriftlichen Fixierung vorgenommen, daher kommt es zu Aussprachen wie *s-pitzer S-tein* gegenüber der süddeutschen hochsprachlichen Aussprache *schpitzer Schtein.* Auch bei den Begriffen gab es viele Unterschiede, heute hören wir z.B. täglich in den Medien, je nachdem ob ein bundesdeutscher oder österreichischer Sender eingeschaltet ist: *Sonnabend – Samstag, Mädchen –*

Mäderl – Dirndl, Knabe – Bub, Hörnchen – Kipferl, Fleischer - Metzger usw.

Was im 17. Jahrhundert mit Bemühungen zu einer einheitlichen Sprachform begann, wurde im Laufe des 18. Jahrhundert durch das ausgeprägte Selbstbewusstsein des städtischen Bürgertums weiter gefördert. Man löste sich vom Französischen in gesellschaftlicher Hinsicht und vom Lateinischen als Wissenschafts- und Bildungssprache.

2.3. Die vereinheitlichte deutsche Hochsprache und der Rückgang der Mundarten

Die kulturelle und politische Dominanz des protestantischen Bürgertums und der Region um Sachsen führte dazu, dass die regionale Variante dieser Gegend, nämlich das Obersächsische als Vorbild für die allgemeine deutsche Sprache diente. Am einflussreichsten waren die Aktivitäten Johann Christoph Gottscheds, der als Sprachnormierer einen erheblichen Einfluss auch auf die ersten deutschen Wörterbücher hatte, deren Ziel ja der regionale Ausgleich in der vereinheitlichten Hochsprache war (vgl. Eichinger, 2003:53).

Johann Fürchtegott Gellert war einer der ersten populären Dichter, dessen Obersächsisch quasi prototypisch für das neue Hoch- bzw. Schriftdeutsch wurde.

In Dichtung und Wahrheit erinnert sich übrigens Goethe, wie er als Student nach Leipzig bzw. zu Gellert geschickt wurde, um sein Frankfurterisches Oberdeutsch abzulegen. Zuerst musste er seine biederen Kleider ablegen und sich der Leipziger Mode anpassen:

Nach dieser überstandenen Prüfung sollte abermals eine neue eintreten, welche mir weit unangenehmer auffiel, weil sie eine Sache betraf, die man nicht so leicht ablegt und umtauscht. Ich war nämlich in dem oberdeutschen Dialekt geboren und erzogen, und obgleich mein Vater sich stets einer gewissen Reinheit der Sprache befleiß und uns Kinder auf das, was man wirklich Mängel jenes Idioms nennen kann, von Jugend an aufmerksam gemacht und zu einem besseren Sprechen vorbereitet hatte, so blieben mir doch gar manche tieferliegende Eigenheiten, die ich, weil sie mir ihrer Naivität wegen gefielen, mit Behagen hervorhob, und mir dadurch von meinen neuen Mitbürgern jedes mal einen strengen Verweis zuzog [...] Jede Provinz liebt ihren Dialekt: Denn er ist doch eigentlich das Element, in welchem die

Seele ihren Athem schöpft [...] Mit welchem Eigensinn aber die meißnische Mundart die übrigen zu beherrschen, ja eine Zeitlang auszuschließen gewußt hat, ist jedermann bekannt. Wir haben viele Jahre unter diesem pedantischen Regime gelitten, und nur durch vielfachen Widerstreit haben sich die sämmtlichen Provinzen in ihre alten Rechte wieder eingesetzt [...] Daneben hörte ich, man solle reden wie man schreibt, und schreiben wie man spricht; da mir reden und schreiben ein für allemal zweierlei Dinge schienen, von denen jedes wohl seine eigenen Rechte behaupten möchte (Goethe 27, 57-59).

Auch wenn sich Goethe dagegen wehrte, mit der Ausrichtung der Oberschicht auf die neue, moderne Schriftsprache wurde das Verharren in der Mundart für ein Rückständigkeitsmerkmal des katholischen Südens gehalten. Als sich mit der Gründung der Akademie der Wissenschaften in Bayern 1759 auch Bayern und ihre Gelehrten der Moderne anschlossen, - Maria Theresia hatte schon früher Gottsched zu Gast -, war die „Vereinheitlichung" des Deutschen eigentlich entschieden.

Auf der einen Seite haben Wissenschaftler begonnen, unsere hochdeutsche Sprache zu normieren und zu vereinheitlichen und auf der anderen Seite haben ziemlich zur selben Zeit Strömungen eingesetzt, die dialektalen Sprachformen aufzuzeichnen. Es ist die Zeit der Idiotismensammlungen, Provinzialwörterbücher, Reisebeschreibungen mit den Vokabularien verschiedener Gegenden.

Der „Fürsprecher" für die Mundarten und ihrer Aufzeichnung und Erforschung war der aufklärerische Johann Gottfried Herder, dessen Überlegungen dahin gingen, dass sich der Volksgeist in den jeweiligen Volkssprachen niederschlüge. In den nicht standardisierten sprachlichen Formen des „einfachen Volkslebens" wie es heißt, sei jener Volksgeist am reinsten erhalten.

Also sind Dialekt und Volkskultur zumindest für die Wissenschaft des 19. Jahrhunderts zeitgemäß! Gleichzeitig wurde dadurch aber damals auch eine Kategorisierung vorgenommen. Man unterschied Standarddeutsch, als Sprache der Gebildeten, des städtischen Bürgertums von der Sprache des „gemeinen Mannes".

Im 19. Jahrhundert wurden die Dialekte durch das sprachwissenschaftliche Interesse der Brüder Grimm und die steigende Wertschätzung vom ländlichen Leben, das sich auch in der darstellenden Kunst niederschlägt, gefestigt. Das idyllische Landleben und das fortschrittliche Bildungsbürgertum, ausgeprägter Dialektgebrauch gegenüber Hochspracheorientierung, erzeugten scheinbar keine Gegensätze zwischen der Mundart und der Hochsprache, dem natürlichen Ideal des bäuerlichen Landlebens und der bürgerlichen Lebenswelt.

Ein schönes Beispiel dafür ist das *Dirndlkleid,* oder verkürzt *Dirndl,* ein abgewandeltes, modernisiertes Trachtenkleid, das Ende des 19.Jahrhundert aus den alpenländischen Volkstrachten in die städtische Mode übernommen wurde. Es ist ein gutes Beispiel dafür, wie einerseits ein regionales, mundartliches Wort, das nicht den Normen der Standardsprache entspricht, nämlich *Dirndl,* für eine Sache, die charakteristisch ist für die ländliche Alltagsbekleidung, als modisches Kleidungsstück übernommen wird. Das Dirndlkleid, eigentlich ein Symbol gesellschaftlicher, kultureller Identität wird als *Sache,* - zwar umfunktioniert -, aber auch als *Wort, Begriff* von einer anderen Gesellschaftsschicht derselben Region übernommen.

3. Der Einfluss der Schule und der normierten Rechtschreibung auf den Dialekt

Seit dem Ende des 19. Jahrhundert gibt es Normbücher für die Rechtschreibung von K. Duden 1880 und Th. Siebs 1898 zur Aussprache. Sie haben Einfluss auf unser Sprech- und Schreibverhalten, denn durch die verbindliche Rechtschreibung, die die Lehrer in der Schule durchzusetzen hatten, wurden Regionalformen plötzlich durch die Normen Konrad Dudens auf die Substandardebene gedrängt und Dialekte als Normabweichungen empfunden und diskriminiert. Wie gespannt das Verhältnis zwischen Dialekt und Hochsprache zu dieser Zeit und bis in die jüngste Vergangenheit in der Schule war, zeigt ein Bericht von Realschuldirektor Rudolf Reichel, der am 7. Mai 1892 in der Vollversammlung des Grazer Lehrervereins einen Vortrag mit dem Titel „Mundart und Schriftsprache" hielt. Dazu stellt er einleitend fest:

Was ich hauptsächlich bieten will, sagt der Zusatz: „Bemerkungen zum Unterricht im Deutschen". Doch fürchten Sie nicht, dass es mir einfallen könnte, ihnen in docierender Weise Winke zu geben, wie beim Unterrichte auf mundartliche Eigenthümlichkeiten Rücksicht zu nehmen sei; ich muß danach trachten, dass sich aus meinen Darlegungen von selbst ergebe, wie die

Mundart Ursache gewisser Verstöße gegen den Gebrauch der Schriftsprache ist, welche abweichenden Formen und Fügungen der Schriftsprache den Kindern als etwas Fremdes neu gelehrt und eingeprägt werden müssen, auch, wie die Mundart zum Verständnisse und zur leichteren Erlernung der Schriftsprache herangezogen werden könnte. ... Werden wir einmal dazu veranlaßt, darüber nachzudenken, wie diese oder jene Verstöße gegen den Gebrauch der Schriftsprache ihre Begründung in der Mundart und Umgangssprache haben, und erwägen wir, welche Macht die umtönende Rede auf jeden Menschen besonders aber auf das Kind übt, das ja seine Muttersprache durch Nachahmung seiner Umgebung lernt, so werden wir auch aufhören, uns über diese Fehler zu ärgern, ihre häufige Wiederkehr der „unbegreiflichen Dummheit" der lieben Jugend zur Last zu legen und bei schriftlichen Arbeiten die rothe Tinte mit einer gewissen Wuth zu handhaben. Ich dächte etwas weniger Ärger wäre auch ein Vortheil für Lehrer und Schüler. (Reichl, 1892:266).[2]

Wenn man bedenkt, wie kontroversiell die 35. Auflage des Österreichischen Wörterbuches 1979 aufgenommen wurde, weil in dieser Auflage erstmals eine große Anzahl von umgangssprachlichen und dialektalen Wörtern aufgenommen und durch eine verbindliche Schreibung im Österreichischen Wörterbuch sozusagen amtlich zugelassen wurde, kann man eigentlich sagen, dass die Spannung zwischen Hochsprache und Dialekt bzw. Umgangssprache bis heute erhalten geblieben ist. Außerdem ist das elterliche Bestreben, mit den Kindern „schön" zu sprechen, in den letzten Jahrzehnten auch auf dem Land zu beobachten.

4. Deutsche Hochsprache und Dialekt im 20.Jahrhundert

4.1. Deutsch als Nationalsprache

Im Norden wurde sehr bald das Niederdeutsche durch den Wechsel in das Hochdeutsche zurückgedrängt, die niederdeutschen Dialekte sind im Aussterben begriffen und werden von sprachpflegerischen Vereinen

---

[2] Anmerkung: Für das Burgenland trifft dieser Gegensatz Schriftsprache – Dialekt erst in jüngster Zeit zu. Hier haben wir eigentlich bis in die jüngste Vergangenheit eine andere Entwicklung als im übrigen heutigen Österreich. Durch die politische Zugehörigkeit des Burgenlands zu Ungarn bis 1921 fehlte die kulturelle Anbindung an die deutsche Hochsprache. Die Bildungs- und Amtssprache war Ungarisch. Die deutsche Hochsprache hat wohl kaum einen Einfluss auf das Sprechverhalten der ländlichen Bevölkerung ausüben können. Für die Erhaltung der konservativen alten Mundart insgesamt war dies aber von Vorteil. Die umgebenden Sprachen Ungarisch und Kroatisch haben den Wortschatz bereichert und auch die Aussprache einzelner Lautkombinationen beeinflusst.

„betreut". Durch den „Ersatz" des niederdeutschen Dialekts in Norddeutschland durch die Schriftsprache, die auch die Sprechsprache ist, gilt die norddeutsche Aussprache als Standard. Normverstöße sind daher dort auch sonst kaum möglich.

Anders ist die Lage im Süden. Die Schriftsprache erfordert quasi eine zweite Sprachausbildung in der Schule, wie auch der Lehrer Reichel schon in seinem Vortrag zur Jahrhundertwende festgestellt hat. Die gemeinhin gesprochene Sprache, sei es der heimatliche Dialekt oder die regionale Umgangssprache werden dagegen natürlich in der „Sprachumgebung" erlernt.

Im Süden des deutschen Sprachraums hält sich durch den selbständigeren Status der Bauern, die Entdeckung der alpenländischen Gebiete für den Tourismus, das ländliche mit dem städtischen Selbstbewusstsein die Waage. Die regionalen Dialekte waren die Sprache des Alltags, natürlich beeinflusst durch die beginnende Mobilität, die Schule, die Zeitungen und auch durch die zunehmende Vertrautheit mit der Hochsprache. Doch auch hier ertönen nach der Jahrhundertwende die ersten Rufe nach einer Dokumentation der alten Dialekte bevor sie verschwinden, wenn es z.B. im Aufruf zu einem Geleitwort zur Schaffung eines Bayerisch – österreichischen Wörterbuchs von 1911 heißt:

Man bedenke auch, daß das Verkehrsleben der Gegenwart bis in die abgelegensten Orte dringt und sie den Einwirkungen fremder Sprechweise aussetzt, denen die bodenständigen Formen erliegen; neue Sitten, neue Gebrauchsgegenstände kommen auf und verdrängen die althergebrachten, mit denen eine Menge mundartliches Sprachgut in Vergessenheit gerät. Auch in dieser Beziehung ist es hoch an der Zeit, das heute Lebendige und n o c h Lebendige zu verzeichnen.

Trotzdem wird in Österreich, vielleicht noch mehr in Bayern und besonders in der Schweiz der Dialekt geschätzt. In der Schweiz wird die Schriftsprache geschrieben, aber kaum gesprochen, dort ist der Dialekt die Alltagssprache aller Sozialschichten. Er wird höher eingestuft als die Schriftsprache.

Für Österreich wurden von Wiesinger (2003:207) Zahlen sprachsoziologischer Untersuchungen auf Grund von 1985 und 1991 ausgewertet.

Demnach beherrschen 79% der Österreicher den Dialekt, 21 % verneinen dies. 50% sprechen den Dialekt, 45% die Umgangssprache, 5 % hochdeutsch. Aus dem Gesamtergebnis folgert er, dass in Österreich der Dialekt in erster Linie die Alltagssprache der kleinen Leute auf dem Lande und in der Stadt ist und mit zunehmenden Sozial- und Bildungsstand der Dialekt als Alltagssprache zugunsten der Umgangssprache und in geringem Maß auch des Hochdeutschen abnimmt. Stark nimmt allerdings der Dialekt beim formellen Gespräch ab. Während mit dem Kollegen am Arbeitsplatz noch 41 % Dialekt sprechen, sind es mit dem Vorgesetzten nur mehr 22%. In Bayern gibt es schon einen „Förderverein Bairische Sprache und Dialekte". Zum Dialektabbau sind mir keine aktuellen Zahlen bekannt, aber die Beiträge in den Oberviechtacher heimatkundlichen Beiträgen haben im Band 6/2003 zur Situation des Dialekts in Schule und Gesellschaft durchwegs alle drastischen Dialektabbau bzw. Umbau seit dem Ende des 2. Weltkriegs festgestellt, besonders massiv bei der Jugend.

Mag sein, dass der Dialektbegriff bei den österreichischen Untersuchungen nicht so eng definiert oder interpretiert wurde, wie es in Bayern geschieht, mag aber auch sein, dass bei uns die Mobilität der Einwohner nicht so groß ist wie in Bayern. Denn wenn am Arbeitsplatz, in der Ortsgemeinschaft jeder zweite aus anderen Dialekträumen zuwandert, dann wird auch der informelle Gebrauch des Dialekts unmöglich und man weicht auf die umgangssprachliche, notfalls sogar hochsprachliche Variante aus.

Mag aber auch sein, dass das Bairische in Bayern hier ins Spannungsfeld Hochsprache – Umgangssprache gerät. Für den Nationalstaat Bundesrepublik Deutschland gilt die norddeutsch ausgerichtete Hochsprache als Norm, alle Abweichungen werden in den Standardwörterbüchern als „süddeutsch, österr." usw. markiert.

4.2. Die österreichische Varietät des Deutschen

Wir haben es in Österreich leichter als die Bayern. Man mag zu manchen Einträgen im Österreichischen Wörterbuch stehen wie man will, aber seit 1951 erscheint im Auftrage der BM für Unterricht das österreichische Wörterbuch, das die „zielbewußte Pflege des österreichischen Geistes und schärfste Betonung des eigenständigen Kulturgutes" laut dem 1945 veröffentlichten Kulturprogramm zum Ziel hat. Das österreichische

Wörterbuch weist in Österreich gebräuchliche Aussprache und vom Bundesdeutschen Standard abweichende Austriazismen aus und legt eine zumindest für die Schule verbindliche Norm auch für Wörter fest, die in anderen deutschen Wörterbüchern fehlen. Diese Austriazismen sind unser kulturelles sprachliches Erbe, in der Regel Wörter aus dem Bairischen, vereinzelt auch aus dem Alemannischen. Während bairische Regionalismen in Bayern als Substandard, als Umgangssprache des Hochdeutschen der BRD gelten, sind Bajuwarismen und Regionalismen im bairisch-österreichischen Sprachraum Bestandteil der österreichischen Hochsprache, einer nationalen Varietät des Deutschen.

5. Zusammenfassung

Es besteht kein Zweifel, dass wir auf dem Weg von der ursprünglichen Einsprachigkeit früherer Zeiten über die Auffächerung in „Stammesmundarten" und die darauf folgenden ausgleichenden Varianten der Schriftsprache zur standardsprachlichen Einsprachigkeit in näherer oder noch fernerer Zukunft sind, doch auf dem Weg dorthin begegnen wir hoffentlich noch vielen Ortssprachen, die sich in Umgangs-, Regionalsprachen eingliedern und diesen Trend auffangen. Die aktive Auseinandersetzung mit der sprachlichen Identität innerhalb einer Sprachgemeinschaft kann auch der Sprache selbst neue Impulse und neuen Stellenwert innerhalb einer Sprachlandschaft geben.

Hianzisch ist ein sprachlandschaftliches Identifikationssignal, ein Symbol für die sprachliche Zusammengehörigkeit einer Region und *Tuits na tuits* das Motto für viele ehrgeizige Projekte des Hianzenvereins. Die Dokumentation dieser Sprache und die wissenschaftliche Analyse zur Herkunft der einzelnen Wörter werden die gesellschaftliche und wirtschaftliche Entwicklung dieses Sprachraumes widerspiegeln. Sie sind nicht nur Speicherung verklungener Wörter, Wissen über Arbeitsvorgänge und Gegenstände vergangener Zeiten, Veränderungen, Ausgleich in Laut- und Wortbestand, sondern auch wichtige Zeugen für die Spurensuche sprachlicher und kultureller Identität.

Zusammenfassung der Diskussion:

1. Die Rolle des Ungarischen im Schulunterricht

In der anschließenden Diskussion wurde die Rolle des Ungarischen im Schulunterricht von Teilnehmern aus eigener Erinnerung bzw. Erzählungen der Eltern, Großeltern unterschiedlich eingestuft. Die Meinungen gingen weit auseinander, von keinem Einfluß bis es war verboten, deutsch zu sprechen.

2. Der Gebrauch umgangssprachlicher und dialektaler Wörter und Redewendungen:

Von Lehrern wurde einerseits der Gebrauch umgangssprachlicher und dialektaler Wörter und Redewendungen thematisiert und andererseits die Frage aufgeworfen, wie der alte Dialekt in unserer Mediengesellschaft bewahrt werden kann.

Die Fragen wurden dahingehend beantwortet, dass, soweit es sich um Austriazismen handelt wie z. B. *Kipferl, Trottel, Keusche* usw. diese Wörter wertfrei verwendet werden sollten, außerdem sind sie unmarkiert im Österreichischen Wörterbuch verzeichnet. Wenn Mundartwörter als stilistische Mittel in den Aufsatz einfließen, sollten sie toleriert werden. Auch dazu bietet das österreichische Wörterbuch orthographische Richtlinien mit dem Vermerk „landschaftlich, mundartlich" an, wie z.B. *der Butter* (statt *die*), *Hackler, büseln, Kelch* (für Kohl) usw.

3. Zur –ui- Mundart:

Woher sie komme und warum in Oberschützen die ui-Mundart gesprochen werde, in Unterschützen aber nicht.

Das auffallende Dialektmerkmal wird in Wörtern wie *Bluit, Muida, Huit, Fuida* gesprochen. Dieses mundartliche –*ui*- geht auf mittelhochdeutsch -*uo*- zurück. Im 13. Jahrhundert wurde dieses –*uo*- im gesamten bairischen Sprachraum mittelgaumig ausgesprochen, etwa –*üe*-, das sich allmählich zu -*ui*- verändert hat. Auch in Urkunden taucht diese Schreibung auf. Von Wien ausgehend wurde diese Aussprache durch die „modernere" Aussprache –*ua*- allmählich in den Mundarten ersetzt. Nur beharrliche, konservative Mundartgebiete an den „Rändern" des bairischen Sprachgebietes haben diese –*ui*- erhalten: im Norden im nördlichen

Waldviertel, Weinviertel, Südmähren und Brünn. Im Osten vereinzelt um Preßburg, fast im gesamten Burgenland und rund um Hartberg in der Steiermark; räumlich isoliert trifft man es im Süden noch im Pustertal und der Sprachinsel Pladen an.

Für Unterschützen sollte untersucht werden, ob die ui-Mundart früher nicht doch gesprochen wurde. Bei einer genauen Analyse vieler Wörter könnte man alte Restformen herausfiltern. Andererseits kann die Ortsgeschichte hier weiterhelfen, wenn es tatsächlich mehrere Einwanderungen aus anderen Regionen in den letzten Jahrhunderten gegeben hat, wäre es möglich, daß dieser Ort schon sehr früh die „moderne" Aussprache des – ua- angenommen hat.

Die Anregung der Gäste aus Westungarn, ein Lehrbuch für die ui-Mundart im Unterricht zu schreiben, wurde als schwieriges Unterfangen diskutiert. Es gibt schon pädagogische Hilfsmittel für den Unterricht von Minderheitensprachen wie z.B. den niederdeutschen Dialekten oder den oberitalienischen zimbrischen Dialekten. Bevor man für den hianzischen Dialekt Westungarns schriftliche Unterlagen erarbeiten kann, muß man den Wortschatz und die Grammatik der Mundart erheben, etwaige Unterschiede zwischen den einzelnen Dörfern herausarbeiten und daraus ein Alphabet für die Schreibung der Mundart fixieren. Wie wir aus der Mundartdichtung wissen, ist dies sehr schwierig.

Literatur:

EICHINGER, Ludwig (2003): Dialekt zwischen Sprachpflege, Sprachpolitik und Sprachwissenschaft. Dialekte und die deutsche Sprachgeschichte. In: Oberviechtacher Heimatkundliche Beiträge. Eine Jahresschrift. Hgg. vom Heimatkundlichen Arbeitskreis e.V., Bd. 6, Oberviechtach 2003. S. 49-65

GOETHE, Johann Wolfgang von (1897): Werke. Hgg. im Auftrag der Großherzogin Sophie von Sachsen. [Reprint] München:dtv

KNOOP, Ulrich (1997): Wörterbuch deutscher Dialekte. Eine Sammlung von Mundartwörtern aus zehn Dialektgebieten im Einzelvergleich, in Sprichwörtern und Redenwendungen. Bertelsmann Lexikon Verlag, Gütersloh 1997.

OBERVIECHTACHER HEIMATKUNDLICHE BEITRÄGE. Eine Jahresschrift. Hgg. vom Heimatkundlichen Arbeitskreis e.V., Bd. 6, Oberviechtach 2003.

REICHL, Rudolf (1892): Mundart und Schriftsprache. In: Pädagogische Zeitschrift. Organ des steiermärkischen Lehrerbundes 25/15 (1892) , S. 266-299.

WIESINGER, Peter (2003): Dialekt in Österreich. In: Der Turmbau zu Babel. Ursprung und Vielfalt von Sprache und Schrift. Bd.2. Sprache. Ausstellungsband Schloß Eggenberg), S. 205-209.

In: Muhr, Rudolf/Schranz, Erwin/Ulreich, Dietmar (Hrsg.) (2005): Sprachen und Sprachkontakte im pannonischen Raum. Das Burgenland und Westungarn als mehrsprachiges Sprachgebiet. Peter Lang Verlag. Wien u.a., S. 163-178.

Martin STEGU

(Wien, Österreich)

Dialekt aus sprachwissenschaftlicher und „Laien"-Sicht

0. Einleitung

Ursprünglich war der diesem Artikel zugrunde liegende Vortrag mit dem Titel „Dialekt aus sprachwissenschaftlicher Sicht" angekündigt. Wenn ein „Experte" zu einem Vortrag gebeten wird, ist es ja in erster Linie die „Expertensicht", die interessiert. Der Laie wird denken: „Was ich über das Fachgebiet X weiß, ist mir ohnehin klar. Ich will ja mehr und besser darüber Bescheid wissen – nur von der Expertenmeinung kann ich etwas lernen." Der Laie stellt sich vor, dass letzten Endes nur „die" wissenschaftliche Sicht zählt und sein eigenes – unvollständiges, ungenaues usw. – Wissen irrelevant und für die Wissenschaft uninteressant ist.

So einfach ist das Verhältnis zwischen Experten- und Laiensicht allerdings nicht, zumal es einerseits nicht einfach „die" wissenschaftliche Sicht auf die verschiedenen Objektbereiche unserer Welt gibt und es sich auch beim Verhältnis zwischen diesen Sichtweisen eher um ein Kontinuum als um zwei total getrennte und konträre Bereiche handelt. Darüber hinaus können auch typische „Laienmeinungen" selbst wieder Objekt wissenschaftlicher Erkenntnis werden – so bestehen allgemeine Untersuchungen zu „Laientheorien" (oft auch „subjektive Theorien" genannt), und auch innerhalb der Sprachwissenschaft hat sich in den letzten Jahren eine sogenannte „Laienlinguistik" etabliert (vgl. Antos 1996; Kallenbach 1996).

Auch wenn Art und Grad ihrer Auswirkung auf den Gebrauch von Sprachvarietäten, darunter von Dialekten aber auch Minderheitensprachen, noch nicht gänzlich erforscht ist, besteht kein Zweifel, dass Laienmeinungen, d.h. das Wissen über bzw. die Einstellung zu diesen Varietäten seitens der betroffenen Sprecherinnen und Sprecher, Konsequenzen für deren Gebrauch mit sich bringen. Ganz einfach und direkt formuliert würde das heißen: Das weitere Schicksal des hianzischen Dialekts hängt damit zusammen, was die (realen und potentiellen) Hianzisch-SprecherInnen von ihrem Dialekt halten!

Im Verlauf dieses Beitrags soll einmal kurz vorgestellt werden, was Sprachwissenschaft überhaupt ist und will, und in welcher Weise sich neuere sprachwissenschaftliche Tendenzen auf die Erforschung von Dialekten auswirken. Schließlich sollen typische Laienauffassungen von Sprache linguistischen Theorien gegenüber gestellt werden, um dann die Möglichkeiten, aber auch Grenzen einer Synthese dieser Haltungen aufzuzeigen.

1. Was ist und will Sprachwissenschaft?

Wenn hier kurz die Sprachwissenschaft vorgestellt werden soll, geschieht dies eigentlich auch auf dem Hintergrund von Laienmeinungen, die es natürlich nicht nur zu Sprache, sondern auch zu Sprach*wissenschaft* gibt. Dabei fällt aber auf, dass Laien über viele andere Disziplinen viel besser Bescheid wissen als über Sprachwissenschaft.

Wenn man sagt, man sei Sprachwissenschaftler, lautet meist die erste Frage: „Welche Sprache?" Ich gebe zu, dass ich mich selbst vor allem mit romanischen, in früheren Zeiten auch viel mit slawischen Sprachen beschäftigt habe; es gibt aber auch eine Sprachwissenschaft, die sogenannte „allgemeine Sprachwissenschaft", die nicht an bestimmte Sprachen gebunden ist und sich eher für Aspekte interessiert, die sozusagen für alle Sprachen oder für das Phänomen „Sprache als solche" gelten. Wenn sich der Germanist besonders mit deutschen Dialekten, der Romanist mit Dialekten des Französischen, Italienischen usw. befasst, interessiert sich der allgemeine Sprachwissenschaftler für das Phänomen „Dialekt an sich", vor allem natürlich in seiner Abgrenzung zu Standard- und Umgangssprache bzw. anderen Sprachvarietäten. Natürlich besteht immer ein gewisses komplementäres Verhältnis zwischen den Interessen allgemeiner und „spezieller" Sprachwissenschaftler: auch der allgemeine Sprachwissenschaftler muss immer von konkretem Sprachmaterial ausgehen und auch der germanistische, romanistische, slawistische usw. Linguist kommt in seinen Untersuchungen zu Erkenntnissen, die über den spezifischen Fall weit hinausreichen.

Neben dem deutschen Ausdruck „Sprachwissenschaft" ist bekanntlich auch der Terminus „Linguistik" üblich. Im Grunde haben die beiden

Wörter die gleiche Bedeutung, es hat andererseits manchmal Versuche gegeben, die Bedeutungen etwas voneinander abzugrenzen; „Sprachwissenschaft" sei eher der allgemeinere Ausdruck, „Linguistik" beziehe sich auf modernere, oft auch sehr formal gestaltete Grammatiktheorien. Der Unterschied ist eigentlich eher stilistisch bzw. sind andere Assoziationen damit verbunden – Linguisten nennen das „andere *Konnotationen*" –: „Sprachwissenschaft" kann u.U. ein wenig veraltet und verstaubt klingen, „Linguistik" moderner, aber auch technischer.

Im Grunde ist es ein ähnlicher Unterschied wie der zwischen „Dialekt" und „Mundart", es handelt sich um synonyme, also gleichbedeutende Wörter, nur hat man damit andere gefühlsmäßige Assoziationen oder Konnotationen: Dialekt klingt irgendwie wissenschaftlicher (es ist ja auch ein Fremdwort!), Mundart klingt etwas heimatverbundener und dadurch vielleicht auch etwas konservativer. Es hat aber auch Versuche gegeben, den beiden Ausdrücken eine verschiedene Bedeutung zuzuweisen, etwa durch einen der Gebrüder Grimm: Dialekt – großräumiger, Mundart – mehr lokal gesehen. Ursprünglich bestand auch der Unterschied zwischen der beinahe ausschließlichen mündlich gebrauchten „*Mund*art" im Gegensatz zur überregional verwendeten „*Schrift*sprache".

Womit beschäftigt sich nun also die Sprachwissenschaft? Viele denken da zu erst einmal an historische Sprachwissenschaft; wie wurden aus Latein die romanischen Sprachen, wie hängen die einzelnen indogermanischen Sprachen historisch miteinander zusammen; ein besonderes Interesse bildet hier die sogenannte Etymologie – woher die einzelnen Wörter kommen und wie sie sich im Laufe der Zeit verändert haben; auch bezüglich Dialekten gibt es natürlich diese Sichtweise, das besondere Interesse für dialektalen Wandel. Lange Zeit hat man sich nicht nur für diese historischen Aspekte besonders interessiert, sondern innerhalb dieser – wenn man jetzt von *Bedeutungs*veränderungen absieht – für die Laute, etwa wie wird aus p ein (behauchtes) ph, dann ein pf, und schließlich eventuell nur ein f. Man denke nur an pipe – Pfeife (in vielen deutschsprachigen Gegenden inzwischen „Feife" ausgesprochen!), aber ähnliche Prozesse haben sich auch im Griechischen abgespielt wo aus „philosophia" (ursprünglich mit zwei stark behauchten p-Lauten) „filosofia" geworden ist.

Die moderne Sprachwissenschaft befasst sich auch und vor allem mit Sprachen (und auch von Dialekten) im *Jetzt*zustand, als Struktur oder System. Die Interessensgebiete haben sich hier immer mehr ausgeweitet, von den Lauten (die Sprachwissenschaftler legen übrigens großen Wert auf die Unterscheidung von Lauten und Buchstaben – Buchstaben *schreibt* man nur, *gesprochen* werden die „Laute"), von den Lauten also zu den Wörtern bzw. Wortbestandteilen (sogenannten Morphemen; die Wortform „Lauten" besteht z.B. aus den Morphemen „laut", „e" und „n") zu Wortgruppen, von diesen zu ganzen Sätzen, und von diesen Sätzen schließlich zu ganzen Texten.

Lange Zeit war die Analyse von Sätzen, die sogenannte Syntax, das Non-plus-ultra linguistischer Arbeit; es sei hier auf einen der bekanntesten zeitgenössischen Linguisten, den Amerikaner Noam Chomsky, verwiesen, der ein sehr formales Grammatikmodell entworfen hat, die sogenannte generative Transformationsgrammatik (vgl. Chomsky 1970). Mit dem Schritt vom Satz zum Text wurde dann der traditionelle Objektbereich der Linguistik endgültig überschritten; vom Interesse an der bloßen Struktur hin zum Interesse an der Struktur-in-Verwendung, „language-in-use". Hier drängt sich noch ein anderes wichtiges Fremdwort auf, das für die Sprachwissenschaft immer wichtiger geworden ist, nämlich: die Pragmatik.

Das ist im Zusammenhang mit Sprache jene Ebene, in der untersucht wird, wie Sprache *verwendet* wird – nicht welche formalen Strukturen sie hat, welche Bedeutungen abstrakt vorliegen (mit der Bedeutungsebene in der Sprache beschäftigt sich übrigens die Semantik), sondern wie Sprache in authentischen Kommunikationskontexten eingesetzt wird.

Ein bestimmtes Tier heißt z.B. Pferd, Gaul oder Ross, diese Bezeichnungen wären rein semantisch gesehen synonym, aber sie haben einen verschiedenen pragmatischen – traditionell hätte man auch gesagt: stilistischen – Effekt. (Interessant ist gerade der Ausdruck „Ross", der ja rein hochsprachlich eher einer sehr gewählten Stilebene angehört, wo aber auch Assoziationen bzw. Interferenzen mit dem im Dialekt üblichen Aussprachevarianten dieses Worts auftreten können.)

Unterschiede zwischen „Guten Tag, wie geht es Ihnen?" „Grüß Gott, wie geht es Ihnen", „Grüß Sie, wie geht es Ihnen", sowie ferner „Servus / Servas/Sers wie geht's dir?" „Griassdi wie geht's dir?" „Hallo, wie geht's dir?" usw. sind nicht semantisch, sondern nur pragmatisch zu erklären.

Und hier sind wir ja schon wieder beim Dialekt angekommen – heute geht es nicht mehr allein um die Fragen, wie ein Dialekt früher ausgeschaut hat, wie er gerade jetzt noch klingt (und dies möglichst rein, unverfälscht – am besten bei sehr alten Leuten zu erfragen ...), sondern wie Dialekt tatsächlich heute gebraucht wird.

Dieses Ausweiten des traditionellen Erkenntnisbereichs der Sprachwissenschaft hat eine Öffnung bzw. offene Übergänge zu anderen Disziplinen mit sich gebracht; wenn wir uns auch für die non-verbale, also nichtsprachliche Kommunikation interessieren, kommt die sogenannte Semiotik oder Zeichenwissenschaft ins Spiel, sonst die Kommunikationswissenschaft (als Schwesterdisziplin der Publizistik vor allen an Kommunikation *via* Medien interessiert), und natürlich auch Psychologie und Soziologie.

Die Öffnung gegenüber der Soziologie hat eine eigene Teildisziplin in der Linguistik geschaffen, die sogenannte Soziolinguistik, die die traditionelle Dialektologie ziemlich revolutioniert hat. Die Soziolinguistik untersucht Zusammenhänge zwischen sozialen und sprachlichen Faktoren, und es ist allgemein bekannt, dass zwischen Dialektverwendung und sozialer Zugehörigkeit starke Wechselbeziehungen bestehen; diese Beziehungen schauen aber immer anders aus: in einer Großstadt anders als auf dem Land, in Österreich anders als in Norddeutschland usw. In der Schweiz ist die Situation hingegen eine ganz besondere, weil dort der soziale Faktor nur eine sehr untergeordnete Rolle spielt und das Schwyzerdütsch von *allen* sozialen Schichten praktisch in *allen* Kommunikationssituationen, von ganz wenigen Ausnahmen abgesehen, verwendet wird.

In den meisten Fällen ist jedoch Dialekt immer auch ein Soziolekt; manche Sprecher und Sprecherinnen sind eher in ihrem Soziolekt gefangen, und beherrschen nur diesen, andere haben das Privileg, dass sie je nach Situation und Kommunikationspartner zwischen verschiedenen Soziolekten bzw. Sprachvarietäten hin- und herwechseln können.

Die vorhin erwähnte Ausweitung des Objektbereichs hat auch eine Aufwertung einer Art von Sprachwissenschaft gebracht, die als „angewandte Sprachwissenschaft" oder „angewandte Linguistik" bezeichnet wird. Die angewandte Linguistik nimmt sich vor, Beratung in sprachlichen und überhaupt kommunikationsbezogenen Fragen zu geben; ursprünglich ging es da eher um fremdsprachenbezogene Fragen, aber inzwischen ist die muttersprachenbezogene angewandte Linguistik fast ebenso prominent, wenn nicht noch prominenter als die fremdsprachenbezogene.

Das Problem ist leider nur, dass die angewandte Linguistik keine Patentantworten anbieten kann, wie sie oft von „Laienpublikum" erwartet wird. Genauso wenig wie es „die Sprachwissenschaft schlechthin" gibt – je besser man die linguistische „Szene" kennt, wird man die Vielfalt und auch Widersprüchlichkeiten verschiedener sprachwissenschaftlicher Schulen und Strömungen feststellen –, existiert keine vollkommen einheitliche angewandte Linguistik, die in der Lage wäre oder auch das Recht hätte, allgemein gültige und eindeutige Empfehlungen abzugeben – etwa wie z.B. lokale Dialekte gepflegt werden sollten bzw. ob dies überhaupt sinnvoll sei.

Aber das gilt ja für andere Disziplinen genau so: Es ist ja auch nicht Aufgabe „der" Atomphysik uns zu sagen, ob jetzt Atomkraftwerke sinnvoll sind oder nicht. Auch die Politologie sagt uns nicht, welche Partei wir wählen sollen usw.

Die Wissenschaft lässt uns manche Dinge (hoffentlich!) besser verstehen, aber manche Entscheidungen sind einfach nicht einer externen, angeblich objektiven Instanz zu überlassen, sondern sie müssen von uns als autonome Bürgerinnen und Bürger getroffen werden – gewisse Verantwortungen können und dürfen nicht ganz einfach abgeschoben werden.

Die Wissenschaft ist primär außerdem immer „deskriptiv", d.h. sie beschreibt vor allem einen Zustand, wie er *ist* und nicht wie er sein *soll(te)*. Einige Wissenschaften, wie etwa die Rechtswissenschaft oder die – an eine bestimmte Konfession gebundene – Theologie haben eine besondere Nähe zum „Sollen" bzw. zu Präskriptivität und Normativität. Auch LinguistInnen können von der Gesellschaft beauftragt werden, Normen festzusetzen – man denke an die Schaffung neuer Schriftsprachen (vgl. die Entstehung der serbokroatischen Schriftsprache im 19. Jahrhundert und die nunmehrige Entwicklung getrennter Normen für das Kroatische, Serbische und Bosnische bzw. die auch bereits längere Zeit laufende Diskussion um eine eigene burgenländisch-kroatische Norm) oder auch an die immer heiß diskutierten Rechtschreibreformen, von denen wir erst unlängst eine im deutschsprachigen Raum erleben durften. Trotz allem: der Schritt von der Deskriptivität zur Normativität ist und bleibt vielfach ein problematischer, und wenn sich auch WissenschaftlerInnen vielfach zu gewissen

Tagesmeinungen äußern, so tun sie es vielfach nur als mit einem mehr oder minder soliden Fachwissen versehene „BürgerInnen" und nicht direkt „im Namen der Wissenschaft".

Die Erkenntnistheorie weist darauf hin, wie schwierig es bereits ist, Dinge und Verhältnisse zu beschreiben, wie sie „sind"; um wie viel schwieriger ist es noch – wissenschaftlich fundiert – Regeln und Gesetze daraus abzuleiten, an die sich dann die Gesellschaft zu halten hätte. Außerdem gibt es für die Wissenschaft noch immer so viele Dinge zu erforschen, „wie sie sind", bevor sie selbst vorschnelle Ratschläge erteilen sollte, wie die Gesellschaft sich zu verhalten habe. (Dies schließt nicht aus, dass in anderen Bereichen der Gesellschaft – aber eben außerhalb der eigentlichen Wissenschaft – derartige Entscheidungen getroffen werden müssen.)

Natürlich ist es irgendwie legitim, von einer Disziplin wie der angewandten Linguistik zu erwarten, zu der Zukunft regionaler Dialekte Stellung zu nehmen. Trotzdem ist auch hier noch so viel grundlegende, beschreibende Forschung zum Jetztzustand des Gebrauchs von Dialekten – und damit des Hianzischen – notwendig, um Prognosen zu erstellen und somit auch Vorschläge für die Zukunft unterbreiten zu können. Die augenblicklich wirklich relevanteste Fragestellung der auf Dialekte / auf das Hianzische bezogenen angewandten Linguistik ist für mich daher nicht: „Wer spricht die reinste und schönste Variante des Hianzischen, wie schaut diese aus und wie können wir sie auf alle Fälle erhalten?" sondern: „Wer spricht heutzutage in einem konkreten uns interessierenden geografischen Raum mit wem in welcher Situation über welches Thema aus welcher Motivation in welcher zur Verfügung stehenden Sprachvarietät?"

2.   Unterschiede zwischen sprachwissenschaftlichen und nicht-sprachwissenschaftlichen Auffassungen von Sprache

Wir wollen hier wieder auf unsere Überlegungen vom Beginn zurück kommen, dass offensichtlich Diskrepanzen darin bestehen, wie LinguistInnen und wie „Laien" (also Nicht-LinguistInnen) über Sprache denken, dass aber auch diese Laienmeinungen von Interesse für die (Sprach-) Wissenschaft sein können. Wie bereits angedeutet, gibt es auch innerhalb der Sprachwissenschaft die verschiedensten Schulen, und es würde bestimmt die Möglichkeiten auch eines größeren Forschungsprojekts übersteigen, tatsächlich *alle* realen und potentiellen linguistischen Theorien ebenso *allen* existierenden und denkbaren Laienmeinungen gegenüber zu stellen.

Trotzdem lassen sich bestimmte Eigenheiten von „Laienlinguistik" in einem ersten Eindruck feststellen, die im Folgenden kurz beschrieben werden sollen. Laien sind im Allgemeinen eher konservativ (wobei sich das jetzt nur auf das Sprachliche beziehen soll ...) – sprachliche Veränderungen, obwohl es sie zumindest seit dem Turmbau von Babel gibt und es sie wohl auch bis zum Untergang der Menschheit geben wird, werden stets mit Argwohn beobachtet. Sprachliche Veränderungen bringen angeblich auf jeden Fall Verschlechterungen. Das ist oft mit einem umfassenden Kulturpessimismus verbunden, etwa in der Meinung, die vielen englischen Ausdrücke würden unser Deutsch und unsere gesamte Kultur bald total umbringen; man vergisst dabei, dass ja das Englische selbst zu einem großen Teil voll mit romanisch-französischen Wortschatzelementen ist.

Ich will gewisse Befürchtungen hier nicht lächerlich machen; gerade die Rolle des Englischen in unserer Epoche der Globalisierung ist ein Problem, sicher auch für die kleineren Sprachen und deren Dialekte; trotzdem sind viele Befürchtungen von Laien oft irrational.

Dieser theoretische Konservativismus steht in gewissem Widerspruch zum praktischen Innovativismus, zu der Kreativität, die ja diesen stetigen Sprachwandel verursacht und über die ja v.a. junge Leute verfügen, aber nicht nur diese. Auch ältere Leute haben irgendwelche Sprachbesonderheiten an sich, deren sie sich gar nicht bewusst sind und die aber der Anfang von künftigen größeren Sprachveränderungen sein können. Jede sprachliche Veränderung war zunächst einmal ein sprachlicher Fehler, ein Normverstoß, oder, etwas milder ausgedrückt: eine sprachliche Marotte. Irgendwer war der erste, der „Pfeife" gesagt hat und nicht – sagen wir - „pheiphe".

Die Sprache kann sich *deshalb* grundsätzlich verändern – und ich denke da jetzt einmal an lautliche Prozesse –, weil die Lautform ja an sich überhaupt nichts mit dem von ihr bezeichneten Gegenständen zu tun hat, wenn man jetzt von Fällen wie Kuckuck und Uhu absieht. Ob ich einen bestimmten Gegenstand „pipe" oder „peipe", „pfeife" oder „feife" oder auch überhaupt ganz anders, sagen wir „plip-plop" nenne, ist vollkommen willkürlich. Es gibt keine Lautformen, die für die Dinge dieser Welt als Etiketten sozusagen naturgegeben vorgesehen wären. Laien sehen das im

Allgemeinen nicht so, für diese herrscht die Sicht einer quasi-magischen Verbindung von Form und Inhalt eines Wortes, und jede Veränderung von Lautform und Inhalt kann daher zu Irritationen führen.

Für Laien ist es ferner oft schwierig, zwischen „Beschreibung" und „Wertung" zu unterscheiden, für sie ist gleich etwas „gut" oder „falsch", „schön" oder „hässlich", die Wissenschaft will zunächst einmal – so weit es eben möglich ist – Phänomene wertfrei beschreiben und dann in einer weiteren Phase ebenso möglichst wertfrei beschreiben, wieso die Menschen zu bestimmten Werturteilen kommen. Sprachen und Dialekte haben interessanterweise bei den eigenen Sprechern mitunter ein sehr hohes, oft aber auch ein sehr niedriges Prestige; Ähnliches gilt auch bei der Einschätzung anderer Dialekte und Sprachen (wo als zusätzliches Problem auftritt, dass bei der Beurteilung anderer Sprachen oft eher die Sprecher dieser Sprachen – natürlich meist mit Hilfe von Stereotypen - beurteilt werden). Das Prestige von Sprachen und Dialekten hängt übrigens sehr mit sozioökonomischen Faktoren zusammen, aber nicht nur ausschließlich mit diesen.

Im Zusammenhang mit dem Problem „Beschreibung" und „Bewertung" besteht bei Laien ganz allgemein eine stark puristische oder präskriptivistische (siehe weiter oben!) Sicht der Dinge bzw. eine derartige Erwartung an die Wissenschaft, in unserem Fall die Sprachwissenschaft. Was heißt das? Varianten und Abweichungen verursachen ein gewisses Unbehagen, und die Sprachwissenschaft sollte jetzt immer und überall eine eindeutige Antwort liefern, welche Form „*die* richtige" ist, z.B. „Heißt es jetzt ‚wegen Urlaub geschlossen' oder ‚wegen Urlaubs geschlossen'? Die nicht ausgeschlossene Antwort „Beide Varianten sind möglich, weil sie eben beide verwendet werden." verunsichert, weil diese puristische Sicht (es muss eindeutig zwischen richtig und falsch unterschieden werden) meist auch mit einer „monistischen" Sicht verbunden ist. „Monistisch" verwende ich als Gegensatz zu „plural" oder „pluralistisch": das Wort bezeichnet die von Laien sehr oft geäußerte Überzeugung, es könne nur immer *eine* Lösung, nur *einen* Weg geben. Ich würde aber gerade sagen, dass die sprachliche und kommunikative Realität deshalb so interessant ist, weil sie so vielfältig ist, weil sie offene Übergänge hat.

3. Die sprachliche Realität – eine Realität offener Übergänge

Offene Übergänge bzw. Kontinua sind überhaupt etwas Faszinierendes. Da gibt es eine weitere Einsicht, die uns Sprachwissenschaft und Sprachphilosophie gelehrt haben: Laien nehmen meist an, es gebe die Gegenstände bzw. Kategorien dieser Welt schon vorgegeben, und die verschiedenen Sprachen stellten dann nur verschiedene Etiketten zur Verfügung: es gibt z.B. die Kategorie „Tische", und diese nennt man dann engl. table, franz. table, spanisch mesa, russ. stol usw.

So einfach ist das aber nicht – nicht nur die Wirklichkeit beeinflusst unsere Sprache, sondern auch unsere Sprache beeinflusst unsere Interpretation der Wirklichkeit. So unterscheiden z.B. schon im Möbelbereich Deutsche zwischen Stühlen und Sesseln (und sehen da auch zwei eindeutig zu unterscheidende Kategorien), während wir da eigentlich nur eine einzige Kategorie, bestenfalls in zwei Spielarten wahrnehmen.

Besonders interessant ist in diesem Zusammenhang das Farbenspektrum, auch nichts anderes als ein einziges großes Kontinuum, das tatsächlich von den verschiedensten Kulturen und Sprachen verschieden eingeteilt wird. Dort wo ich „blau" sage und sehen will, dort sehe ich auch blau und nicht grün; andere Sprachen haben z.B. nur eine einzige Farbbezeichnung für blau und grün.

Im Bewusstsein der Allgegenwart von Kontinua wird es uns nicht überraschen, dass auch die Abgrenzung von Dialekt und Hochsprache (oder Standardsprache, Schriftsprache ...) nicht eindeutig zu vollziehen ist und hier auch verschiedenste Zwischenstufen unterschieden werden können. Allgemein bekannt ist die Zwischenebene der „Umgangssprache", aber Knetschke/Sperlbaum 1967 unterscheiden z.B. gleich sechs Schichten gesprochener Alltagsprache: Vollmundart – Halbmundart – Regionalmundart – landschaftlich gefärbte Umgangssprache – landschaftliche Bildungssprache – genormte Hochlautung geschulter Berufssprecher.

Theoretisch könnte man auch diese Kategorien in zig weitere Subkategorien unterteilen, was uns aber prinzipiell nicht weiter beunruhigen wird – weil wir wissen, dass es sich eben um ein Kontinuum handelt, dessen Aufteilung immer einen ziemlichen Grad an Willkürlichkeit aufweist.

Wir haben es eigentlich mit Kontinua in mehreren Richtungen zu tun, vertikal und horizontal – vertikal der erwähnte Übergang zwischen

Standardsprache und Dialekt mit verschiedenen Zwischenstufen, horizontal der Übergang zu benachbarten verwandten Sprachvarietäten, also zum Steirischen, zum Niederösterreichischen, zu anderen burgenländischen Dialekten, die nicht als hianzisch im engeren Sinn bezeichnet werden usw.

Schauen wir uns ein kleines von mir ausgedachtes Beispiel an, in dem ich übrigens aus Einfachheitsgründen auf eine genaue phonetische Umschrift verzichte:

Er ist ein guter Junge.	Er is a guter Bua.
Er ist ein guter Bub.	Er is a guada Bub. (?)
Er ist'n guter Bub.	Er is a guada Bua.
Er iss'n guter Bub.	Er is a guida Bui.
Er is a guter Bub.	

Die erste Variante ist die in Deutschland übliche („Junge"); die traditionelle österreichische hochsprachliche Variante ist „Bub". Trotzdem dringen ja v.a. durch die Massenmedien (gemeinsame Fernsehsendungen, Kabel- und Satellitenfernsehen) immer mehr „Teutonismen" auch nach Österreich, und so ist ein vor einigen Jahrzehnten noch ziemlich verpöntes „tschüss" auch bei uns immer mehr verbreitet. In ähnlicher Weise ist wohl auch bei uns „Junge" bereits als Parallelform von „Bub" (und „Bursch" u.ä.) anzusehen. Auch hier haben wir es also mit offenen Grenzen und Übergängen zu tun.

Standardsprachliche Formen erhalten schließlich oft Parallelformen, die durch sogenannte Schnellsprech- oder Allegroregeln, man könnte auch sagen: durch Abschleifen, entstehen, aber selbst noch nicht dialektal sind. An einem gewissen Punkt erfolgt dann das Umkippen ins Dialektale, wenn etwa „ein" nicht durch eine gekürzte Variante, sondern durch die eigentlich ganz anders geartete Form „a" ersetzt wird. Es gibt natürlich auch hier Fälle, wo die Entscheidung „abgeschliffene standardsprachliche Form" oder „echte dialektale Form" nicht eindeutig entschieden werden kann. Ein sehr klarer Fall liegt etwa im Fall des Pronomens 1. Person Plural vor, wo es verschiedene Abschleifungen von „wir" geben mag, der Wechsel zu „mia" aber eindeutig einen Wechsel hin zum Dialekt bedeutet.

Ich kann und will nicht die oben angeführten Varianten alle einzeln kommentieren und erklären; es geht mir nur darum zu zeigen, dass wir es mit den verschiedensten Übergangsstufen und auch den verschiedensten

Kombinationsmöglichkeiten zu tun haben können (wenn auch die eine oder andere auf den ersten Blick etwas sonderbar wirken mag).

Für das Hianzische interessant ist natürlich der Vergleich der ua- und der ui-Variante. Hier geht es mir übrigens nicht um den Vergleich des Hianzischen etwa mit dem Niederösterreichischen oder Steirischen (oder auch des Oberschützerischen mit dem Unterschützerischen); es geht mir hier darum, dass natürlich auch überzeugte ui-Sprecher über die ua-Variante verfügen, wenn sie z.B. außerhalb ihrer unmittelbaren Heimat (oder auch zuhause mit eindeutigen Nicht-ui-Sprechern) dialektal gefärbte Sprache verwenden. Es geht mir hier um das mögliche Kontinuum von „Junge" über „Bub" und „Bua" zu „Bui" bei ein und demselben Sprecher!

Diese jetzt von mir erwähnten Kontinua spiegeln jedenfalls unsere Sprechrealität wieder, und es ist ja wirklich erstaunlich, wie vielfältig und reich unsere Sprachkompetenz ist, selbst bei Leuten, die angeblich nur einsprachig sind. Also auch wenn man nicht Englisch kann oder auch nicht Kroatisch oder Ungarisch: auch der rein Deutschsprachige ist in gewissen Sinn mehrsprachig. Dass jemand nur über eine einzige Sprachvariante verfügt – ich weiß nicht, ob das heute z.B. noch in einem abgeschiedenen Tiroler Bergbauernhof überhaupt möglich ist, die meisten von uns verfügen über mehrere Teilvarietäten des Deutschen, die meist auch als Kontinua angelegt sind.

4. Die Zukunft unserer Dialekte – zur Rolle von SprachwissenschaftlerInnen und Laien

Wie sieht es denn nun mit der Zukunft unserer Dialekte aus? Es gibt eben widersprüchliche Tendenzen bei allen Sprechern bzw. auch Sprechergruppen in allen Sprachen, die man so zusammenfassen könnte:

Tendenz A: „Wir wollen so sprechen wie alle anderen."
Tendenz B: „Wir wollen nicht so sprechen wie alle anderen."

Vom rein rational-rationellen Standpunkt aus, wäre die Verständigung unter den Menschen am einfachsten, wenn es überhaupt nur eine einzige Sprache gäbe, diese vorbabylonische Utopie, die vielleicht – wie manche meinen – ohnehin bald durch das Englische wieder hergestellt wird. Wenn das nun tatsächlich nicht so schnell geschehen sollte, hätte das u.a. folgenden Grund: Sprachen haben nicht nur eine kommunikative

Funktion im engeren Sinn, sondern sie haben auch eine identitätsstiftende, eine Beziehungen herstellende bzw. diese Beziehungen verstärkende Funktion. Wir wissen alle, welches Unglück über die Menschheit durch übertriebene nationale Engstirnigkeit hereinbrechen kann, und so glaube ich, dass auch ein Heimatgefühl in gewissem Sinn ein plurales sein kann – d.h. dass ich mich auf der gesamten Welt daheim fühlen kann, in Europa, in Österreich; aber es ist andererseits auch ganz natürlich, wenn ich z.B. irgendwo weit draußen auf der Welt plötzlich jemand reden höre, der genauso spricht wie ich es immer von meiner unmittelbaren Umgebung gewohnt war, dass da eine gewisse Art von Freude und Wärme in einem auftritt, derer man sich keineswegs schämen muss.

Es kommt nur darauf an, welchen Stellenwert man diesem Heimatgefühl zuweist: „Hianzisch, hianzisch über alles" sollte man natürlich aus den verschiedensten Gründen nicht singen; aber andererseits ist – bei all meiner Liebe zum Pluralen und zu den Kontinuen – auch eine bewusste Hinwendung zu (oder Auseinandersitzung mit) einer möglichst reinen Dialektform nicht völlig von der Hand zu weisen, weil ja sonst in sehr naher Zukunft gar keine Chance auf Pluralität mehr bleibt, sondern dann vielleicht nur mehr eine einheitliche ostösterreichische Umgangssprache überbleibt, wenn es gut geht, mit ein paar burgenländischen phonetisch-intonatorischen Besonderheiten.

Im Übrigen besteht bei Dialekten, die sehr stark anderen allgemeineren Verkehrssprachen, sprich: Umgangssprachen, ausgesetzt sind, eben diese Gefahr: dass sie eigentlich schon längst nicht mehr leben, sondern nur mehr so Reste von ihnen, z.B. ein gewisser regionaler Akzent, über diese allgemeine Umgangssprache drübergelegt wird, mit vielleicht noch ein paar sonstigen kleinen Eigenheiten – die Sprecher bilden sich ein, sie sprächen noch z.B. hianzisch, in Wirklichkeit reden sie aber nur mehr ostösterreichische Umgangssprache mit südburgenländischem Akzent.

Hier besteht eine Gefahr, aber auch eine gewisse Chance, je nachdem wie man es sehen will, die etwa burgenländische Kroaten oder Ungarn nicht haben, weil deren Muttersprachen sich nicht in einem Kontinuum mit der deutschen Umgangs- oder auch Standardsprache befinden. Da gibt's eben dann nur den radikalen Wechsel zur anderen Sprache, der nicht „versteckt" werden kann, und nicht die Illusion, wie bei vielen

Deutschsprachigen, ohnehin noch immer den Heimatdialekt zu sprechen, obwohl man sich *de facto* schon ziemlich von diesem entfernt hat.

Zum Abschluss will und muss ich noch auf den in der Einleitung angedeuteten Gedanken zurückkommen, dass die Einstellung zu Sprachen bzw. zu Sprachvarietäten und Dialekten auch einen Einfluss auf deren Verwendung oder – etwas pathetisch gesprochen – auf deren Schicksal hat (vgl. dazu Preston 2003).

Leider muss ich auch hier wieder den Kontinuum-Begriff strapazieren, es gibt nämlich fließende Übergänge zwischen mehr oder minder unbewussten Einstellungen und bewussten vortheoretischen Meinungen hin zu mehr oder minder elaborierten Laientheorien bis schließlich zu wissenschaftlich untermauerten und – im engsten Sinn des Wortes – wissenschaftlichen Theorien. Sprachveränderungen – seien es nun Veränderungen *innerhalb* einer bestehenden Sprache, *innerhalb* eines bestehenden Dialektes oder auch ein Wechsel in bestimmten sprachlichen *Verhaltensweisen*, z.B. die Aufgabe einer dialektalen Variante und die Hinwendung zu einer weiter verbreiteten Umgangssprache – haben auf alle Fälle mit irgendeiner Art von „Bewusstheit" zu tun, auf einer der hier verschiedenen möglichen Ebenen.

Die Sprachwissenschaft kann dazu beitragen, dass gewisse Aspekte, die sich normalerweise auf einer eher tiefen Bewusstseinsebene abspielen – wo man den Eindruck hat, dass diese Dinge einfach mit einem geschehen – auf eine höhere Reflexionsebene gehoben werden. So wäre es lohnend, Studien anzustellen, in denen Leute befragt werden, wie sie zu verschiedenen Dialekt- und Sprachvarietäten mit allen möglichen Zwischenstufen auf den von uns skizzierten Kontinuen stehen, was sie überhaupt von Dialekt und Sprache halten. Besonders lohnend wäre zu schauen, in welchem Bezug diese Meinungen zu der jeweiligen Dialektkompetenz stehen - also haben gute Dialektsprecher eine hohe Meinung vom Dialekt und umgekehrt, oder lassen sich da keine Entsprechungen feststellen.

Wenn sich auch die meisten Sprachwissenschaftler und Sprachwissenschaftlerinnen einig sind, dass Vielfalt gefördert werden sollte, und das bedeutet in Europa eine sich noch weiter entwickelnde Mehrsprachigkeit (Englisch und zumindest eine weitere Fremdsprache für jeden), das bedeutet aber auch eine Förderung der kleineren Regionalsprachen und auch der Dialekte. Das alles aber nicht unter einem Blickwinkel eines Kantön-

ligeistes oder gewisser kleinkarierter irgendwie nationalistischer Hinterge-
danken, sondern eben unter Betonung des bunten, pluralen Charakters
von Europa und auch der ganzen Welt.

Wenn sich also die meisten Sprachwissenschaftler einig sind, dass
diese Vielfalt gefördert werden sollte und dies nur über ein entsprechend
zu entwickelndes Sprachbewusstsein von Laien geschehen kann, ist nicht
sicher, ob dieses theoretische Wissen so stark werden kann, dass es tatsächlich greift.

Solange ein potentieller ui-Sprecher fürchtet, dass er mit seinem „ui"
sich nur ein ganz ein klein wenig lächerlich machen könnte und er daher
auf „ua" ausweicht, wird diese Art von Bewusstheit stärker sein als jeder
Appell „Erhaltet die schönen ui-Dialekte!"

Dieser sehr abstrakte Appell an sprachliche Vielfalt muss jedenfalls
mit Bedürfnissen der konkreten einzelnen Sprecher und Sprecherinnen zusammenfallen, aber es könnte schon sein, dass sich auch von sich aus eine
gewisse Tendenz entwickelt gegen eine zu starke Globalisierung, die, wie
wir alle wissen, vor allem auch eine Anglo-Amerikanisierung ist, und sich
eine gewisse „Repluralisierung" quasi von selbst einstellt.

Die Zeiten total einheitlicher, reiner Dialekte sind jedoch auf alle
Fälle vorbei. Das hängt mit unserer Art zu leben und dabei immer auch
über das eigene Heimatdorf „hinauszukommunizieren" sowie zu einem
wesentlichen Teil auch mit unserem Medienkonsum zusammen. Die Welt-
bevölkerung durchmischt sich, es entstehen immer neue Sprachvarianten,
schon auf Grund von Migrationsprozessen, wo wir mit ungewohnten
Sprech- und Schreibweisen immer mehr konfrontiert werden und auch unsere Toleranz immer mehr gefragt sein wird.

Wenn es wirklich drauf ankommt, wird man auch einsehen, dass
u.U. andere Werte höher sind als die Erhaltung eines möglichst reinen
Dialekts. Von manchen lieben Dingen muss man unter Umständen eben
Abschied nehmen, und das Festhalten an etwas besonders „Reinem" – wo
keine Mischung geduldet wird – hat vielleicht ethisch sogar ein bisschen
was Bedenkliches.

Die Sprachwissenschaft ist in erster Linie dazu da, sprachliche und
kommunikative Gegebenheiten zu *beschreiben*. Sie kann vielleicht oder
sollte auch das Bewusstsein von Laien schärfen; wie weit aber ihr Einfluss

auf tatsächliche Verhaltensweisen realer Sprecher und Sprecherinnen gehen kann und wie es also hier zu einer Annäherung oder Synthese sprachwissenschaftlicher und „Laien"-Bewusstheit kommen könnte, ist leider
nicht genau vorhersagbar. Es mag dies von verschiedensten Faktoren ab-
hängen, aber letzten Endes sind hier die den Dialekt sprechenden (oder
eben nicht mehr sprechenden) „Laien" entscheidender als Linguistinnen
und Linguisten.

Für die Beschreibung des Hianzischen (einschließlich der Beschreibung seines Gebrauchs) ist die Sprachwissenschaft zuständig, für das
Überleben des Hianzischen sind aber die DialektsprecherInnen selbst verantwortlich.

Literatur:

KNETSCHKE, Edeltraud/Sperlbaum, Margret (1967): Anleitung für die
    Herstellung der Monographien der Lautbibliothek. 31 S. und
    Illustrationen. - Basel: Karger, 1967

ANTOS, Gerd (Antos (1996): Laien-Linguistik. Studien zu Sprach- und
    Kommunikationsproblemen im Alltag. Am Beispiel von Sprachratge-
    bern und Kommunikationstrainings; Tübingen: Niemeyer.

CHOMSKY, Noam (1970): Aspekte der Syntax-Theorie. Frankfurt am
    Main: Suhrkamp.

KALLENBACH, Christiane (Kallenbach (2003): Subjektive Theorien. Was
    Schüler und Schülerinnen über Fremdsprachenlernen denken. Tübin-
    gen: Narr.

KNETSCHKE, Edeltraud/SPERLBAUM, Margret (1967): Anleitung für
    die Herstellung der Monographien der Lautbibliothek. Basel: Karger.

PRESTON, Dennis R. (Hrsg.) (2003): Handbook of perceptual
    dialectology. Amsterdam / Philadelphia (2 Bände): Benjamins.

In: Muhr, Rudolf/Schranz, Erwin/Ulreich, Dietmar (Hrsg.) (2005): Sprachen und Sprachkontakte im pannonischen Raum. Das Burgenland und Westungarn als mehrsprachiges Sprachgebiet. Peter Lang Verlag. Wien u.a., S. 179-188.

Franz GRIESHOFER

(Wien, Österreich)

Das Museum als Ort des kulturellen Gedächtnisses
Prof. Franz Simon zum Gedenken.

Österreich erlebt zur Zeit wohl seinen größten Museumsboom, vergleichbar der Gründerzeit gegen Ende des 19. Jahrhunderts. Damals entstanden 1891 an der Ringstraße für die kaiserlichen Sammlungen die beiden Hofmuseen, deren Pläne von Karl Hasenauer und Gottfried Semper stammen. Von jenem Gottfried Semper, der 1852 im Anschluss an die erste Weltausstellung in London seine theoretische Schrift „Industrie, Wissenschaft und Kunst" verfasste, in der er eine Humanisierung der Industrie und eine Hebung des Geschmacks durch die Kunst forderte. In Österreich griff der Kunsthistoriker Rudolf Eitelberger die Idee einer Erneuerung des Kunstunterrichtes auf. Er war der Überzeugung, dass auch in Österreich mit Hilfe einer musealen Institution ähnlich jener des South-Kensington Museums in London (heute Viktoria and Albert Museum) eine Verbesserung des Geschmacks erzielt werden könnte. In der Folge kam es 1864 zur Gründung des Museums für Industrie und Kunst, dem heutigen MAK, für das 1868 mit dem ersten modernen Museumsbau durch Heinrich von Ferstl begonnen wurde. Ende des 19. Jahrhunderts entstanden aber auch die Neubauten der Landesmuseen:

- 1884 das Rudolfinum in Klagenfurt,
- 1884 das Ferdinandeum in Innsbruck (gegründet 1823),
- 1895 das Francisco Carolinum in Linz (gegründet 1833),
- und ebenfalls 1895 das Kultur- und Kunstgewerbliche Museum als neue Abteilung des Joanneum in Graz (gegründet 1811).

Doch zurück zur Gegenwart: In Graz landete 2003 mit einem Aufwand von 43,6 Mill. Euro „the Friendly Alien" – womit das Joanneum im Jahr der Kulturhauptstadt Europas zur Landesgalerie also auch noch die lange diskutierte Kunsthalle erhielt. Die „blaue Blase", wie sie auch gelange diskutierte Kunsthalle erhielt. Die „blaue Blase", wie sie auch genannt wird, wurde von Peter Cook und Colin Fournier ziemlich brutal in die Altstadt gezwängt. Demgegenüber besticht das „Lentos" in Linz durch klare Formen und seine prominente Stelle an der Donau. Es beherbergt die städtischen Kunstsammlungen des 20. Jahrhunderts. Dem Lentos gegenüber besitzt Linz mit dem Ars-electronika-Museum einen weiteren attraktiven Museumsneubau!

Es entspricht offensichtlich einem Trend der Zeit, dass die Museumsneubauten besonders der modernen Kunst gelten. Erinnert sei an das Bregenzer Kunsthaus, die Sammlung Essl in Klosterneuburg. In Salzburg entsteht das Moderne Museum am Mönchsberg.

In Wien schuf man mit dem MQ einen der größten Museumsbezirke mit dem Leopold-Museum (klassische Moderne), dem MUMOK und der Kunsthalle, die vom Karlsplatz in das Museumsquartier übersiedelte. Dazu kommen noch das Architekturzentrum und das Kindermuseum ZOOM. Der letzte Hit für Wien war die Wiedererrichtung der Albertina.

Mit der Übersiedlung der privaten Sammlungen des Fürsten Liechtensteins in sein Wiener Palais wird die Wiener Museumsszene um eine weitere Attraktion bereichert.

Bei den Landesmuseen kann neben Innsbruck ganz besonders St. Pölten mit einem Neubau auftrumpfen. Das von Hans Hollein geplante Landesmuseum verbindet Natur und Kultur und bildet zusammen mit der ebenfalls von Hollein errichteten Schetthalle einen modernen Museumskomplex. Der internationale Trend, der der Architektur gegenüber dem Inhalt eine Dominanz einräumt, erweist sich auch in Niederösterreich als erfolgreich, denn das Museum wurde in den ersten zehn Monaten seit der Eröffnung von über 100.000 Besuchern gestürmt, und das in einer Stadt mit 49.000 Einwohnern. Wenn man bedenkt, dass es im nahem Krems zusätzlich noch die Kunstmeile mit der Kunsthalle und dem von Gustav Peichl errichteten Karikaturmuseum gibt, ist das doch sehr erstaunlich.

Diese Liste neuer Museen ließe sich leicht fortsetzen und wäre natürlich auf die kleineren Stadt- und Heimatmuseen auszudehnen, wo es in den letzten Jahren ebenfalls zu zahlreichen Neugründungen beziehungsweise zu konzeptionellen Umgestaltungen und Modernisierungen kam. Ich verweise hier nur an die Wiedereröffnung des steirischen Volkskundemuseums in Graz oder an das neu gestaltete Museum des Stiftes Admont. Als Publikumsmagneten erweisen sich auch die von André Heller konzipierten Kristallwelten in Wattens oder das von dem renommierten amerikanischen Architekten Steven Holl geplante Loisium in Langenlois, die allerdings nicht als Museen anzusprechen sind.

Hand in Hand mit dem Museumsboom läßt sich eine ungemein offensive Ausstellungspolitik beobachten, bei der bisher gültige Claims außer Acht gelassen werden. So wirft man dem Direktor des Kunsthistorischen Museums, Generaldirektor Wilfried Seipel vor, mit Ausstellungen über den Architekten Calatravak, über Henry Moor, den Fotografen Franz Hubmann oder über Francis Bacon (wobei mit seinen Verfremdungsbildern hier ja noch ein Bezugspunkt zu den alten Meistern gegeben ist), im Feld anderer zu grasen.

Jedenfalls hat sich ein Verdrängungswettbewerb und ein Kampf um Quoten breit gemacht. Diese harte Konkurrenz unter den (Wiener) Museen registrierte auch NEWs (39/03) und titelte: „Museen rittern um große Namen und Besucher". Von manchen Museumsvertretern wurde daher der Ruf nach einer ordnenden Kulturpolitik seitens des Ministeriums laut. Dabei wurden die staatlichen Museen eben erst aus der Hoheitsverwaltung ausgegliedert und in die Selbständigkeit entlassen. Das bedeutet wiederum, dass die Museen angehalten sind, selbst für mehr Eigeneinnahmen zu sorgen. Man veranstaltet deshalb Diners, Parties und versucht Räume zu vermieten. Die Museen mutieren zu Ausstellungs- und Eventbetrieben. Das Wichtigste wird der Shop – oder man macht wie im Burgenländischen Landesmuseum gleich die eine ganze Ausstellung zu einem „Billa-Laden".

Keine Frage, nach Jahrzehnten der Stagnation, die bis in die 70/80er Jahre reichte, war eine Öffnung der Museen sehr wichtig. Schlagworte wie Demokratisierung, Abbau der Schwellenangst standen im Vordergrund. Es galt die Museen im Bewußtsein der Öffentlichkeit zu verankern, das Interesse innerhalb der Gesellschaft zu wecken, neue Publikumsschichten zu erreichen. Wie die jüngsten Zahlen der „langen Nacht der Museen" beweisen – es kamen über 250.000 BesucherInnen -, scheint das gelungen zu sein. Vor allem junges Publikum stürmt die Museen, wo etwas geboten wird.: ein „Busen-Ballett" z.B. in der Wiener Kunsthalle , Musik oder zumindest ein Büfett. Wir (das Österreichische Museum für Volkskunde) hatten im Rahmen unserer Ausstellung „messerscharf" einen Messerwerfer aufgeboten, dazu einen burgenländischen Messerschleifer und für das leibliche Wohl Speck (gesponsert von der Fa. Wiesbauer), von dem sich jede Besucherin und jeder Besucher ein Stück absäbeln konnte. Unsere Besucherzahlen blieben trotzdem hinter unseren Erwartungen zurück, da das Österreichische Museum für Volkskunde ja nicht gerade an der Mainstreet liegt und es sehr schwer hat, sich im Konzert der Museen zu behaupten.

Die Museen, gleichgültig ob groß oder klein, stecken jedenfalls in einem Dilemma: einerseits sollen sie Action, Events, am besten Außergewöhnliches bieten, andererseits können die finanziellen und personellen Ressourcen damit nicht Schritt halten. Die Museen sind daher bei einem Punkt angelangt, der sie zwingt, über die Gewichtung ihrer Aufgaben nachzudenken.

Bekanntlich bestehen diese – wie sie ja auch der Gesetzgeber festgeschrieben hat – im Sammeln, im Bewahren (Konservieren, Restaurieren, Deponieren), im Bearbeiten (Dokumentieren, Inventarisieren, wissenschaftlich Einordnen) und im Präsentieren (Ausstellen, Publizieren, Vermitteln).

In einer über 100jährigen Institution wie es das Österreichische Museum für Volkskunde ist, haben sich die Gewichtungen auch gründlich verschoben. An die erste Stelle trat die Bewahrung, die Sorge um die Erhaltung der Sammlung. Diese Aufgabe, die von der Öffentlichkeit leider kaum wahrgenommen wird, stellt die Museen vor gewaltige Probleme. Zunächst bedarf es eines ausreichenden Depotraumes samt entsprechender klimatischer und konservatorischer Voraussetzungen. Außerdem müssen die nötigen finanziellen Mittel für die Restaurierung vorhanden sein. Dieser Bereich nimmt heute in der Museumsarbeit den größten Umfang ein. Da sich diese Arbeit jedoch hinter den Kulissen abspielt, fehlt es vielfach am öffentlichen Bewusstsein für diese Aufgaben des Museums.

Vor nicht minder große Probleme sehen sich die Museen aber auch bei der Frage des Sammelns gestellt. Da der finanzielle Rahmen für Ankäufe meist sehr gering und der zur Verfügung stehende Depotraum außerdem beschränkt ist, bedarf es gut durchdachter Sammlungskonzepte, die jedes Museum für sich zu erstellen hat. Das gilt für historische Museen ebenso wie für Kunstmuseen, Technikmuseen oder naturkundliche Museen. Für Museen, die sich der Dokumentation der Alltagskultur verschrieben haben, ist die Frage der Auswahl dabei besonders virulent und schwierig und wird in einem Landesmuseum anders zu beantworten sein wie in einem Heimatmuseum.

Jedenfalls besteht das Wesen des Museums darin, dass es Objekte sammelt. Im Gegensatz zur Bibliothek, zum Archiv, zur Fotothek handelt es sich beim Museum um ein Archiv dreidimensionaler Dinge. Es verdient daher auch nur eine Institution, die eine Sammlung von Dingen besitzt, den Namen Museum. Das sogenannte Gulasch-Museum, oder das ZOOM-Kindermuseum sind demnach keine Museen. Gegen die missbräuchliche Verwendung des Begriffes Museum ist die Verleihung des Museums-Gütesiegels ein richtiger Schritt in die richtige Richtung und eine gute Maßnahme zur Qualitätssteigerung beziehungsweise zur Absicherung der Standards.

Aber auch Privatsammlungen sind nicht als Museen anzusprechen, es sei denn, sie erfüllen die Kriterien, wie sie vom ICOM (International Council of Museums), der internationalen Museumsorganisation in der offiziellen Museumsdefinition festgelegt wurden. Sie besagt:

„Ein Museum ist eine gemeinnützige, ständige, der Öffentlichkeit zugängliche Einrichtung im Dienste der Gesellschaft und ihrer Entwicklung, die zu Studien-, Bildungs- und Unterhaltungszwecken materielle Zeugnisse von Menschen und ihrer Umwelt beschafft, bewahrt, erforscht, bekannt macht und ausstellt."

Das Museum ist demnach eine Anstalt, die es mit Dingen zu tun hat. Und hierin ist das Museum unübertroffen, denn die Realie ist durch nichts zu ersetzen, nicht durch eine Beschreibung, nicht durch ein Bild. Dinge sind materiell verfasst, dauerhaft und sinnlich wahrnehmbar. Das wird auch durch das Wort „Objekt" ausgedrückt, das von lat. obicere kommt und entgegenwerfen, entgegenstellen bedeutet. Ein „Gegen-Stand" verkörpert somit etwas außerhalb des Menschen Befindliches, das sich dank seines materiellen Charakters durch unsere Sinne begreifen lässt. Dabei unterscheiden wir zwischen Natur- und Kulturobjekten. Naturobjekte existieren an sich und werden nur benannt, Kulturobjekte sind hingegen physisch fassbare Manifestationen menschlicher Tätigkeit. Ihnen liegt eine Idee zu Grunde, die zur Herstellung und weiter zum Gebrauch führt. Eine weitere Unterscheidung betrifft Konsumgüter und Investitionsgüter.

Erstere können

a) durch die Benützung völlig aufgebraucht werden wie z.B. ein Stück Seife,

b) bis zur Unbrauchbarkeit abgenutzt werden wie z.b. ein Autoreifen, um dann einer anderen Verwendung - etwa als Blumenbehälter - zugeführt zu werden,

c) einmal unmodern/unbrauchbar geworden - gelagert oder weggeworfen werden.

Kunst- oder Wertgegenstände sind hingegen von Anfang an auf Dauerhaftigkeit angelegt.

Alle diese Prozesse und Lebensläufe von Gegenständen spielen sich aber noch außerhalb jeder Sammeltätigkeit ab. Ehe Objekte zu Sammlungsgegenständen werden, unterliegen sie einem Selektionsprozess: sie werden aus der großen Masse der Gebrauchs- und Investitionsgüter herausgehoben und einem neuen Dasein zugeführt.

„Eine Sammlung ist – nach einer Definition von Krzysztof Pomian – jene Zusammenstellung natürlicher oder künstlicher Gegenstände, die endgültig aus dem Kreislauf ökonomischer Aktivitäten herausgehalten werden, und zwar an einem abgeschlossenen, eigens zu diesem Zweck eingerichteten Ort, an dem die Gegenstände ausgestellt werden und angesehen werden können. Sie schließen jede Ansammlung von Gegenständen aus, die zufällig zustande gekommen ist oder von Gegenständen, die nicht ausgestellt werden, also alle – gleich welche – verborgenen Schätze."

Im Museen werden Dinge demnach nicht nur aufbewahren, sondern sie müssen auch zugänglich ein. Das Museum ist Schatzhaus und Begegnungsort in einem. Darüber hinaus – und das ist ja das Entscheidende – ist das Museum ein Verwandlungsort, ein Verzauberungsort, denn es macht aus einem simplen Gegenstand einen Zeugen unseres „kulturellen Erbes".

Mit dieser Problematik hat sich besagter Krzysztof Pomian auseinandergesetzt. (Der Ursprung des Museums. Vom Sammeln. Berlin 1988). Auf dem Weg des Objektes vom Gebrauchsgut zum kulturellen Erbe konstatiert er eine bestimmte Abfolge: Gebrauchsgut – Abfallprodukt – Sammlungsobjekt.

In einem Essay aus dem Sammelband „Dinge und Undinge" (München 1993) unterscheidet der Kulturphilosoph Vilem Flusser zwei Seinsweisen von Flaschen: die einen verkörpern Kultur, die anderen Müll. Dem einen Zustand ordnet er das Erinnern zu, dem anderen das Vergessen. Der Sammler bestimmt also, was wert ist aufgehoben zu werden. Er verleiht der einen Flasche Geschichte, der anderen nicht.

Für das museale Objekt gilt,

1. dass es ein authentisches Objekt ist. Es ist ein Dokument, ein Zeuge. Authentisch meint Echtheit, Originalität. Von daher begründet sich die Faszination des Museumsobjektes: das authentische Objekt ist historisch und gegenwärtig, fern und nah, es eröffnet den Horizont einer anderen Zeit und bleibt doch Bestandteil der gegenwärtigen Welt.

In diesem Zusammenhang ist – mit Walter Benjamin – von der Aura des musealen Objektes zu sprechen. Dem musealen Objekt kommt nicht nur Dokumentationswert zu, sondern es wohnt ihm auch eine sinnliche Anmutungsqualität inne, es ruft Empfindungen hervor, einen Schauer, Ehrfurcht, Bewunderung, etc.

2. dass es sich bei den musealen Objekten – die auf uns überkommen sind – um Überreste, um Fragmente handelt. Das Fragmentarische – und das ist durch aus ein Mangel – bedarf der Ergänzung, der Re-Kontextualisierung. Das erweist sich aber auch als Chance, denn das Museumsobjekt verlangt nach Erklärung und Deutung. Die Objekte bedürfen des Erzählers! Voraussetzung dazu ist natürlich die Erforschung des Fragmentarischen.

Die Dinge im Museum haben eine Informationsfunktion – sie vermitteln das Sichtbare und das Unsichtbaren (s. Pomian). Ihnen ist eine Geschichte eingeschrieben, an ihnen haften persönliche Schicksale, sie sind Teil eines sozialen Gefüges, wirtschaftlicher Strukturen, religiöser Vorstellungen, etc.

3. dass die Dinge über ihre Funktion hinaus Zeichen mit Symbolcharakter und kulturelle Indikatoren sind.

Bei der Entschlüsselung der Objekte ist jedoch zu berücksichtigen, dass sie im Museum eine völlig neue Wertigkeit bekommen. Sie erhalten eine neue Ästhetik, eine neue Aufmerksamkeit, einen neuen Stellenwert.

Der deutsche Kulturanalytiker Peter Sloterdijk spricht in diesem Zusammenhang vom „Museum als Schule des Befremdens". Im Museum erfährt das Objekt, von Abfalldasein bewahrt, eine Verfremdung. Es löst Irritationen aus. Man beginnt das Vertraute mit anderen Augen zu betrachten.

Diese Verfremdung hilft uns, über die Bedeutung der Dinge nachzudenken, so dass beim Betrachter/Besucher ein Nachdenkprozess ausgelöst wird. Sloterdijk bezeichnet das Museum daher auch als einen „Ort der Selbst-Reflexion".

So gesehen ist das Museum für ein Objekt keine Endstation, sondern Aufbewahrungsort für die Zukunft, denn jeder Generation ist es vorbehalten, die Dinge neu zu betrachten und neu zu bewerten.

Das trifft – um dem genius loci Rechnung zu tragen - natürlich ganz besonders auf die Sammlung von Franz Simon zu. Ihr Schicksal war nach dem Ableben von Franz Simon allerdings höchst ungewiss. Durch das Entgegenkommen der Erben konnte der Bestand aber gesichert werden und auch die Standortfrage ist nach einem kurzen Intermezzo, während dessen die Sammlung transferiert werden musste, nun geklärt.

Mit der Errichtung des neuen Kulturzentrums für die „Hianzen" ist die Sammlung wieder an ihren angestammten Ort zurückgekehrt, um in den neu adaptierten Räumlichkeiten einer gesicherten Zukunft entgegenzusehen.

Damit bekommt aber auch Franz Simon posthum seine verdiente Anerkennung, die ihm Zeit seines Lebens versagt geblieben war. In den einschlägigen Publikationen des Landes, etwa den Burgenländischen Heimatblättern oder der Zeitschrift Volk und Heimat sucht man nämlich vergeblich nach biographischen Hinweisen, etwaigen persönlichen Würdigungen oder Rezensionen seiner beiden großartigen Bildbände.

Franz Simon, 1909 in Kirchfidisch geboren, ergriff wie sein Vater den Beruf eines Lehrers, in dem er seine künstlerischen Fähigkeiten zur Entfaltung bringen konnte. Trotz seiner Ausbildung an der Wiener Kunstakademie unterrichtete er zunächst an verschiedenen südburgenländischen Volks- und Hauptschulen, ehe er nach dem Krieg als Kunsterzieher am

Bundesgymnasium in Oberschützen eine entsprechende Stelle bekam, die er bis zu seiner Pensionierung im Jahr 1974 ausübte.

In dieser Zeit setzt sein zeichnerisches Werk ein, in dem er beginnt, die im Verschwinden begriffene ländliche Architektur des Südburgenlandes systematisch zu vermessen und zu zeichnen. Als Ergebnis dieser dokumentarischen Tätigkeit erschien 1971 im Eigenverlag sein erster großer Bildband „Bäuerliche Bauten im Südburgenland", dem 1981 ein weiter folgte („Bäuerliche Bauten und Geräte. Südburgenland und Grenzgebiete"), in dem er seinen Radius erweitert und sein Augenmerk verstärkt auch den bäuerlichen Geräten zuwendet, die er nicht nur zeichnerisch festhält, sondern auch aufsammelt. Es ist ihm darum zu tun, ein vollständiges Geräteinventar des bäuerlichen Alltags seiner Region zu erstellen.

In dem von ihm angemieteten Bauernhaus in Oberschützen Nr. 19 (heute Hauptstraße 25) versucht er nun, mit Hilfe seiner Sammlung ein authentisches Bild vom traditionellen Leben der „Heanzen" in der Warth zu geben. Diesen Anspruch kann er freilich nicht ganz einlösen. Die Einrichtung seines im Jahr 1970 eröffneten Heimathauses ist nämlich insofern einigermaßen problematisch, weil das nach seinen eigenen künstlerischen Vorstellungen zusammengestellte Ensemble einem Idealbild entspricht. Die Neuaufstellung kann hier sicher einige Korrekturen anbringen.

Die hohe Qualität seiner Sammlungsobjekte ist jedoch unbestritten. Ihr Zustandekommen fällt nämlich in eine Zeit, in der das Land durch die Modernisierung seinen größten Umbruch erlebt. Heute wäre diese Sammlung nicht mehr zustande zu bringen.

Herrn Prof. Franz Simon ist daher nachträglich sehr zu danken, dass er sein Ziel so hartnäckig verfolgte ungeachtet des Unverständnisses seitens der Bevölkerung. Franz Simon bewies bei seinen Erwerbungen hohe Sachkompetenz und Weitblick. Was ihn, wie gesagt, aber besonders auszeichnet, ist, dass er seine Sammlungsstücke sorgfältig nach wissenschaftlichen Kriterien dokumentierte und zeichnerisch festhielt.

Hier seien nochmals seine beiden Dokumentationsbände der bäuerlichen Bauten des Burgenlandes hervorgehoben. Heute, nach 30 Jahren vermag man die Großartigkeit der Leistungen von Prof. Franz Simon, der

1997 verstarb, erst richtig einschätzen. Oberwart und das Land Burgenland können jedenfalls stolz auf das kulturelle Erbe sein, das Prof. Franz Simon hinterlassen hat. Es ist eine Verpflichtung, dieses Stück Heimat für die Zukunft zu sichern.

In: Muhr, Rudolf/Schranz, Erwin/Ulreich, Dietmar (Hrsg.) (2005): Sprachen und Sprachkontakte im pannonischen Raum. Das Burgenland und Westungarn als mehrsprachiges Sprachgebiet. Peter Lang Verlag. Wien u.a., S. 189-194.

Sepp GMASZ

(Eisenstadt, Österreich)

Das Haus der Volkskultur und das Jahr der Volkskultur - Anmerkungen zu einer zeitgemäßen Kulturarbeit

Über Geschmack lässt sich bekanntlich streiten. Es gibt Menschen, denen gefällt die Architektur unseres neuen Hauses nicht, andere wiederum – ich zähle mich zu denen - sind begeistert. In jedem Fall aber finde ich den Umstand bemerkenswert, dass es nicht ein eklektizistisches, sondern ein modernes Bauwerk geworden ist, aus den zeitgemäßen Bauelementen Beton und Glas errichtet. Ein Bauwerk auf der Höhe der Zeit also, ein Signal nach außen, dass auch die Volkskulturarbeit zeitgemäß sein soll und nicht nur rückwärtsgewandt. Wenn man so möchte, dann steht Beton als Symbol für Stabilität und Dauerhaftigkeit, Glas für Transparenz und Hellsichtigkeit. An den hier beheimateten Institutionen wird es liegen, dieses Haus nun mit Geist zu erfüllen, es zu einem Kompetenzzentrum für innovative (Volks-)Kulturarbeit zu machen.

Volkskultur – seit es den Begriff gibt, und das sind immerhin schon mehr als 200 Jahre, wird um ihn gestritten. Viele reden mit, aber letztlich ist noch niemandem eine Definition gelungen, die über die Zeiten gehalten hätte. Vielleicht ist das auch gut so. Denn so wie ihr Gegenstand nichts Starres ist, wandeln sich im Lauf der Zeit auch die Sichtweisen und Paradigmen von Volkskultur und Volkskunde.

Mit Essen und Wohnen, Arbeiten und Feiern – damit hat Volkskultur zu tun, mit Sehnsüchten und Träumen, mit Aussteigen und Umsteigen, mit Integration und Ausgrenzung, mit Zäunen und übern Zaun schauen, mit Schlupflöchern, Respekt vor dem Alten und gleichzeitig Offenheit für das Neue, mit Bewahren und Verändern. Sie reicht in alle Bereiche des Lebens hinein, bereichert es und wird heute bisweilen gerne durch den Begriff "Lebenskultur" ersetzt. Man könnte auch sagen: Volkskultur ist eine Kultur der Lebensqualität.

Im Grunde genommen und streng betrachtet passiert ja Volkskultur selbstverständlich und oft unbewusst: das Maibaumstellen, Adventkranz aufhängen, das "schöne Gwand", das man sonntags und zu festlicheren Gelegenheiten anzieht, das dreifache Kreuzzeichen beim Anschneiden eines frischen Brotlaibs, das Brautstehlen und der Leichenschmaus. Diese Abläufe geschehen aus überlieferten Ordnungen heraus und verändern sich doch, wie sich eben gesellschaftliche Veränderungen vollziehen.

Der Verlust solcher Brauchformen und schon die Angst vor dem Verlust schüren Sehnsüchte nach dem Althergerbrachten und führen über die Pflege zu einer Volkskultur im zweiten Dasein. Diese bewusst reflektierte Befassung mit Musik, Tanz oder Tracht löst sie von deren ursprünglicher Funktion und führt sie zu neuen Darbietungsformen etwa im Bereich der Freizeit- und Tourismuskultur. Dieser liebhaberische Umgang mit traditioneller Kultur findet auf breitester Ebene in Vereinen und Verbänden statt. Für die Volksgruppen bedeutet die identitätsstiftende Volkskultur-Pflege so etwas wie eine Strategie ethnischen Weiterlebens.

Und schließlich ist da noch die wissenschaftliche Auseinandersetzung, die Dokumentation und museale Aufbereitung, wie sie von der Volkskunde, also der Wissenschaft von der Volkskultur, betrieben wird. Ein weites Feld also, die Volkskultur. Und gar nicht leicht unter einen Hut zu bringen; oder sagen wir besser in Zusammenhang mit unserem Haus: unter ein Dach!

So vielfältig ihre Erscheinungsformen, so vielfältig sind auch die Reflexionen auf den Gegenstand. Da ist auf der einen Seite die totale Ablehnung: Ich erinnere etwa an die Protestaktion der Schriftstellerin Marlene Streeruwitz, die ihr Dirndlkleid öffentlich verbrannte und die Asche nach Brüssel schickte, als Absage an jegliche Traditionspflege.

Da ist auf der anderen Seite ein Hianzenverein, der aus Liebe zur Muttersprache, aus Angst vor derem Vergehen eine Sympathiewelle der Sprachpflege auslöst und es in Zeiten wie diesen sogar zu einem eigenen Dialektinstitut bringt.

Und irgendwo zwischendurch die Position der Volkskundler, der Wissenschaftler, die den Gegenstand ihrer Untersuchungen weitgehend aus einer beobachtenden Distanz heraus beurteilen. Für manche Kollegen ist das auch ein gewisser Schutz, nur analysieren und sich nicht für oder gegen etwas entscheiden zu müssen.

Ich persönlich zähle mich jener Volkskundlertradition zu, die auch aktiv mitgestaltet. Mein Ansatz ist jedoch nicht die Bewahrung des Alten um seiner selbst (nach Gustav Mahler "die Anbetung der Asche"), sondern eine geistige Auseinandersetzung mit ihm und wenn möglich eine Transformierung in neue kulturelle Zusammenhänge. Ethnographie ist das, was die Praktiker tun, habe ich unlängst gelesen. Und die Praxis zeigt, dass seit einigen Jahren eine verstärkte Auseinandersetzung mit volkskulturellen Traditionen stattfindet, in Kreisen, wo man sie vielleicht nicht so vermutet hätte. Bei Intellektuellen und bei der Jugend, die Traditionen ganz anders bewerten als eingefleischte Volkstanzpfleger. Ich nenne hier nur Namen wie Günter Nenning, Erhard Busek, Peter Turrini, Felix Mitterer oder Barbara Frischmut, die vor nicht allzu langer Zeit die Festrede anlässlich der Wiedereröffnung des Steirischen Volkskundemuseums in Graz gehalten hat.

Ich denke an Hubert von Goisern und seine Art und Weise, sich mit dem Gstanzl und dem Steirerlied auseinanderzusetzen, an die Ausseer Hardbradler oder die Gruppe Landstreich. Dieser als "Neue Volksmusik" bekannt gewordene Stil entfachte eine Welle der Auseinandersetzung mit traditioneller Musik und ein neues Klima für die Volkskulturarbeit.

Kennzeichen dieses neuen Interesses ist, dass es sich nicht an dogmatischen Überlieferungsprinzipien orientiert, sondern von einer unbekümmerten Neugier und Begeisterung getragen ist. Es geht nicht um Ideologien, sondern einzig und allein um das Wiederentdecken der Qualität traditioneller Kulturformen. Bei der Sommerakademie Volkskultur in Kittsee (2000) sagte Günter Nenning: "Wer meint, Volkskultur sei etwas Altmodisches, hat von Zukunft nichts verstanden."

Zur Bekräftigung dieser Aussage fällt mir etwa der steirische Geigentag in Graz-Stattegg ein, zu dem nunmehr - schon ohne besondere Einladung – regelmäßig mehr als 2000 vorwiegend junge Musikanten pilgern, um miteinander zwei, drei Tage ungezwungen und frei zu musizieren, ein Woodstock der Volksmusik. Oder das " Aufhorchen" in Niederösterreich, das eine ganze Stadt in Bewegung bringt, oder ein Festival der

Regionen in Oberösterreich, das eine ganze Region in geistige Unruhe versetzt und ihr mitunter sogar ein neues kulturelles Profil zu verleihen mag.

Diese lebendige Auseinandersetzung mit der Volkskultur wünsche ich mir auch für das Burgenland. Selbstverständlich passiert auch bei uns einiges, und gar nicht so wenig. Wenn ich etwa an das noch immer sehr lebendige Vereinswesen denke. Und doch hat man das Gefühl, dass der "Wert Volkskultur" in der öffentlichen Wahrnehmung nicht diese Bedeutung hat, wie er es verdienen würde, dass in manchen Bereichen die Strukturen etwas verkrustet sind oder überhaupt fehlen; vielleicht auch die Budgetmittel zu gering sind.

Aber zunächst geht es weniger um das Geld, vielmehr um das Bewusstsein. Um die Frage, wie gehen wir mit dem uns hinterlassenen Vermächtnis um, mit den Formen und Materialien, dem Dinglichen und dem Geistigen. Schaffen wir im Burgenland auch diesen Aufbruch zu einer engagierten Kulturarbeit mit klaren Konzepten und Organisationsstrukturen. Zu einer Kulturform, die nicht das Konsumieren, sondern das Selbertun zum Prinzip hat, die nicht fremde Programme teuer einkauft, sondern eigene weitaus billiger produziert.

Das war der Grund, warum ich vor drei Jahren eine "Zukunftskonferenz Volkskultur" angeregt habe. Ein professioneller Moderator schlug dafür ein Diskussionsmodell vor, das kein anderes Ziel vorgab, als an der Sache selbst etwas zu verbessern. 24 Personen aus Bereichen, die unmittelbar und mittelbar mit Volkskultur zu tun hatten, kamen nach zwei Tagen intensiven Nachdenkens und Diskutierens zu folgenden konkreten Ergebnissen:

- Die Schaffung einer "Plattform Volkskultur"
- Ein "Jahr der Volkskultur"
- Regelmäßige Treffen von Volkskundlern und Kulturarbeitern
- Eine Volkskultur-Bühne für Jugendliche

Mit der bereits geschaffenen Plattform wurde das Konzept für ein JAHR DER VOLKSKULTUR diskutiert und in mehreren Arbeitsgruppen ein konkretes Arbeits- und Veranstaltungsprogramm erarbeitet. Die beiden anderen Projekte wurden vorläufig zurück gestellt.

Nach Zusicherung eines Budgets von € 280.000 durch die Kulturabteilung im Amt der Burgenländischen Landesregierung wurde die

Umsetzung des Konzeptes in Angriff genommen. Die Aktivitäten sollten auf drei Ebenen stattfinden:

- Auf der retrospektiven Ebene gestalten Museen Ausstellungen zu drei Schwerpunktthemen: "Mensch und Natur" (Norden), "Kunst und Spiel" (Mitte) und "Glaube und Heimat" (Süden).

- Auf der repräsentativen Ebene präsentieren sich Vereine, Verbände und informelle Gruppen, vorzugsweise mit ergänzenden Programmen zu den Ausstellungen.

- Auf der kreativ-experimentellen Ebene findet ein Ideenwettbewerb statt, wo spielerisch bis provokativ mit volkskulturellen Mustern gearbeitet wird.

Für die Organisation des Jahres wurde ein Verein gegründet, der in Kooperation mit einer Marketingfirma Aufgaben der Koordination, Öffentlichkeitsarbeit und Dokumentation übernimmt. Eine der ersten Maßnahmen war die Gestaltung einer Homepage. Mit deren Präambel sollen diese kurzen Gedanken zu einer zeitgemäßen Volkskulturarbeit im Burgenland zusammengefasst werden:

Volkskultur ist die Kultur des Lebens schlechthin. Wie wir Alltag und Fest gestalten, unser Verhalten innerhalb der Familie regeln, unseren Umgang mit Nachbarn, Freunden und Fremden pflegen, unsere Beziehung zur Natur wie zum Übernatürlichen formen – das sind Fragen, auf welche die Volkskultur Antworten zu geben vermag. Denn Volkskultur gründet auf Erfahrungen und tradierten Werten. Damit sie aber nicht in der Retrospektive erstarrt, muss sie diese Traditionen mit zeitgenössischem Kulturbewusstsein verbinden und sich stets von neuem und aus sich selbst heraus aktualisieren. Die aktive Beschäftigung mit Volkskultur kann helfen, unsere Gesellschaft zu verändern und menschlicher zu machen, um unserem Zusammenleben mehr Sinn und Qualität zu geben.

In: Muhr, Rudolf/Schranz, Erwin/Ulreich, Dietmar (Hrsg.) (2005): Sprachen und Sprachkontakte im pannonischen Raum. Das Burgenland und Westungarn als mehrsprachiges Sprachgebiet. Peter Lang Verlag. Wien u.a., S. 195-213.

Rudolf Muhr

(Graz, Österreich)

Auswahlbibliografie wissenschaftlicher Arbeiten zu den vier Sprachen des Burgenlandes

Die folgende Bibliografie stellt einen ersten Versuch einer Bibliografie dar, die sowohl linguistische, als auch literarische Arbeiten umfasst, die zu den vier Sprachen des Burgenlandes verfasst wurden. Darüber hinaus wurden auch Untersuchungen zum Deutschen (Hianzischen) in Westungarn sowie Arbeiten zu den ui-Dialekten im angrenzenden Niederösterreich aufgenommen.

Die Auflistung der Sprachen ist alfabetisch nach den vier Sprachen geordnet - innerhalb der einzelnen Sprachen wurde eine thematische Aufgliederung versucht. Die Bibliografie ist als eine erste Bestandserhebung der Forschung gedacht und umfasst 190 Titel, wobei auch die Arbeit von Weber (1998) einbezogen wurde. Die Bibliografie wird in späteren Publikationen fortgesetzt.

1. Burgenland, Sprachen, Allgemein

HOLZER, Werner (Hrsg.) (1993): Trendwende? Sprache und Ethnizität im Burgenland. Passagen-Verl..

HOLZER, Werner/PRÖLL, Ulrike (Hrsg.) (1994): Mit Sprachen leben. Praxis der Mehrsprachigkeit. 6. Burgenländische Forschungstage im Herbst 1992 auf Burg Schlaining. Klagenfurt: Drava.

2. Burgenland, Deutsch, Überblick

BRAUN, A.: Der mundartliche Wortschatz des Burgenlandes, erarbeitet an Hand der Tonaufnahmen der Wörterbuchkommission der österreichischen Akademie der Wissenschaften. Phil. Diss. (masch.) Wien 1975.

FREITAG, Franz (1944): Mundart und Volkstum in Niederdonau. Mit 9 Kartenbildern. Wien, Leipzig: Kühne. (= Niederdonau. Natur und Kultur 28).

HORNUNG, Maria (1999): Die heanzischen Mundarten des Burgenlandes im Wandel unseres Jahrhunderts. In: Im Dienste der Auslands-germanistik. Festschrift für Professor Dr. Dr. h. c. Antal Mádl zum 70. Geburtstag (= Budapester Beiträge zur Germanistik 34). Budapest 1999: 87–95.

HORNUNG, Maria (1961): Heimat im Wort. Ein mundartkundlicher Streifzug durch unsere Bundesländer. [Burgenland]. In: Wiener Mo-natshefte. Zeitschrift für Kultur, Unterhaltung und Wissen. 35. Jg. 1961. S. 29.

KARNER, Hans (1936): Die Mundart des Burgenlandes. In: Burgenland-Führer. Hrsg. von Paul EITLER et al. 2. Aufl. Eisenstadt 1936, S. 32-33.

KARNER, Hans (1932/33): Die Mundarten des Burgenlandes. In: Burgenländische Heimatblätter 1/2 (1932/33), S. 194-203.

KARNER, Hans (1941): Flurnamen, Laut- und Wortformen. In: Bodo Fritz (Hrsg.): Burgenland (1921-1938). Ein deutsches Grenzland im Südosten. Textbeilage. Wien: Österr. Landesverlag. S. 13f. LG, W

KATALOG der Tonbandaufnahmen B 10.001-B 13.000 des Phonogramm-archives der österreichischen Akademie der Wissenschaften in Wien. Wien: Verl. d. österr. Akademie d. Wiss. 1974. (=85. Mitteilung der Phonogrammarchivs-Kommission)

KATALOG der Tonbandaufnahmen B 7.001-B 10.000 des Phonogramm-archives der österreichischen Akademie der Wissenschaften in Wien. Wien: Böhlau 1970. (=84. Mitteilung der Phonogramm-archivs-Kommission)

KATALOG der Tonbandaufnahmen B 3.001-B 7.000 des Phonogramm-archives der österreichischen Akademie der Wissenschaften in Wien. Wien: Böhlau 1966. (=82. Mitteilung der Phonogramm-archivs-Kommission)

KATALOG der Tonbandaufnahmen B 1-B 3.000 des Phonogramm-archives der österreichischen Akademie der Wissenschaften in Wien. Wien: Böhlau 1960. (=81. Mitteilung der Phonogramm-archivskommission)

KRANZMAYER, Eberhard (1963): Deutsche Mundart. In: Allgemeine Landestopographie des Burgenlandes 2. (= Der Verwaltungsbezirk Eisenstadt und die Freistädte Eisenstadt und Rust), Eisenstadt 1963, S. 266-268.

KRANZMAYER, Eberhard (1959): Die deutschen Mundarten in Österreich. In: Österreichischer Volkskundeatlas. 1. Lieferung. Linz. Kommentar. S. 1-28.

KRANZMAYER, Eberhard (1956): Einzelne Dialekträume in Österreich. In: Österreichischer Volkskundeatlas. 2. Lieferung. Wien 1965. Kommentar. S. 1-33.

KRANZMAYER, Eberhard (1954): Die deutsche Mundart. In: Allgemeine Landestopographie des Burgenlandes 1. (= Der Verwaltungsbezirk Neusiedl am See), Eisenstadt 1954, S. 123-126.

KRANZMAYER, Eberhard (1929): Die Namen der Wochentage in den Mundarten von Bayern und Österreich. Mit einer Grundkarte und elf Pausen. Wien, München. HPT, Oldenbourg. (=Arbeiten zur Bayerisch-Österreichischen Dialektgeographie.).

LITSCHAUER, Gottfried Franz (1929): Zur Geschichte der deutschen Besiedlung des Burgenlandes. In: Burgenland. Vierteljahrshefte für Landeskunde, Heimatschutz und Denkmalpflege. Eisenstadt Jg. 2.

MUHR, Rudolf (1994): Die Sprachlandschaft des südlichen Burgenlandes. Bericht über ein Projekt an der Höheren Bundeslehranstalt für wirtschaftliche Berufe Güssing. Eigenverlag der HBLA Güssig. S. 3-18.

PERSCHY, Jakob Michael (2004): Sprechen Sie Burgenländisch? Ein Sprachführer für Einheimische und Zugereiste ; [ein Lexikon für insare Leit und d'Gest]. Wien. Ueberreuter. 80 S. ISBN 3-8000-7040-5.

PFALZ, Anton (1951): Die Mundart des Landes. In: Burgenland. Landeskunde. Wien 1951, S. 380-385.

PFALZ, Anton (1941): Die Stellung des Burgenlandes im südostdeutschen Stammes-und Mundartenraum. In: Burgenland (1921-1938). Ein deutsches Grenzland im Südosten. Hrsg. von Hugo HASSINGER und Fritz BODO. Wien 1941, S. 1-2, Kt. 2.

PFALZ, Anton (1951): Die Mundart des Landes. In: Burgenland. Landeskunde. Wien: ÖBV. S. 380-385.

PFALZ, Anton (1941): Die Stellung des Burgenlandes im südostdeutschen Stammes - und Mundartenraum nach dem Stande von 1938. In: Fritz Bodo (Hrsg.): Burgenland (1921-1938). Ein deutsches Grenzland im Südosten. Textbeilage. Wien Österr. Landesverlag. 1941. S. 1f.

SCHATZ, J. (1912):. Rezension zu Biró. In. Hugo Gering, Friedrich Kauffmann (Hrsg.): Zeitschrift für deutsche Philologie. 44. Berlin, Stuttgart, Leipzig: W. Kohlhammer.

RAUCHBAUER, Paul (1941): Die deutschen Mundarten im nördlichen Burgenlande. Diss. (hand.), Wien 1932, 186 S., 26 Ktn.

TATZREITER, Herbert (1970): [Die Mundarten des Burgenlandes] In: Herbert Knittler (Hrsg.): Die Städte des Burgenlandes. Wien: Hollinek 1970. S. 16-18. (= Österreichisches Städtebuch. 2).

THIRRING-WAISBECKER, Irene (1886): Zur Volkskunde der Hienzen. Mundartliches. In: Anton Herrmann (Hrsg.): Ethnologische Mitteilungen aus Ungarn. Illustrierte Monatsschrift für die Völkerkunde Ungarns und der damit in ethnographischen Beziehungen stehenden Länder. 5. 1896. Budapest: Vörösmarty 1897. S. 98-102.

WEBER, Gudrun (1998): Bestandsaufnahme und Kommentierung dialektologischer Forschung zum Burgenland und zu Westungarn. Wien. Dipl.-Arb., 1998.

3. Burgenland, Deutsch, Soziolinguistik

MUHR, Rudolf (1981): Sprachwandel als soziales Phänomen. Eine empirische Studie zu soziolinguistischen und soziopsychologischen Faktoren des Sprachwandels im südlichen Burgenland. Wien. Braumüller. 208 S. (= Schriften zur deutschen Sprache in Österreich 7).

RESCH, Gerhard (1974): Soziolinguistisches zur Sprache von Pendlern. Die Realisierung der hochsprachlichen Diphthonge "ei", "au" und "eu" in der Umgangssprache von Gols (Burgenland) unter dem Einfluß des Wiener Dialektes. In: Wiener Linguistische Gazette 7 (1974), S. 38-47.

SCHEIBSTOCK, Alexandra (1995): Sprachgebrauch von Schülern. 128 S. Wien, Univ., Dipl.-Arb., 1995.

SAUER, Dagmar (1995): Bewertungen des Dialekts in der Schule. Am Beispiel der Pflichtschulen im südlichen Burgenland. 159 S. Wien, Univ., Dipl.-Arb., 1995.

WEINHOFER, Maria (1978): Probleme der ungarisch-deutschen Interferenz im mittleren Burgenland. Graz. HA. (Mit Kassette).

4. Burgenland, Deutsch, Einzelmerkmale

BAUER, Martha: Der Weinbau des Nordburgenlandes in volkskundlicher Betrachtung. Eisenstadt 1954. (= Wissenschaftliche Arbeiten aus dem Burgenland. 1) W

BOTHAR, Michael Ferdinand (1950): Magyarische Wörter im hienzischen Sprachgebrauch. In: Burgenländische Heimatblätter. 12. Jg. 1950. S. 182-185. W

DACHLER, Anton (1902): Beziehungen zwischen den niederösterreichischen, bayerischen und fränkischen Mundarten und Bewohnern. In: Haberlandt, Michael (Hrsg)-Zeitschrift für österreichische Volkskunde. 8. Jg. (1902). S. 81-98.

EBENSPANGER, János (1893): A hincz nyelvbe olvadt magyar szavak. [In die hienzische Sprache übergegangene magyarische Wörter.] In: Programm der öffentlichen evangelischen Schulanstalten zu Oberschützen. 1892/93. Oberschützen. S3-6.

HARMUTH, A. A./M. Eigl (1951): Bemerkungen zu M. F. Bothars „Magyarische Wörter im hienzischen Sprachgebrauch". In: Burgenländische Heimatblätter. 13. Jg. S. 43 - 46.

HARMUTH, A. A. (1955) (1955): An der Quelle des burgenländischen Wortes „Hotter" - Feldmark, Grenze. In: Volk und Heimat. 8. Jg. 1955. S. 14.

HARMUTH, Adolf (1958): Zur Etymologie des burgenländischen Wortes „Kitting". In: Burgenländisches Leben. 9. Jg. Heft 1. 1958. S. 8.

HICKELSBERGER, Ingrid (1967): Untersuchung des Wortschatzes der Fischerei am Neusiedler See. Wien: Diss.

HUTTERER, C. J. (1968): Deutsch-ungarischer Lehnwortaustausch. In: Mitzka, W. (Hg.): Wortgeographie und Gesellschaft. Berlin. 644–659.

JONTES, Günther (1965): Wörter des Ackerbaues und anderer bäuerlicher Arbeitskreise in der Mundart zwischen Raab und Ilz (mit einem Anhang über die bäuerlichen Bezeichnungen der Jahreszeiten). Graz: Diss.

KORKISCH, Adolf (1981/1982): Volkstümliche Pflanzennamen aus dem Burgenland. Eine sprachwissenschaftliche Untersuchung. In: Burgenländische Heimatblätter. 43. Jg. 1981. S. 37-45; S. 78-87; S.125-140; S. 167-184; 44. Jg. 1982. S. 21-36; S. 80-95; S. 119-128; S. 157-179.

KRACHER, Christa (1988): Sprache und Musik im Volkslied (am Beispiel des südlichen Burgenlandes). Graz: HA.

MOOR, Elemer (1935/36): Lautgeschichte und Siedlungsgeschichte. Noch einmal zur Geschichte des germanischen s im Hienzischen. In: Neue Heimatblätter. Vierteljahresschrift zur Erforschung des Deutschtums in Ungarn. 1. Jg. 1935/36. S 140-148.

PEYERL, Elke (1998): "Das liegt mir stagelgrün auf!" Phraseologismen der gesprochenen Sprache in Wien, Niederösterreich, Oberösterreich und Burgenland in dreißig alltäglichen Redesituationen. Wien, Univ., Dipl.-Arb., 410 S.

PFALZ, Anton (1927): Angeblich fränkische Mundarten in Österreich. In: Oberdeutsche Zeitschrift für Volkskunde. 1. 1927. S. 54-62. EL

PUTZ, Christian (2000): Dialektale Satzgliedstellung im südlichen Burgenland. 112 S. Wien, Univ., Dipl.-Arb., 2000.

SCHEURINGER, H.: Geschichte der deutsch-ungarischen und deutsch-slawischen Sprachgrenze im Südosten. In: Besch, Werner (u. a.) (Hg.): Sprachgeschichte. Ein Handbuch zur Geschichte der deutschen Sprache und ihrer Erforschung. 2., vollständig neu bearbeitete und erweiterte Auflage (= HSK 4). Berlin / New York 2004: 3365–3379.

SCHWARTZ, Elemér (1919): Nyelvkeveredés a lapinecsontúli nemetnyelvjáráste-rületen [Sprachmischung auf deutschem Gebiet jenseits der Lafnitz]. In: Nyelvtudomany 7 (1919), S. 1-19, 1 Kt.

SCHWARTZ, Elemér A Rábalapínczközi nyelvjárás hangtana [Lautlehre der Mundart zwischen der Raab und Lafnitz]. Budapest 1914. (=Német Philologiai Dolgozatok. 10)

STEINHAUSER, Walter (1926): Die Entwicklung des ahd. uo im Bairischen und A. Dachlers Frankenhypothese. In: 13. Bericht von der Akademie der Wissenschaften in Wien bestellten Kommission für das Bayerisch-Österreichische Wörterbuch für das Jahr 1925. (= Anzeiger der phil.-hist. Kl. der Ak. d. W. in Wien V-VIII und XI, 1926) Wien: 1926. S. 21-62. EL, LG

STEINHAUSER, Walter (1928): Die sinnverwandten Ausdrücke zur Bezeichnung der „Speckgrieben" im Bairischen. In: Akademie der Wissenschaften. Philosophischhistorische Klasse. Anzeiger. 64. Jg. 1927. Wien, Leipzig: HPT 1928. S.64-84.

STEINHAUSER, Walter (1929): Die Sinnverwandten für „Träne" und die Entwicklung des ahd. h im Bairischen. Mit zwei Karten. In: Anzeiger der Akademie der Wissenschaften in Wien. Philosophischhistorische Klasse. Anzeiger. 66. Jg. 1929. Wien, Leipzig HPT 1930. S. 24-61. EL

STEINHAUSER, Walter (1924): Hotter. Eine wortkundliche Skizze. In: Deutschösterreichische Tageszeitung. 34. Jg. (20.1.1924) S. 8f.

THURNER, Alois (1914): Die hienzische Mundart an der steirisch-ungarischen Landesgrenze im Winkel zwischen Raab und Feistritz. Innsbruck: Diss. 1914. (verschollen)

5. Burgenland, Deutsch, Ortsbeschreibungen (Alfabetisch nach Orten geordnet)

▪ Apetlon, Seewinkel: GRÄFTNER, Peter (1966): Lautlehre der Ortsmundarten von Apetlon, Gols und Weiden im burgenländischen Seewinkel. (Vom Leben und Sterben der alten Formen). Diss. (masch.), Wien. (2 Bde.), IX, 221 S., 59 S.

▪ Deutsch Kaltenbrunn: Staber, Doris: Flurnamen. Deutsch-Kaltenbrunn. WS 1987/88. (Mit 6 Kassetten)

▪ Edelstal: KRINGS, Martha (1965): Die Mundart von Edelstal im nördlichen Burgenland. Diss. (masch.), Wien. 229 S., 6 Photos, 1 Kt.

▪ Eisenstadt: JAGSICH, János (1922): A Kismartoni völgy német nyelvjárásanak hangtana. [Lautlehre der deutschen Mundart des Eisenstädter Riedes]. Szeged: Diss. (verschollen)

▪ Eltendorf: PUMMER, Cornelia (1985): Erhebung der Flurnamen der Gemeinde Eltendorf. SS 1985. (Mit 3 Kassetten).

- Gols: RESCH, Gerhard (1980): Die Weinbauterminologie des Burgenlandes. Eine wortgeographische Untersuchung, ausgehend von der Weinbaugemeinde Gols. Wien. Braumüller. (= Schriften zur deutschen Sprache in Österreich 4). ISBN 3-7003-0240-1.

- Jabing: Tauss, Friederike: Die Haus- und Flurnamen in Jabing (Burgenland). Graz: HA 1984.

- Kleinhöflein: KORKISCH, Adolf (1986): Die nordburgenländische Mundart von Kleinhöflein. In: Burgenländische Heimatblätter. 48. Jg. 1986. S. 113-139.

- Leithaprodersdorf: MADERNER, Ulrike (1968): Mundartliche Krankheitsausdrücke aus der Umgebung von Leithaprodersdorf im Burgenland. 87 S. Wien, Univ., Hausarb.

- Mattersburg: LÖGER, Ernst (1931): Die Mundart. In: Heimatkunde des Bezirkes Mattersburg im Burgenland. Zusammengestellt und teilweise verfaßt von Ernst LÖGER. Wien, Leipzig 1931, S. 238-239.

- Mattersburg: RAUCHBAUER, Paul (1976): Die Mattersburger Mundart. In: Hans Paul (Hrsg.): 50 Jahre Stadtgemeinde Mattersburg. Heimatbuch der Stadt Mattersburg zur 50. Wiederkehr des Tages der Stadterhebung. Mattersburg. 1976. S. 248-251.

- Mattersburg: SZMUNDITS, Friederike (1961): Die Mundart von Mattersburg. Eine wortsoziologische und sprachbiologische Untersuchung. Wien: Diss.

- Mörbisch: SEIDELMANN, Erich (1957): Lautlehre der Mundart von Mörbisch am Neusiedler See. Diss. (masch.), Wien 1957, 347 S.

- Neckenmarkt: BIRÓ, Ludwig Aman (1910): Lautlehre der heanzischen Mundart von Neckenmarkt. Phonetisch und historisch bearbeitet. Leipzig 1910, XVIII, 112 S.

- Neckenmarkt: BIRÓ, Ludwig Aman (1918): Mundart von Neckenmarkt bei Ödenburg (Sopron), Ungarn. In: Deutsche Mundarten 5. Hrsg. von Joseph SEEMÜLLER. (= Sitzungsberichte der K. Ak. d. W. in Wien, phil.-hist. KL. 187/1. 48. Mitteilung der Phonogramm-Archivs-Kommission), Wien 1918, S. 49-54.

- Neusiedl am See: KAST, Ulrike (1997): Die Terminologie des Acker- und Gemüsebaus von Neusiedl am See im Burgenland. Mundartliche Bezeichnungen für landwirtschaftliche Arbeitsvorgänge und Geräte in ihrer Entwicklung während des 20. Jahrhunderts. 238 S. Wien, Univ., Dipl.-Arb., 1997.

- Oberschützen, Ödenburg, Lockenhaus: PFALZ, Anton (1911): Proben Heanzischer Mundart. Mundart von Oberschützen bei Ödenburg, Ungarn. Mundart der Stadt Ödenburg, Ungarn. Mundart von Lockenhaus bei Güns, Ungarn. In: Deutsche Mundarten 3. Hrsg. von Joseph SEEMÜLLER. (= Sitzungsberichte der K. Ak. d. W. in Wien, fhil.-hist. Kl. 167/3. 20. Mitteilung der Phonogramm-Archivs-Kommission), Wien 1911, S. 25-38.

- Pilgersdorf: PUHR, Ferenc (1926): Pörgölény község és környéke Hienc nyelvjárásának hangtana. [Lautlehre der hienzischen Mundart von Pilgersdorf und Umgebung]. Budapest Diss. (verschollen)

- Pilgersdorf: HARRER, Birgit (2001): Der Dialekt von Pilgersdorf im Burgenland. Lautlehre. 106 S. Wien, Univ., Dipl.-Arb., 2001.

- Pinkatal: LAKY, Alexander (1937): Lautlehre der Mundarten des Pinkatales. Diss. (masch.), Wien 1937, 189 S., 1 Kt.

- Pöttsching: HÖGLER, Helga (1961): Die Mundart von Pöttsching im Burgenland. Eine sprachwissenschaftliche Studie. 276 S. Wien, Univ., Diss., 1962.

- Pöttsching: LÖGER, Ernst (1928): Die Mundart. In: LÖGER, Ernst: Heimatkunde von Pöttsching im Burgenland. Eisenstadt 1928, S. 117-118.

- Purbach: GARAMI, Elek (1922): A feketevárosi nyeldvárás hangtana [Lautlehre der Mundart von Purbach]. Budapest: Diss.

- Rechnitz: BERNHART, Wilhelm (1927): Einiges über die Mundart von Rechnitz und Umgebung. In-Burgenland. Vierteljahrshefte für Landeskunde, Heimatschutz und Denkmalpflege 1. Eisenstadt. S. 21-26.

- Rechnitz: KARNER, Hans (1930): Lautlehre der hienzischen Mundart von Rechnitz und Umgebung. Diss. (masch.), Wien 1930, 211 S.

- Schandorf: MÜHLGASZNER, Edith/VERASZTO, Apollonia (1986): Die Mundart von Schandorf im Burgenland. 106 S. Graz, Univ., Dipl.-Arb.

- St. Margarethen: ALTENBURGER, Josef (2000): Erinnerungen an ein Leben im Dorf. Im Anhang: Unsere Mundart - ein fast verlorenes Erbe.

St. Margarethen im Burgenland - Marktgemeinde St. Margarethen im Burgenland. 46 S.

- Strem: UNGER, Johanna (1981): Flurnamen von Strem. Graz: HA 1981. (Mit Kassette).

6. Burgenland, Deutsch, Auslandsburgenländer

MARTSCHIN, Hannes (1995): Burgenländer in Kontakt. Über das Sprachverhalten der Burgenland-Amerikaner im Lehigh Valley, Pennsylvania. 265 S. Wien, Univ., Dipl.-Arb., 1995.

7. Burgenland, Deutsch, Literatur

BÜNKER, Johann Reinhard: Schwanke, Sagen und Märchen in heanzischer Mundart. Leipzig 1906, XVI, 436 S. Mit Ergänzungen zur Auflage von 1906 in vereinfachter Mundartwiedergabe. Hrsg. von Karl HAIDING, Graz 1981, XXXII; 439 S.

HUTTERER, Claus Jürgen: Tobias Kern und die Mundart von Ödenburg. In: Johann Reinhard BÜNKER: Schwanke, Sagen und Märchen in heanzischer Mundart. Mit Ergänzungen zur Auflage von 1906 in vereinfachter Mundartwiedergabe. Hrsg. von Karl HAIDING, Graz 1981, S. IX-XXV.

ÖSTERR. DIALEKTAUTOREN (Ö.D.A.) (Hrsg.): Es is goa nit so leicht. Neue Lieder und Gedichte aus dem Burgenland. Wien. Internationales Dialekt-Institut, Wien: IDI-Ton. IDI-Ton 18. Kassette mit Begleitheft.

POSCH, Dieter (1963): Johann R. Bünkers Märchen aus Niederösterreich und dem Burgenland, ihr Verbreitungsgebiet und ihre Mundart. 100 S. Wien, Univ., Hausarb. 1963.

8. Westungarn, Deutsch

BEDI, Rezső (1912): A soproni hienc nyelvjárás hangtana (Lautlehre der heanzischen Mundart von Ödenburg). Ödenburg/Sopron. 60 S.

BRAUNSTEIN, Maria (1964): Unterzemming; Mundart und Kernöl-produktion. Budapest.

BRAUNSTEIN, Maria (1964): Wortschatz und Volkskunde der Volks-nahrung in Unterzemming. Budapest.

BRAUNSTEIN, Maria (1986): Unterzemming / Alsöszölnök (Geschichte und Brauchtum). In: Beiträge zur Volkskunde der Ungarndeutschen. 6. Budapest: Tankönyvkiadö. S. 83-107.

BRENNER, Koloman (1994): Das Schulwesen der deutschen Volksgruppe in Ungarn. In: (Hrsg. HOLZER, Werner/PRÖLL, Ulrike) Mit Sprachen leben Klagenfurt, 135-146.

BÜNKER, J.R. (1895): Das Bauernhaus in der Heanzerei (Westungarn). Mit 102 Text-Illustrationen. In: Mitteilungen der Anthropologischen Gesellschaft in Wien Bd. 25. Wien: Hölder 1895. S. 89 - 154.

FORSTNER, Jozsef (1945): Die Siedlungsmundart am Heideboden in Ungarn. Budapest: Diss. (verschollen)

GRABNER, Sr. Maria Emilia (1959): Die Mundart von St. Johann am Heideboden (Westungarn). Lautliches und Wortkundliches. Wien: Diss.

HUTTERER, Claus Jürgen (1963): Das ungarische Mittelgebirge als Sprachraum. Historische Lautgeographie der deutschen Mundarten in Mittelungarn. Halle Niemeyer. (=Mitteldeutsche Studien. 24)

HUTTERER, Claus Jürgen (1960/1991): Geschichte der ungarndeutschen Mundartforschung. Berlin Akademie-Verlag 1960. (=Berichte über die Verhandlungen der sächsischen Akademie der Wissenschaften zu Leipzig. Philologisch-historische Klasse. Bd. 106, Heft 1). Wieder abgedruckt in: Manherz, Karl (Hrsg.): Claus Jürgen Hutter. Aufsätze zur deutschen Dialektologie. Budapest: Tankönyvkiadö 1991. (=Ungarndeutsche Studien. 6)

HUTTERER, Claus Jürgen (1975): Die deutsche Volksgruppe in Ungarn. In: Beiträge zur Volkskunde des Ungarndeutschen. Budapest. S. 11 - 36.

KARLON, Alexandra (1988): Untersuchung zur Dialektgeographie von deutschen Volksliedern in Westungarn. Graz: Diss.

KRIEGLEDER, Wynfrid/ SEIDLER, Andrea (Hrsg.) (2004): Deutsche Sprache und Kultur, Literatur und Presse in Westungarn, Burgenland. Bremen. Ed. Lumière. 329 S. ISBN 934686-17-6. (= Presse und Geschichte 11).

JENNY, Ilona (1928/29): Die Formenlehre des Heanzendialektes von Ödenburg. Budapest: FA. (verschollen)

MAAR, Gizella (1943): A Soproni szöllömüvelés és szókincsc. (Der Ödenburger Weinbau in Wort und Bild). Budapest.

MANHERZ, Karl (1989): Ungarndeutscher Sprachatlas (UDSA). In-Werner H. Veith, Wolfgang Putschke (Hrsg.): Sprachatlanten des Deutschen. Laufende Projekte. Tübingen: Niemeyer. S.367-382.

MANHERZ, Karl (1989): Ungarndeutsches Wörterbuch (WUM). In: Veith, Werner H., Wolfgang Putschke (Hrsg.): Sprachatlanten des Deutschen. Laufende Projekte. Tübingen: Niemeyer. S.383-385.

MANHERZ, Karl (1986): Zum Stand der ungarndeutschen Dialektlexikographie. In: Hans Friebertshäuser (Hrsg.): Lexikographie der Dialekte Beiträge zur Geschichte, Theorie und Praxis. Tübingen: Niemeyer. (= Reihe germanistischer Linguistik. 59). S. 15-20.

MANHERZ, Karl (1985): Die ungarndeutschen Mundarten und ihre Erforschung in Ungarn. In: Beiträge zur Volkskunde der Ungarndeutschen. Bd. 5. Budapest: Lehrbusch.

MANHERZ, Karl (1977): Sprachgeographie und Sprachsoziologie der deutschen Mundarten in Westungarn. Budapest. 282 S., 90 Ktn., 3 Abb.

MANHERZ, Karl (1973): Die Terminologie der Flachsverarbeitung in den deutschen Mundarten in Westungarn. In: Annales Universitatis Scientiarum Budapestinensis de Rolando Eötvös Nominatae, Sectio Linguistica 4. Budapest. S. 93-99, 1 Kt.

MANHERZ, Karl (1972): Soziale Schichten in den deutschen Mundarten in Nordwestungarn. In: Annales Universitatis Scientiarum Budapestinensis de Rolando Eötvös nominatae. Sectio Linguistica. 3. Budapest 1972. S. 85 - 94. BD.

MANHERZ, Karl (1970): Kerzengießen auf dem Heideboden. In: Acta Linguistica. Académiae Scientiarum Hungaricae. 20. Budapest Akademiai Kiadó 1970. S. 173-181.

MANHERZ, Károly (1970): Nyelvföldrajzi és sztratiftikáció a Mosonosfkság német nyelvárásiban. Kanditátusi értekezés tézisei. [Sprachgeographische und sprachsoziologische Schichtung im deutschen Sprachgebiet des Heidebodens.] Diss. Budapest.

MANHERZ, Karl (1969): Beiträge zur Fischerei am Neusiedlersee und auf dem Heideboden. In. Acta Linguistica. Academiae Scientiarum Hungaricae. 19. Budapest: Akademiai Kiadö. S.133-155.

NITSCH, Mathes (1912/13): Die deutschen Heidebauern in Ungarn. Ein ethnographischer Versuch. In: Adolf Meschendörfer: Die Karpathen. Halbmonatschrift für Kultur und Leben. 6. Kronstadt: Zeichner 1912/13. S. 82-92.

PFALZ, Anton: [Burgenland -Westungarn: Mundart]. In: Handwörterbuch des Grenz-und Auslanddeutschtums 1. Hrsg. von Carl PETERSEN et al. Breslau 1933, S. 714-715.

PFAUNDLER, Richard (1910): Das Verbreitungsgebiet der deutschen Sprache in Westungarn. In: Deutsche Erde. Zeitschrift für Deutschtum. 9. Jg. Gotha: Perthes 1910. S. 14-18. S. 35-46. S. 67-72. S. 134-141. S. 173-183. S. 221-225.

SCHWICKER, J. H. (1881): Die Deutschen in Ungarn und Siebenbürgen. Wien, Teschen: Prochaska. (= Die Völker Oesterreich-Ungarns. 3)

9. Niederösterreich, Deutsch, UI-Mundarten

FREITAG, Franz; Die niederösterreichischen Mundarten. In: Unsere Heimat NF 20 (1949), S. 39-41.

FRISCHAUF, Eugen (1908/09): Übereinstimmungen mitteldeutscher, besonders fränkischer Mundarten mit der des Viertels unter dem Manhartsberg. In: Vancsa, Max (Hrsg.): Monatsblatt des Vereines für Landeskunde von Niederösterreich. 4. Wien.

GLATTAUER, Walter (1978): Strukturelle Lautgeographie der Mundarten im südöstlichen Niederösterreich und in den angrenzenden Gebieten des Burgenlandes und der Steiermark. Wien. 221 S., 67 Ktn. (= Schriften zur deutschen Sprache in Österrreich 1).

HAMZA, Ernst (1913): Folkloristische Studien aus dem niederösterreichischen Wechselgebiete Dialekt. In: Zeitschrift des deutschen und österreichischen Alpenvereins. Wien. S. 81-103.

HOFFELNER, Karl (1980): Die ui-Mundart. In: Die Mundartdichtung in Niederösterreich. Hrsg. von Walther SOHM. (= Mitteilungen der Mundartfreunde Österreichs 32), Wien. S. 160-163, 1 Kt.

KNECHTEL, Johanna (1980): Das Schrifttum der niederösterreichischen ui-Mundart im 20. Jahrhundert -Möglichkeiten und Grenzen der Mundart als künstlerisches Ausdrucksmittel. Diss. (masch.), Wien. XIII, 245S.

NOWOTNY, Josef (1951): Von der Ul-Mundart. In: Heimatbuch des Bezirkes Hollabrunn. Hollabrunn. S. 507-509.

PFALZ, Anton/HABERLANDT, Arthur (1926/27): Nochmals die ui-Mundart in Niederösterreich. In: Vancsa, Max: Monatsblatt des Vereines für Landeskunde und Heimatschutz von Niederösterreich und Wien. 12. 1926/27. S. 12-13.

WEIGL, Heinrich (1921): Die niederösterreichische ui-Mundart, ihre Abstammung und Verwandtschaft. In: Wiener Zeitschrift für Volkskunde 27. S. 70-73.

WEIGL, Heinrich (1924/25): Die niederösterreichische ui-Mundart. In: Teuth. 1, S. 149-186.

10. Kroatisch, Burgenland, Allgemein

FRÖHLICH, Margit (1995): Društva Gradišćanskih Hrvatov / Die Vereine der burgenländischen Kroaten. Eisenstadt/Großpetersdorf. Verl. Benua. 115 S. 3-85287-004-6.

SPREITZER, Marie Irmfried (2002): Sprachliche Minderheiten in der europäischen Union: Burgenländische Kroaten und Friesen. Eine Vergleichsstudie der gegenwärtigen sprachpolitischen Situation des Friesischen in den Niederlanden und des Kroatischen in Österreich. 105 S. Wien, Univ., Dipl.-Arb., 2002.

11. Kroatisch, Burgenland, Schulwesen

FIRMKRANZ, Elke Elisabeth (1999): Die Sprache des Lehrers im Unterricht am Beispiel einer Handelsakademie (Burgenland). 118 S. Wien, Univ., Dipl.-Arb., 1999.

KINDA-BERLAKOVIC, Andrea Zorka (2001): Das zweisprachige Pflichtschulwesen der burgenländischen Kroaten in der Vor- und Nachkriegszeit. Eine Dokumentation mit Kurzbiografien und Zeitzeugenberichten. Dvojezicno školstvo gradišćanskih Hrvatov u pred- i pobojnom vrimenu. Eisenstadt. Narodna Visoka škola Gradišćanskih Hrvatov. 416 S.

KINDA-BERLAKOVIC, Andrea Zorka (2002): Die kroatische Unterrichtssprache und das zweisprachige Pflichtschulwesen der burgenländischen KroatInnen. Eine sprachpolitisch-historische Untersuchung des zweisprachigen Schulwesens sowie eine soziolinguistische Untersuchung zum Stellenwert der kroatischen Unterrichtsprache von 1921 bis 2001. 375 S. Wien, Univ., Diss., 2002

JANDRISITS, Judith (1999): Erziehung zur Zweisprachigkeit in Schule und Familie. Modelle, Theorien und Bestandsaufnahme am Beispiel der 10 bis 14jährigen der Gemeinde Güttenbach-Pinkovac/Bgld. 152 Bl. Dipl.Arb Univ. Wien.

12. Kroatisch, Burgenland, Wörterbücher und Überblickspublikationen

BENČIĆ Nikola: Književnost gradišćanskih Hrvata od 1921. do danas (Prinosi za povijest književnosti u Hrvata, knjiga VIII.), Herausgeber: Sekcija Društva hrvatskih književnika i Hrvatskog centra P.E.N.-a za proučavanje književnosti u hrvatskom iseljeništvu, Zagreb 2000.; Format 168 x 238 mm, 369 Seiten, illustr.; ISBN 3 901 70607

BENČIĆ, Nikola (1971): Abriß der geschichtlichen Entwicklung der burgenländisch kroatischen Schrtiftsprache. Wiener Slawistisches Jahrbuch, Wien 1971/17, 16-28.

BREU, Josef (1970): Die Kroatensiedlung im Burgenland und den anschließenden Gebieten. Wien: Deuticke.

BURGENLÄNDISCHKROATISCHES WÖRTERBUCH / Gradišćanskohrvatski rječnik. Eisenstadt: Zagreb. Komm. für Kulturelle Auslandsbeziehungen der R. Kroatien, Inst. für Kroat. Sprache. Deutschburgenländischkroatisch-kroatisches Wörterbuch. 1982. Gradišćanskohrvatsko-hrvatsko-nimski rječnik. 1991

HADROVICS, László (1974): Schrifttum und Sprache der burgenländischen Kroaten im 18. und 19. Jahrhundert. Wien: Verlag der ÖAW.

JEMBRICH, Alojz: "Na izvori gradišćanskohrvatskoga jezika i književnosti/Aus dem Werdegang der Sprache und Literatur der Burgenlandkroaten", Oberwart 1997.; Format: 150 x 237 mm, illustr., 384 Seiten, ISBN 3-901-70602

KOSCHAT, Helene (1978): Die cakavische Mundart von Baumgarten im Burgenland. Wien. Verlag der ÖAW.

NEWEKLOWSKY, Gerhard (1978): Die kroatischen Dialekte des Burgenlandes und der angrenzenden Gebiete. Wien: Verlag der ÖAW.

NYOMÁRKAY, ISTVÁN: "Sprachhistorisches Wörterbuch des Burgenlandkroatischen mit einem rückläufigen Verzeichnis der Titelwörter", Mitherausgeber: Ungarische Akademie der Wisschenschaft. Oberwart. Wissenschaftliches Institut der Burgenlandkroaten.

NYOMÁRKAY, István (1996): Sprachhistorisches Wörterbuch des Burgenlandkroatischen. Mit einem rückläufigen Verzeichnis der Titelwörter. Budapest, Akad. Kiadó. 424 S. ISBN 963-05-7392-X

PALKOVITS, Elisabeth (1987): Wortschatz des Burgenländischkroatischen. Wien. Verl. d. Österr. Akad. d. Wiss. 256 S. (= Schriften der Balkan-Kommission, Linguistische Abteilung / Österreichische Akademie der Wissenschaften, Philosophisch-Historische Klasse 32). ISBN 3-7001-0766-8.

PALKOVITS, Elisabeth (1987): Wortschatz des Burgenlandkroatischen. Wien: Verlag der ÖAW.

SEEDOCH, Johann (1986): Die Kroaten im burgenländisch-westungarischen Raum 1848 bis 1918. In: Geosits, Stefan (Heg.) (1986): Die burgenländischen Kroaten in Wandel der Zeiten. Wien: Edition Tusch. S. 125-142.

TOMSICH, Rudolf: Rechtswörterbuch - Pravni rjecnik. Wien. Bundeskanzleramt. ISBN 3-85052-021-8.

TORNOW, Siegfried (1989): Burgenlandkroatisches Dialektwörterbuch. Die vlahischen Ortschaften. Wiesbaden. Harrassowitz. 399 S. (= Balkanologische Veröffentlichungen 15).

VASS, Josef (1965): Sprache und Volkstum der Mittelburgenländer Kroaten. Graz. Phil. Diss.

13. Kroatisch, Burgenland, Lexik

DOBROVIĆ I. (1940): Paprikovanje u biljnom carstvu. – Hrvatske Novine 1940/15–33.

MELISITS, Isabella (1996): Gemeinsames Erbe in der Lexik des Ost- und Südslavischen. Ein Vergleich des Russischen, des Serbokroatischen/Burgenländischkroatischen und des Altkirchenslavischen. 342 S. Wien, Univ., Dipl.-Arb., 1996.

NEWEKLOWSKY, Gerhard / Gaál, Károly (1987): Totenklage und Erzählkultur in Stinatz im südlichen Burgenland. Kroatisch und Deutsch. Wien. Ges. zur Förderung Slawist. Studien. 315 S. (Wiener slawistischer Almanach : Sonderband ; 19 : Linguistische Reihe).

STEFANITS, Günther (1966): Die deutschen und die magyarischen Lehnwörter in der burgenländer kroatischen Mundart von Hornstein. Wien. Phil. Diss.

14. Kroatisch, Burgenland, Soziolinguistik

KARALL Demeter-Geosits, Stefan (1986): Das Pendlerwesen – Assimilation. In: Geosits, Stefan Hg. (1986): Die burgenländischen Kroaten in Wandel der Zeiten. Wien: Edition Tusch. S. 311-312.

ODORFER, Maria (1999): Assimilation der burgenländischen Kroaten an die deutsche Sprachgemeinschaft, unter besonderer Berücksichtigung der Poljanci des Bezirks Eisenstadt. Eine sprachsoziologische Studie. Wien, Univ., Dipl.-Arb.

STARK, Heinz Karl (1976): Sprachsoziologische Untersuchung der Berufsrolle „Landwirt" am Beispiel Tadten. In: Tadten. Eine dorfmonographische Forschung der Ethnographia Pannonica Austriaca. 1972/73. Eisenstadt 1976. S.191-227. (=Wissenschaftliche Arbeiten aus dem Burgenland. 56)

ZSIFKOVITS, Johann (2000): Auswirkungen der Sozialisation auf Gebrauch und Weitergabe der kroatischen Sprache im Burgenland. 188 S. Wien, Univ., Dipl.-Arb., 2000.

ZSIVKOVITS, Birgit (2004): Die Selbstwertproblematik bei Minderheitenangehörigen. Am Beispiel der burgenländischen Kroaten. 96 S. Wien, Univ., Dipl.-Arb., 2004.

15. Kroatisch, Burgenland, Ortsbeschreibungen, Interferenz

CZENAR, Gisela (1981): Bäuerliche Geräte und Techniken in der kroatischen Mundart von Nebersdorf/Susevo im Burgenland. Klagenfurt. (= Klagenfurter Beiträge zur Sprachwissenschaft : Slawistische Reihe 4).

KOSCHAT, Helene (1978): Die cakavische Mundart von Baumgarten im Burgenland. Wien. Verl. d. Österr. Akad. d. Wiss. 298 S. (= Schriften der Balkan-Kommission, Linguistische Abteilung / Österreichische

Akademie der Wissenschaften, Philosophisch-Historische Klasse ; 24,2). ISBN 3-7001-0248-8.

STEFELY, Denise (2003): Die kroatische Mundart von Schachendorf/Čajta im Burgenland. 105 S. Wien, Univ., Dipl.-Arb., 2003.

VLASICH, Josef: Das Deutsche bei den Kroaten von Großwarasdorf im Burgenland. Ex. (masch.), Wien 1977, IV, 95 S., 1 Kt.

16. Burgenland-Romani, Burgenland, Allgemein

HALWACHS, Dieter (1998): Amaro vakeripe Roman hi - Unsere Sprache ist Roman. Texte, Glossar und Grammatik der burgenländischen Romani-Variante. Klagenfurt/Celovec. Drava-Verl. 239 S. (Slowenisches Institut zur Alpen-Adria-Forschung 43). ISBN 3-85435-266-2.

HALWACHS, Dieter W. (2002): Burgenland-Romani. München. LINCOM Europa. 82 S. Languages of the world : Materials 107. ISBN 3-89586-020-4.

HUBER, Heinz/Horváth, Erika. (1996): Amen roman pisinas - Wir schreiben Roman. Klagenfurt-Celovec. Verl. Hermagoras. 95 S. ISBN

17. Burgenland-Romani, Burgenland, Wörterbücher

HALWACHS, Dieter W. / Ambrosch, Gerd (2002): Wörterbuch des Burgenland-Romani (Roman). Roman - Deutsch – Englisch. Oberwart. Verein Roma. 230 S. (= Arbeitsbericht 10 des Romani-Projekts).

HALWACHS, Dieter (1996): Roman. Verschriftlichung, Basisgrammatik, Texte, Glossar der Romani-Variante der Burgenland-Roma. 228 S. Graz, Univ., Diss., 1996.

MARTENS, Katharina (1997): Verschriftungsprinzipien. Unter Berücksichtigung spontanverschrifteter Roman-Texte. 131 Bl. Graz, Univ., Dipl.-Arb., 1997.

PURR, Cornelia (1996): Kroatisches und ungarisches Lehngut im Roman der Burgenland-Roma. 99 S. Graz, Univ., Dipl.-Arb.,1996.

SCHWARTZ, Elemér: Sprachprobe aus dem Zigeunerdeutschen des Raab-Lafnitztales in Ungarn. In: Zeitschrift für deutsche Mundartforschung (1915), S. 225-228.

18. Ungarisch, Burgenland

GAÁL, Károly (1970): Die Volksmärchen der Magyaren im südlichen Burgenland. Berlin. de Gruyter.

GAÁL, Károly (1988): Aranymadár. A burgenlandi magyar falvak elbeszélo kultúrája. Szombathely. Vas Megyei Múzeumok Igazgatósága. 496 S. ISBN 963-72-06-132

GAL, Susan: Language Change and Its Social Determinants in a Bilingual Community. Diss. (masch.), Berkeley 1976, 3, VI, 321 S.

GAL, Susan: Language Shift. Social Determinants of Linguistic Change in Bilingual Austria. (= Language, Thought and Culture), New York, San Francisco, London 1979, XII, 201 S., 3 Ktn., 18 Abb.

HUTTERER, C. J.: Deutsch-ungarischer Lehnwortaustausch. In: Mitzka, W. (Hg.): Wortgeographie und Gesellschaft. Berlin 1968: 644–659.

KÁLMÁN, Béla (1966): Nyelvjárásaink. Tankönyvkiadó, Budapest.

KISS, Jenö/SZÜCS, László (1988): A magyar nyelv rétegzödése I-II. Akadémiai Kiadó, Budapest.

SAMU, Imre (1971): A felsööri nyelvjárás. Akadémiai Kiadó, Budapst.

SAMU, Imre (1971): A mai nyelvjárások rendszere. Akadémiai Kiadó, Budapest.

SZÉKELY, András Bertalan (1990): Többnyelvüség a magyarországi iskolákban, különös tekintettel a nemzeti kisebbségek oktatásügyére". Dipl.Arb. Wien.

TÓTH, Gergely (1997): 20 Jahre später. Eine kontrastive Arbeit zum Sprachgebrauch und Sprachwechsel in Oberwart. Dipl.Arb. Wien.

TROBITS, Mario (1998): Der Wandel der Zweisprachigkeit in Unterwart seit 1910". Dipl.Arb. Wien.

UNGER, Elisabeth (1991): Nyelvjárási és köznyelvies elemek Középpulya (Mittelpullendorf) nyelvében. Dipl.Arb. Wien.

In: Muhr, Rudolf/Schranz, Erwin/Ulreich, Dietmar (Hrsg.) (2004): Sprachen und Sprachkontakte im pannonischen Raum. Das Burgenland und Westungarn als mehrsprachiges Sprachgebiet. Peter Lang Verlag. Wien u.a., S. 215-242.

Liste des Sprachaufnahmen des Phonogrammarchivs der ÖAW in Orten des Burgenlands (Deutsch, Kroatisch, Roman, Ungarisch)

(Bearbeitet von R. Muhr)

Die folgende Aufstellung listet jene Sprachaufnahmen auf, die es im Bestand des Phonogrammarchivs der Österreichischen Akademie der Wissenschaften zum Burgenland gibt. Diese Liste wurde aus der entsprechenden Bibliografie des Phonogrammarchivs erarbeitet, die uns dankenswerterweise vom Phonogrammarchiv zur Verfügung gestellt wurde. Sie umfasst insgesamt mehr als 700 Einträge und zeigt, dass zu fast allen Orten des Burgenlandes Sprachaufnahmen vorliegen - an manchen Orten sogar mehrere mit verschiedensprachigen oder bilingualen Sprechern. Die Motivation für die Aufnahme dieser Liste in den vorliegenden Sammelband war der Umstand, dass die Existenz dieser Aufnahmen vielfach unbekannt ist. Sie stellen jedoch wertvolles Belegmaterial für linguistische und ethnografische Forschungen dar. Die Herausgeber verbinden mit diesem Nachdruck aus der Bibliografie des Phonogrammarchivs die Hoffnung, dass die Forschung zu den Sprachen des Burgenlandes dadurch angeregt wird. Die Tonaufnahmen können über das Phonogrammarchiv bezogen werden. Die Bibliografie des Phonogrammarchivs wurde bezüglich der darin enthaltenen Informationen auf Basisinformationen reduziert und nach den jeweiligen Aufnahmeorten sortiert. Alle darin enthaltenen Bezeichnungen (z.B. Sprachschichten- und Berufsbezeichnungen) wurden beibehalten.

In den einzelnen Spalten stehen folgende Informationen: Spalte (1): Aufnahmeort; Spalte (2): Sprache des Dokuments; Sprache (3): Nr. der Aufnahme im Bestand des Phonogrammarchivs; Spalte (4): Beruf der Gewährspersonen; Spalte (5): Thema der Aufnahme.

Abkürzungen: MA = Mundart, US = Umgangssprache, VS = Verkehrssprache, DEU = Deutsch, KRO = Kroatisch, UNG = Ungarisch, ROM = Roman

Allersgraben	KRO, Lieder und DEU, MA gespr. von einem Kroaten	B9920	Bauer und Bürgermeister	Bericht über Jahres- und Lebensbrauchtum in Deutsch; mit eingestreuten Liedern in Kroatisch
Allersgraben	DEU, MA und KRO, MA, Lieder	B9921	Männer / Frauen	Gasthausunterhaltung / Berichte über Hexen und Brauchtum
Allersgraben	KRO, MA und DEU, MA gespr. von einer Kroatin	B9922	Bäuerin	Vila-Sage, Bericht über Hexen
Althodis	DEU, MA, kroat. beeinfl.	B1507	Kleinhäuslerin / Bauer	Hexen
Althodis	DEU, MA, kroat. beeinfl.	B1508	Kleinhäuslerin / Bauer	Waldarbeit
Althodis	DEU, MA, kroat. beeinfl.	B1509	Kleinhäuslerin / Bauer	Dreschen
Althodis	DEU, MA, kroat. beeinfl.	B1510	Kleinhäuslerin / Bauer	Strohdecken, Anbau von Kartoffeln und Burgundern
Altschlaining	DEU, MA	B1535	Bauer, Schuhmacher	Schuhmacherhandwerk
Altschlaining	DEU, MA	B1536	Bäuerin	Geflügelzucht, Federnschleißen
Altschlaining	DEU, MA	B1537	Bauer, Schuhmacher / Bäuerin	Streitgespräch über Gasthausbesuch
Altschlaining	DEU, MA	B1538	Bäuerin	Geschichte eines Trinkers
Antau	DEU, MA	B576	Müllermeister	Geschichte des Mühlenwesens
Apetlon	DEU, MA	B201	Schmiedemeister / Zimmermeister	Arbeitsgespräch: Schmied und Zimmermann.
Apetlon	DEU, MA	B258	Zimmermeister / Schmiedmeister	
Apetlon	DEU	B1208-1227	Bäuerin	religiöse Lieder
Apetlon	DEU, MA	B7544	Bauern	Strohdach, Rohrstadel, Getreide-, u. Dreschmethoden, Mühle, Brotbacken, Rauchküche, Heft, Trut, Rübenanbau
Apetlon	DEU, MA	B 7545	Bauern	Essen in alter Zeit, Sauabstechen, Kirchtag, Feste, Brotbacken, Hexen, Trat, Aberglauben beim Aufziehen kleiner Kinder, Totenwacht, Landwirtschaft, Weinpresse usw.
Apetlon	UNG, Lieder	B12730-12741	Bauern	Trinklieder
Aschau	DEU, MA	B1344	Bauer	Mähen mit dem Traktor
Aschau	DEU, MA	B1345		Bericht über einen Unfall
Bad Tatzmannsdorf	DEU, MA	B1339	Bäuerin	Landw. Tätigkeiten

Bad Tatzmanns-dorf	DEU, MA	B1340	Bauer	Jugendzeit, Landwirtschaft
Badersdorf	DEU, MA	B1491	Bauer	Streitrede
Badersdorf	DEU, MA	B1492	Bauer	Hochzeit
Badersdorf-Ei-senberg	DEU, MA	B1464	Bauer	Trut
Baumgarten	KRO, MA	B211	Schneider	Hochzeitsbrauch
Baumgarten	KRO, MA	B212	Arbeiterin	Baumgartner Kloster
Baumgarten	KRO, MA	B212	Arbeiterin	Baumgartner Kloster
Baumgarten	KRO, MA	B214	Schneider	Hochzeitsbrauch
Baumgarten	KRO, MA	B577	Bäuerin / Bauer	
Bergwerk	DEU, MA		Bäuerin / Bauer	Flachsbereitung
Bergwerk	DEU, MA		Bäuerin / Bauer	Weber, Trut
Bernstein	DEU, MA	B1323		Kuhhandel
Bernstein	DEU, MA	B1324		Wagenkauf
Bernstein	DEU, MA	B1325		Kindheitserinnerungen
Bocksdorf	DEU, MA	B 3140	Bäuerin / Bauer	Wagen, Pflug, Spinnrad, Rauchküche, Sechten
Bonisdorf	DEU, MA	B3173	Bäuerin / Bauer	Erlebnisse im Jahre 1945, Kür-bisverwertung
Bonisdorf	DEU, MA	B3174	Bäuerin / Bauer	Kriegserlebnis
Bonisdorf	DEU, MA	B 9356	Bäuerin / Bauer	Weihnachten, Backofen, Äsen, Beleuchtung, Schweinestall, Wagen, Totenwacht, To-tenschmaus usw.
Breitenbrunn	DEU, MA	B517	Mesner / Bauer	Kirtag
Breitenbrunn	DEU, MA	B518	Mesner / Bauer	Goldene Hochzeit
Breitenbrunn	DEU, MA	B519	Mesner / Bauer	Hochzeit
Breitenbrunn	DEU, MA	B520	Mesner / Bauer	Rohrschneiden
Bruckneudorf	DEU, MA, VS	B293	Gärtner	Gärtnerei
Buchschachen	DEU, MA	B 1495		Flachsbau und -Verarbeitung
Buchschachen	DEU, MA	B 1496		Drischeldreschen
Burg	DEU, MA	B1582	Bauer und Schmied	Schmiede
Burg	DEU, MA	B1583	Bäuerin	Kartoffelbau, Kukuruzbau, Trut
Burgauberg	DEU, MA	B3135		Dreschen, Strohdecken, Hopfen, Flachs, Hexen, wilde Jagd, Trut, Fraisen, Geburt, Kindelbeitrag, Totenbräuche,
Deutsch Bieling	DEU, MA	B2419	Bauer	Lebensgeschichte
Deutsch Ehrensdorf	DEU, MA	B2441	Bäuerin / Bauer	Gänsezucht, Viehzucht, Tierkrankheiten (Arzneien)
Deutsch-Jahrndorf	DEU, MA	B288	Kleinrichter	Hochzeitsbrauch: schwarze Henne
Deutsch-Jahrndorf	DEU, MA	B289	Kleinrichter	Hexengeschichte
Deutsch-Jahrndorf	DEU, MA	B290	Kleinrichter	Pflug
Deutsch-Jahrndorf	DEU, MA	B198	Landarbeiter /	Spottvers

			Landarbeiter	
Deutsch-Jahrndorf	DEU, MA	B199	Landarbeiter / Landarbeiter	Rohrdecken.
Deutsch-Jahrndorf	DEU, MA	B200	Landarbeiter / Landarbeiter	Ackern, Hamsterfang.
Deutschkalten-brunn	DEU, MA	B3147	Bauer / Bäuerin	Abstechen heute und früher, Selchen, Sautanz
Deutschkreutz, Girm	DEU, MA	B887	Bauer / Bäuerin	Geschichte von der schlagenden Goaß
Deutschkreutz, Girm	DEU, MA	B888	Bauer / Bäuerin	Drei lustige Geschichten
Deutschminihof	DEU, MA	B3155	Bauer	Von der eigenen Hochzeit, Blochziehen
Deutsch-Schützen	DEU, MA	B178	Bauer / Bäuerin	Bauernarbeit.
Deutsch-Schützen	DEU, MA	B179	Bäuerin	Bräuche
Deutsch-Schützen	DEU, MA	B179	Bäuerin	Feldarbeit, Stall.
Deutsch Tschantschendorf	DEU, MA	B2416	Bäuerin / Bauer	Rauchküche, Backen, Martini, Allerheiligenstriezel, Nikolo, Weihnachten, Auffrischen, Bräuche
Dobersdorf	DEU, MA	B3144	Bäuerin / Bauer	Dreschen, Getreide, Buchweizen, Brotbacken, Trut- u. Hexengeschichten, Geister- u. Hexenerlebnis
Donnerskirchen	DEU, MA	B546	Gemeindedienerin	Schulschwänzen
Donnerskirchen	DEU, MA	B547	Schüler	Die Krenreißer
Doiber		B3180		Obstbau, Mostgewinnung, Most, Hexen, Trut
Dörfl	DEU, MA	B870	Bauer / Bäuerin	Raupenbekämpfung, Hochzeit
Draßburg	KRO, MA, Lieder	B291	Chauffeur	Trnjice, trnjice
Draßburg	KRO, MA, Lieder	B292	Chauffeur	Zibrao sam si hpu stazu
Draßburg	KRO, MA	B565	Bäuerin	Erlebnis
Draßburg	KRO, MA	B566	Schlosser und Elektromeister	Kriegserlebnis
Draßburg	DEU, MA	B567	Bäuerin / Schlosser und Elektromeister	Weinbau
Draßmarkt	DEU, MA	B188	Bauer / Bauer	Wirtshaus gespräch.
Draßmarkt	DEU, MA	B900	Bauer / Bäuerin	Streitgespräch
Dreihütten	DEU, MA	B 1323	Bauer	Kuhhandel
Dreihütten	DEU, MA	B 1324	Bauer	Wagenkauf
Dreihütten	DEU, MA	B 1325	Bauer	Kindheitserinnerungen und Wandel der Zeiten
Drumling	DEU, MA	B1547	Bauer / Bäuerin	
Drumling	DEU, MA	B1548	Bauer / Bäuerin	
Drumling	DEU, MA	B1549	Bauer / Bäuerin	

Eberau	DEU, MA	B2395	Bäuerin / Bauer und Bürgermeister	Grundzusammenlegung, Weinbau, Spottnamen der Orte
Eberau	DEU, MA	B2396	Bäuerin / Bauer und Bürgermeister	Hexengeschichte
Edelstal	DEU, MA	B278	Bauer	Kirtag
Edelstal	DEU, MA	B279	Bauer	Kellergeschichte
Edelstal	DEU, MA	B280	Bäuerin	Kirtag und Heiraten
Edlitz	DEU, MA	B1516	Bäuerin / Bauer	Flachsbearbeitung, Spinnen, Brotbacken
Edlitz	DEU, MA	B1518	Bauer	Strohdecken
Edlitz	DEU, MA	B1519	Bauer	Zwei Hexengeschichten
Eisenberg	DEU, MA	B164	Weinbauer senior	Krieg
Eisenberg	DEU, MA	B165	Weinbauer	Weinbau
Eisenberg	DEU, MA	B166	Weinbauer junior	Bauernhochzeit
Eisenberg	DEU, MA	B1533	Weinbauer und Bauer / Bauer und Weinbauer	Weinkultur, Weinkrankheit
Eisenberg	DEU, MA	B1534	Weinbauer und Bauer / Bauer und Weinbauer	Streitgespräch wegen Einführung des elektrischen Lichtes
Eisenberg	DEU, MA	B3179	Bauer / Bauer	Verhältnisse einst u. jetzt, Hexengeschichte (Milchverzauberung), Gespenstergeschichte, Wallfahrtsgeschichte
Eisenhüttl	DEU, MA, VS	B2457	Bäuerin / Bauer	Wald, Holz, Beeren, Obst, Mostpressen, Schnapsbrennen, Imkerei
Eisenstadt	DEU, MA	B492	Bauer / Bauer	Nachtwächter, Weingartenarbeit usw.
Eisenstadt	Hebräisch	B516	Mann	Gebete
Eisenzicken	DEU, MA	B1466		Eine verunglückte Hochzeit
Eisenzicken	DEU, MA	B1467		Glückliche Hochzeit, Gattenwahl
Eisenzicken	DEU, MA	B1468		Säutanz, Federnschleißen
Eltendorf	DEU, MA	B3161	Bauer	Geschichte vom Tschankerl 'Hexengestalt), Wilde Jagd, Erlebnis mit einem Wildschwein
Frankenau	KRO, MA	B612-B634	Bäuerin / Zimmerergehilfe / Kinder	Kroatisches Theaterstück, kroatische Lieder
Frankenau	KRO, MA	B865	Bauer / Bauer	Pferdeverkauf, Jugenderinnerungen
Frauenkirchen	DEU, MA	B242	Landarbeiter	Trut, Bauernarbeit, Schüfschneiden
Frauenkirchen	UNG, MA	B252	Kaufmann	Militärzeit
Frauenkirchen	UNG, MA	B254	Landarbeiter	Oberverwaltung
Frauenkirchen	DEU, MA	B261	Landarbeiter	Landarbeit, Wien, Militär
Gaas	DEU, MA	B2438	landwirtschaftliche Arbeiterin	Der Gänsedieb

Gaas	DEU, MA	B2439	landwirtschaft-liche Arbeiterin / Bauer	Trut, Spinnen, Flachsarbeit
Gaas	DEU, MA	B2440	Bauer	Tätigkeit als Fuhrmann
Gaas	DEU, MA	8295	Bauer	Weingarten, Weinlese, Wein-aresse, Kuhhalten, Kuhweide, Feldwirtschaft, Mais- u. Mohn-bau, Flachs, Spinnrad, Kraut-schneiden, Sauabstechen, Viehverhexen usw.
Gamischdorf	DEU, MA	B2386	Bäuerin	Kindbettbrauchtum, Erlebnis, Gelöbnisse
Gamischdorf	DEU, MA	B2387	Bäuerin / Bauer	Trut, frühere Zeit: Spanleuchte, Rauchküche, Backofen, Ofenwisch
Gattendorf	DEU, MA	B270	Bäuerin	Annentag
Gerersdorf	DEU, MA	B2454	Bäuerin / Bauer	Leben in Gerersdorf einst und jetzt, Landflucht
Glasing	DEU, MA, VS	B2421	Bäuerin / Bauer	Auswanderung nach Amerika, bäuerliche Tätigkeit, Weinbau
Goberling	DEU, MA	B1526	Schuhmacher-meister / Bäuerin	Fasching, Blochziehen
Goberling	DEU, MA	B1527	Bäuerin	Tracht in der Jugend und bei der Hochzeit
Goberling	DEU, MA, Lied	B9780	Männer und Frauen	Faschingeingraben in Goberling / Spruch / Reden
Goberling		B12748-12753		Faschingsunterhaltung und Kinderball am Fasching-dienstag
Goberling	DEU, MA	B12754	Pendelarbeiter / Mechaniker / Volksschuldi-rektor	Interview mit den Faschingsveranstaltern
Goberling	DEU, MA, Lieder	B12755-12764		Umzug zum Hühnerstehlen und Faschingeingraben der Untertrumer Burschenschaft am Faschingmittwoch
Gols	DEU, MA	B208	Weinhauer	Weinlese.
Gols	DEU, MA	B209	Weinhauer	Maibaumsetzen, Bräuche
Gols	DEU, MA	B276	Bauer / Bauer	Bräuche und Feste
Goberling	DEU, MA	B1526		Fasching, Blochziehen
Goberling	DEU, MA	B1527		Tracht in der Jugend und bei der lochzeit
Goberling	DEU, MA	B12754		Burschenschaft und Faschings-brauchtum
Grafenschachen	DEU, MA	B 1359		Von der Taufe
Grafenschachen	DEU, MA	B 1360		Von früheren Zeiten
Grodnau	DEU, MA	B 1331		K.ukuruz und Buchweizen
Großbachseiten	DEU, MA, VS	B 1566 +		Lehmhaus, Strohdach, Rauchküche, Lehmboden
Grieselstein	DEU, MA	B3165	Bauer / Bauer	Blochziehen, Maibaum

Gritsch	DEU, MA	B3186	Bauer / Bauer	Erlebnisse im Jahre 1945, Bienenzucht
Grodnau	DEU, MA	B1331	Bauer	K.ukuruz und Buchweizen
Großbachseiten	DEU, MA, VS	B1566	Bauer / Bäuerin	Lehmhaus, Strohdach, Rauchküche, Lehmboden
Großhöflein	DEU, MA	B493	Bauer	Streit über das Sonntagsgeld
Großhöflein	DEU, MA, Lieder	B494	Bäuerin	Nachwächterlied
Großhöflein	DEU, MA	B495	Bäuerin	Gstanzln, Frauensolo
Großhöflein	DEU, MA	B496	Bäuerin	Hexengeschichte
Großhöflein	DEU, MA	B497	Bäuerin	Weinlese
Großhöflein	DEU, MA	B498	Bäuerin	Federnschleißen und Lied: „Was trägt die Gans auf ihrer Klatschn
Großhöflein	DEU, MA	B497	Bäuerin	Weinlese
Großmürbisch	DEU, MA	B2450	Bäuerin / Bauer	Hexengeschichte, Trut, Pfingstschnalzen, Johannisfeuer, Pfingstluke, Auffrischen, Martinifasen, Allerheiligen
Großmutschen	KRO, MA	B867	Schuhmachermeister	Imkerei
Großmutschen	KRO, MA	B868	Bäuerin	Wettermacher aus Unterpullendorf
Großpetersdorf	DEU, MA, VS	B1523	Konditormeister	Zwei Anekdoten: Maikäfer geschickte, Kohlenlieferung
Großpetersdorf	DEU, MA, VS	B1524	Fahrzeughändlerin	Geschichte vom Stier
Großpetersdorf	DEU, MA, VS	B1525	Konditormeister	Währungsschwierigkeiten
Großwarasdorf	KRO, MA	B859	Altwarenhändler	Aberglaube, Hochzeit heute und gestern, Wallfahrt
Günseck	DEU, MA	B1313	Bauer	Rechenmachen, Dachdecken
Güssing	DEU, MA	B2435	Bauer	Soldatenzeit, Tätigkeit als Straßenarbeiter
Güssing	DEU, MA	B2436	Bäuerin	Aus dem Leben der Sprecherin
Güttenbach	KRO, MA	B2463	Kaufleute	Zwiegespräch
Güttenbach	DEU, von Kroaten gespr.	B2464	Kaufleute	Hexen
Güttenbach	KRO	B2465	Kaufleute	
Hackerberg	DEU, MA	B3129	Bauer	Geistergeschichte, Trat, Geister und Hexen, Dreikönig, Kriegsende
Hackerberg	DEU, MA	B3130	Bauer	Jagd, Spanleuchter, Vergleich der früheren mit der heutigen Zeit, Wasserfuhren in früherer Zeit
Hagensdorf	DEU, MA	B2388	Bauer	Lehmhaus, Strohdach, Viehzucht
Hagensdorf	DEU, MA	B2389	Bäuerin	Flachsbearbeitung, Spinnen, Totenmahl, Hexengeschichte
Hagensdorf	DEU, MA	B167	Bauer / Bauer	Buchweizen, Holz, Begräbnis

Halbturn	DEU, MA	B202	Bauer / Bauer	Ackerbau und Weinbau
Halbturn	DEU, MA	B268	Bauer / Bauer	Landwirtschaftliche Arbeiten
Hannersdorf	DEU, MA	B1588	Bauer / Bäuerin	Zwiegespräch: Sautanz, Federnschleißen, Gänsezucht
Harmisch	DEU, MA	B1481	Bäuerin	Hexen
Harmisch	DEU, MA	B1482	Bauer	Landwirtschaft, Burgunderanbau, Wetterregel
Hasendorf	DEU, von Kroaten gespr.	B2432	Bäuerin / Bauer	Kirtag, Maibaum
Hasendorf	KRO, MA	B2433	Bäuerin / Bauer	Kroatisch: Verhältnisse einst und jetzt (Kirchenbesuc
Heiligenbrunn	DEU, MA	B2417	Bäuerin / Bauer	Mostpressen, Schnapsbrennen, Schwämme, Tee aus Lindenblüten, Beeren
Heiligenbrunn	DEU, MA	B2418	Bäuerin / Bauer	Hexengeschichte, Warzenvertreiben
Heiligenkreuz im Lafnitztal	DEU, MA	B3158	Bäuerin	Kost in früherer Zeit
Henndorf	DEU, MA	B 3167	Bauer / Bauer	Maibaumaufstellen, Hexengeschichte, Osterfeuer, Faschingsumzug
Hirm	DEU, MA	B555	Bäuerin / Schlosser	Zuckerfabrikation
Hochart	DEU, MA	B1364	Bauer	Unfall, Waldarbeit
Hochart	DEU, MA	B1365	Bauer	Binderei
Hochstraß	DEU, MA	B910	Hausgehilfin / Bauer	Stadelbau
Höll	DEU, MA	B1501	Bäuerin / Maurer	Hexen, Spinnen
Höll	DEU, MA	B1502	Bäuerin / Maurer	Lebenserinnerungen
Holzschlag	DEU, MA	B1310	Bauer	Über das Weben
Horitschon	DEU, MA	B895	Bäuerin / Maurer	Kreuzigung eines Burschen
Horitschon	DEU, MA	B896	Bäuerin / Maurer	Sauabstechen,Winterarbeit
Hornstein	KRO, MA, Lied	B487	Maurer	Weinbau, Weinkeller; Weinlied: „Prez skrbi mi zivimo
Hornstein	KRO, MA, Lied	B488	Maurer	Hexengeschichte
Illmitz	DEU, MA	B256	Bauer	Hexe, Trut
Illmitz	DEU, MA	B257	Bauer	Weingarten
Illmitz	DEU, MA, Lied	B259	Bauer	Männersolo, Drobn am blauen See
Inzenhof	DEU, MA	B2430	Bauer	Hexengeschichte
Inzenhof	DEU, MA	B2431	Bäuerin / Bauer	Bauernleben einst und jetzt (weben, spinnen, Spanlicht)
Jabing	DEU, MA VS	B1575	Töpfer	Töpferei, Lebenserinnerungen

Jabing	DEU, MA	B1576	Bäuerin	Landwirtschaft, Lebenserinnerungen, Maibaum
Jabing	DEU, MA VS	B1577	Töpfer	Märchen vom Sjangelputzen (ein Meisterdieb)
Jennersdorf	DEU, MA	B147	Bauer	Abstechen, Blutwurstbereitung, Sauerkrautbereitung, Weinbau
Jennersdorf	DEU, MA	B3166	Bäuerin	Über den Tod ihres Mannes, Landwirtschaft, Hexengeschichten
Jennersdorf	DEU, MA	B3182	Bäuerin	Erzählungen der Ahnl, Hexen, Dreschen, Strohdach, Lehmhaus, Brunnengraben
Jois	DEU, MA	B207	Bauer / Fachlehrer	
Jois	DEU, MA	B269	Bauer	Hochzeitsbräuche
Jormannsdorf	DEU, MA	B1341		Viehmarkt, Heuarbeit
Jormannsdorf	DEU, MA	B1342		Gesprächsstoff der Bauern, Pflügen, Unkraut, Dreschen
Jormannsdorf	DEU, MA	B1343		Maibaumsetzen
Kaisersdorf	KRO, MA	B913	Häuslerin / Eisenbieger	Hochzeit
Kaisersdorf	KRO, MA	B914	Häuslerin / Eisenbieger	Hochzeit, Jugenderinnerungen
Kaisersteinbruch	DEU, MA, VS	B286	Steinmetz	Trut
Kalch	DEU, MA	B3169	Bauer	Erlebnisse aus dem Jahre 1945
Kalkgruben	DEU, MA	B898	Zimmermann / Zimmermann	Besenmachen, Bockerlgrasen
Karl	DEU, MA	B905	Bauer	Sage der Kirchenruine zwischen Karl und Blumau
Kemeten	DEU, MA	B1580	Bauer und Jäger	Jägergeschichte, Hasenseuche
Kemeten	DEU, MA	B1581	Bauer und Jäger / Bäuerin	Hahnkauf, Joch, Roßgesehirr Trut,, Pflug, Holzhaus, Rauchküche, Brotbacken, Dorfrichter
Kirchfidisch	DEU, MA	B1485		Flachsbau
Kirchfidisch	DEU, MA	B1486		Strohdecken
Kirchfidisch	DEU, MA	B1487		Totenwacht
Kittsee	KRO, MA, Lieder	B281	Bäuerin / Schulwart	Faschingszug, Lieder
Kittsee	UNG, MA	B282	Bäuerin	Vieh
Kittsee	DEU, MA, VS	B287	Schuster	Lehrzeit in Wien
Kitzladen	DEU, MA	B1362		Nachtlichterln, Trut, Kienleuchten, Dreschen
Kitzladen	DEU, MA	B1363		Unfall seiner Frau
Kleinbachselten	DEU, MA	B1567	Bauer und Zimmermann	Feldarbeit im Jahreslauf
Kleinbachselten	DEU, MA	B1568	Bauer und Zimmermann	Tagesarbeit, Lebenslauf

Kleinhöflein	DEU, MA	B499	Bauer	Burgunderbau
Kleinhöflein	DEU, MA	B500	Bäuerin	Hochzeit
Kleinmürbisch	DEU, MA	B2451	Bäuerin / Bauer	Tätigkeit als Musiker, Hochzeitsbräuche und -essen, Kleidung
Kleinmutschen	KRO, MA	B869	Bauer / Bäuerin	Weinbau, Ananasbau
Kleinpetersdorf	DEU, MA	B1530	Bauer	Geschichte vom Steffel
Kleinpetersdorf	DEU, MA	B1531	Bäuerin	Kukuruzbau, Kukuruzverwertung, (Sterzarten), Hexengeschichte, Taufbrauchtum
Kleinpetersdorf	DEU, MA	B1532	Bauer	Kartoffelkäfer
Kleinwarasdorf	KRO, MA	B861	Bauer / Bäuerin	Fasching bei groß und klein
Kleinwarasdorf	KRO, MA	B862		Lebenserinnerungen
Kleinzicken	DEU, MA	B1558	Bäuerin / Bauer	Jugenderinnerungen
Kleinzicken	DEU, MA	B1559	Bäuerin / Bauer	Weihnachts- und Osterbräuche
Klingenbach	DEU, MA KRO, MA	B527	Trafikantin / Schuhmacher	Das Leben an der Grenze
Klostermarienberg	DEU, MA	B899	Bauer / Bäuerin	Maibaumsetzen, Blochziehen, Hanfbereitung
Kobersdorf	DEU, MA	B882	Bauer	Holzarbeit
Kobersdorf	DEU, MA	B883	Bauer	Jagd
Kohfidisch	DEU, MA	B 1488		Tätigkeit des Kleinrichters
Kohfidisch	DEU, MA	B 1489		Weinbau, Weinpfesse
Königsdorf	DEU,	B1589-1602		Geistliche Lieder
Königsdorf	DEU, MA	B3163	Bäuerin / Bauer	Blochziehen, Allerheiligenstriezel, Auffrischen, Fasching
Kotezicken	DEU, MA	B1556	Bäuerin / Bauer	Brotbacken, Rauchküche, Waschen
Kotezicken	DEU, MA	B1557	Bauer	Jugenderinnerungen
Krensdorf	DEU, MA	B551	Bäuerin	Hexen
Krensdorf	DEU, MA	B552	Bäuerin	Familie
Krensdorf	DEU, MA	B553	Bäuerin	Kirtag
Krensdorf	DEU, MA	B554	Bäuerin	Erbschaftsangelegenheiten
Kroisegg	DEU, MA	B1355		Unterhaltungen
Kroisegg	DEU, MA	B1356		Hexenglauben
Kroisegg	DEU, MA	B1357		Erlebnis bei Trauung
Kroisegg	DEU, MA	B1358		Rätsel
Kroatisch Ehrensdorf	DEU, von Kroaten gespr.	B2403	Bauer	Geistergeschichte
Kroatisch Ehrensdorf	DEU von Kroaten gespr.	B2404	Bäuerin	Spinnen, Federnschleißen
Kroatisch Ehrensdorf	KRO, MA	B2405	Bauer / Bauer	Landwirtschaft
Kroatisch Ehrensdorf	DEU Volkslied, von Kroaten ges.	B2406	Bäuerin / Bauer Bauer / Bürgermeister	Zweistimmiger Gesang

Kroatisch Gerersdorf	KRO, MA	B860	Kaufmann / Bäuerin	Faschingsbräuche, aus dem Leben einer alten Marktfahrerin
Kroatisch Minihof	KRO, MA	B184	Bauer / Bauer	Landwirtschaft
Kroatisch Minihof	KRO, MA	B854	Bauer / Bäuerin	Alte und neue Zeit
Kroatisch Minihof	KRO, MA	B855	Bauer / Bäuerin	Hexe und Feuermann
Kroatisch Tschantschen-dorf	DEU, von Kroaten gespr.	B2412	Bäuerin / Bauer	Hexengeschichten, Trut
Kroatisch Tschantschen-dorf	KRO, MA	B2413	Bäuerin / Bauer	Hexengeschichte
Kroboteck	DEU, MA	B3151	Bäuerin / Bauer	Hexen- u. Geistergeschichten, der ewige Jäger, Spottnamen Ortsnamen
Krottendorf bei Neuhaus	DEU, MA	B3171	Bäuerin / Bauer	Über frühere Zeiten, Rauchküche, Drischeldreschen, Rohrmandel
Krottendorf bei Neuhaus	DEU, MA	B3172	Bäuerin / Bauer	Bau einer eigenen Hausmühle, alte Wassermühle
Kukmirn	DEU, MA	B2446	Bäuerin	Hänsl und Gretl
Kukmirn	DEU, MA	B2447	Bäuerin / Bauer	Trut
Kukmirn	DEU, MA	B2448	Bauer	Handwerksburschen
Kukmirn	DEU, MA	B2449	Bäuerin	Hexengeschichte
Kulm	DEU, MA, VS	B2400	Bauer	Jugend, Auswanderung, Kriegszeit
Kulm	DEU, MA, VS	B2401	Bäuerin	Jugendzeit
Kulm	DEU, MA, VS	B2402	Bäuerin / Bauer	Dreschen, Buchweizen-Speisen
Lackenbach	DEU, MA	B928	Bäuerin	Schwammerl- und Beerensuchen
Lackendorf	DEU, MA	B917	Bauer / Häuslerin	Hexen
Lackendorf	DEU, MA	B918	Bauer / Häuslerin	Bienen in der Eisenbahn
Lackendorf	DEU, MA	B919	Bauer / Häuslerin	Weinbau wegen Wassermangel, Hexengeschichte
Lackendorf	DEU, MA	B920	Bauer / Häuslerin	Buchhalter und Sauhalter
Landsee	DEU, MA	B879	Bauer / Bäuerin	Mohnbau
Landsee	DEU, MA	B880	Bauer / Bäuerin	Teufelsmühle
Landsee	DEU, MA	B881	Bauer / Bäuerin	Flachsbau, Flachsbearbeitung
Langeck	DEU, MA	B1302	Bauer	Flachs- u. Hanfbereitung
Langeck	DEU, MA	B1303	Bauer	Anschaffung einer Feuerwehrmotorspritze
Langental	KRO, MA	B863	Bäuerin / Verkäuferin	Jugenderlebnis, Elektroinstallation in Langental
Lebenbrunn	DEU, MA	B1315	Bauer	Hochzeit
Leithaprodersdorf	DEU, MA	B502	Bauer	Hochzeit
Leithaprodersdorf	DEU, MA	B503	Bauer	Hochzeit.
Leithaprodersdorf	DEU, MA	B504	Bauer	Hochwasse
Liebing	DEU, MA	B1307	Bäuerin	frühere Zeit, Männertracht, Hexengeschichte

Limbach	DEU, MA	B2444	Bäuerin	Gemüsegarten, Heilkräuter
Limbach	DEU, MA	B2445	Bauer	Lebenserinnerungen
Lindgraben	DEU, MA	B876	Bäuerin	Hexengeschichte
Lindgraben	DEU, MA	B877	Bäuerin	Schneiden und Dreschen
Lindgraben	DEU, MA	B878	Bäuerin	Hexengeschichte
Litzelsdorf	DEU, MA	B1584	Bauer / Bäuerin	Schweinezucht, Heilmittel, Sautanz
Litzelsdorf	DEU, MA	B1585	Bauer / Bäuerin	Tracht, Hochzeit
Lockenhaus	DEU, MA	B1042	Bauer	Wenker'sche Sätze 1-20
Lockenhaus	DEU, MA	B1043	Bauer	Wenker'sche Sätze 21-37
Lockenhaus	DEU, MA	B1044	Bauer	Wenker'sche Sätze 38-40
Lockenhaus	DEU, MA	B1308		Hafnerei
Loipersbach	DEU, MA	B563	Bauer / Bauer	Kriegserlebnisse
Loipersbach	DEU, MA	B564	Bauer / Bauer	Aufteilung der Gründe bei der Meierhofgesellschaft
Loretto	DEU, MA	B541	Bauer-Steinmetz / Bäuerin	Wallfahrt nach Loretto
Loretto	DEU, MA	B542	Bäuerin	Kochen, Kleidung
Luising	DEU, MA	B2391	Bäuerin / Bauer	Kochen, Tracht
Lutzmannsburg	DEU, MA	B185	Bauer / Bauer / Oberlehrer	Reih'gehn, Tracht.
Lutzmannsburg	DEU, MA	B866	Bauer / Bäuerin	Hengsthaltung, vom Essen, Federnschleißen, Hanfverarb.
Mannersdorf	DEU, MA	B901	Zimmermann / Bäuerin	Bäuerin im Schweinestall, Haidenbau und -Verwertung, Kleidung
Mannersdorf	DEU, MA	B902	Zimmermann / Bäuerin	Armut der burgenländischen Kleinbauern in der früheren Zeit, Schulerinnerungen
Maria Bild	DEU, MA	B3153	Bäuerin / Bauer	Jägergeschichte, der Name „Saubach", Jägergeschichte, Landwirtschaft, Kukuruz, Kukuruzsterz
Maria Bild	DEU, MA	B3154	Bäuerin / Bauer	Aus dem bäuerlichen Alltag
Mariasdorf	DEU, MA	B1336		Sauabstechen
Mariasdorf	DEU, MA	B1965		Hexen in der Mühle, Lieder
Markt Neuhodis	DEU, MA	B174	Bäuerin / Bauer	Kukuruz, Anbauen
Markt Neuhodis	DEU, MA	B1572	Bauer und Maurer	Weinbau, Bauernwirtschaft
Markt Neuhodis	DEU, MA	B1573	Bauer und Maurer / Bäuerin	Zwiegespräch
Markt Neuhodis	DEU, MA	B1574	Bauer und Maurer	Lebenserinnerungen
März	DEU, MA	B571	Bauer / Bäuerin	Heiratsantrag
März	DEU, MA	B572	Bauer / Bäuerin	Geschichte vom Narren
Mattersburg	DEU, MA	B578	Bauer	Landwirtschaft
Mattersburg	DEU, MA	B579	Maurerpolier	Vergleich der alten mit der heutigen Zeit

Mattersburg	DEU, MA	B587		Landwirtschaft, Weinlese, Weinpresse, Hausbau, abgebrannter Stadel
Miedlingsdorf	DEU, von Kroaten gespr.	B1528	Bauer und Steinmetz / Bäuerin	
Miedlingsdorf	KRO, MA	B1529	Bauer und Steinmetz / Bäuerin	Aus den alten Zeiten, Geräte, Brotbacken, Rauchküche
Minihof-Liebau	DEU, MA	B146	Bauer / Bäuerin	Mostpressen
Minihof-Liebau	DEU, MA	B3188	Bauer / Bäuerin	Aus dem Leben der Sprecher
Mischendorf	DEU, MA	B1555	Bäuerin / Bauer	Verschiedene Geschichten, Sprachvergleich: Mischendorf u. Umgebung, Hexengeschichten
Mitterpullendorf	UNG, MA	B193	Hilfsarbeiter / Hilfsarbeiter	Landwirtschaft
Mitterpullendorf	UNG, MA	B845	Bauer / Bauer	Landwirtschaft, Kirtag, Zigeunermusik
Mogersdorf	DEU, MA	B148	Bauer / Bauer	Hexengeschichte
Mogersdorf	DEU, MA	B149	Bauer	Vieh
Mogersdorf	DEU, VS	B3156	Bäuerin	Aus der Kindheit / Schulzeit, Backofen, Kindersegen, Jugenderinnerungen
Mönchhof	DEU, MA	B260	Bauer	Spottvers
Mönchmeierhof	KRO, MA	B1546	Bauer / Maurer	Über die Furcht, Burschenstreiche
Mönchmeierhof	Kroat.e Volkslieder	B1550-1554	Maurer	Liebeslieder, Trinklieder
Mörbisch	DEU, MA	B215	Gemeindediener	Trommlerei, Kleinrichterei
Mörbisch	DEU, MA	B216	Gemeindediener	Kirtag, Trachten
Mörbisch	DEU, MA	B523	Taglöhner / Gemeindediener	Fischerei
Mörbisch	DEU, MA	B524	Taglöhner / Gemeindediener	Tätigkeit als Gemeindediener
Moschendorf	DEU, MA	B154 -156	Bauer / Bäuerin	Tanzen
Moschendorf	DEU, MA	B2437	Bäuerin / Bauer	Trut, Kukuruzbau, Burgunderbau
Mühlgraben	DEU, MA	B3168	Bäuerin / Bauer	Rauchküche, Gespenster-, u. Jägergeschichten, Schratgeschichten
Müllendorf	DEU, MA	B217	Bauer	Kuruzengeschichte
Müllendorf	DEU, MA	B218	Bauer	Jugendzeit.
Müllendorf	DEU, MA	B501	Bauer	Weinlese
Nebersdorf		B858	Bauer / Bäuerin	Maibaum
Neckenmarkt	DEU, MA	B181	Bäuerin / Bauer	Fahnenschwingen.
Neckenmarkt	DEU, MA	B182	Bäuerin / Bauer	Weinbau.
Neckenmarkt	DEU, MA	B183	Frauensolo.	Federnschleißen und Volkslied
Neckenmarkt	DEU, MA	B889	Bauer / Häuslerin	Fahnenweihe

Neckenmarkt	DEU, MA	B890	Bauer / Häus-lerin	Spruch beim Kranzabnehmen der Braut
Neckenmarkt	DEU, MA	B891	Bauer / Häuslerin	Zerwürfnis mit der Tochter
Neckenmarkt	DEU, MA	B892	Bauer / Häuslerin	Verhinderte Hochzeit
Neudauberg	DEU, MA	B3128	Bauer / Häuslerin	Landwirtschaft, Spinnen, Ge-schichtenerzählen, Jägerge-schichte
Neuberg	DEU, von Kro-aten gespr.	B2466	Bäuerin	Trut
Neuberg	DEU, von Kro-aten gespr.	B2467	Bäuerin	Kartoffelkäfer
Neuberg	KRO, MA	B2468	Bäuerin / Bauer und Bäcker	Hochzeit
Neuberg	KRO, MA	B2469	Bäuerin / Bauer	Hexen
Neuberg	KRO, MA	B2470	Bauer	Militärzeit
Neudorf	DEU, MA	B875	Maurer	Hochzeitsbräuehe
Neudörfl	DEU, MA	B559	Bauer / Bauer	Zuckerrübenbau
Neufeld	UNG, US	B543	Archivar	Wie der Sprecher nach Neufeld gekommen ist
Neufeld	DEU, US	B544	Archivar	Das Bergwerk Neufeld
Neuhaus am Klausenbach	DEU, MA	B3176	Bauer	Kälber, Schweinezucht, Sauab-stechen, Wurstherstellung, Fleischselchen
Neuhaus am Klausenbach	DEU, MA, VS	B3176	Handwerker	Lehrzeit, Wanderschaft als Ge-selle, Niederlassung als Meister, Meisterzeit
Neuhaus in der Wart	DEU, MA	B1562	Bäuerin, Saison-arbeiterin	Lebenserinnerungen
Neuhaus in der Wart	DEU, MA	B1563	Wandermusiker und Holzhändler	Lebenserinnerungen, Waldarbeit
Neumarkt an der Raab	DEU, MA	B3183	Bäuerin	Rauchküche, Kost in der alten Zeit, Hausbau früher, Jugend / Leben des Sprechers
Neumarkt im Tauchental	DEU, MA	B1539	Bauer	Fuhrwerk
Neumarkt im Tauchental	DEU, MA	B1540	Bäuerin	Totenbräuche
Neumarkt im Tauchental	DEU, MA	B1541	Bauer	Lügenmärchen
Neumarkt im Tauchental	DEU, MA	B1542	Bäuerin	Ein Witz
Neusiedl a. See	DEU, MA	B266	Bauer	Brand
Neusiedl bei Güssing	DEU, MA	B2442	Bäuerin / Bauer	Trut, Percht, Auffrischen, Ostereierschlagen, Osterfeuer, Pfingstschnalzen, Pfingstluke, Maibaum, Sonnwendfeuer
Neusiedl bei Güssing	DEU, MA	B2443	Bauer	Mundartgedicht Emil Rand

Neustift	DEU, MA	B573	Bäuerin	Hexengeschichte
Neustift	DEU, MA	B574	Bäuerin	Geschichte vom vergrabenen Schatz
Neustift	DEU, MA	B575	Bauer	Hochzeit, Taufe, Kirtag
Neustift bei Güssing	DEU, MA	B2410	Briefträger und Kleinrichter	Erlebnis als Landbriefträger
Neustift bei Güssing	DEU, MA	B2411	Bäuerin	Hochzeit der Sprecherin
Neustift an der Lafnitz	DEU, MA	B1361		Alte Lebensformen, Federnschleißen
Neutal	DEU, MA	B850	Bauer	Hundegeschichte
Neutal	DEU, MA	B851	Bauer	Geschichte vom, abgeronnenen Wein, Fallenlegen
Nickelsdorf	DEU, MA	B267	Bauer / Bauer	Kommende Ernte, Krankheiten im Weingarten
Nikitsch	DEU, MA	B856		Über die Kinder
Nikitsch	KRO, MA	B857	Landarbeiter / Bäuerin	Feldarbeit, Feldfrüchte, alte Schnittersitten in Nikitsch
Oberbildein	DEU, MA	B2392	Bäuerin / Bauer	Weihnacht, Dreikönig, Ostern, Hexen, der Schrei-Wasser, Trut, Totenmahl, Wahrsagerin
Oberbildein	DEU, MA	B2393	Bäuerin / Bauer	Spottnamen, Wäschewaschen
Oberbildein		B2394	Bäuerin / Bauer	Dreschen, erster Verdienst, Totenbrot
Oberdrosen	DEU, MA	B3145	Bäuerin	Allerheiligen Trut, Palmsonntag
Oberloisdorf	DEU, MA	B906	Bauer	Grundzusammenlegung
Oberdorf	DEU, MA	B 1469		Gegenseitige Hilfe bei der Tierzucht
Oberdorf	DEU, MA	B 1470		Rauuchfanggeschichte
Oberdorf	DEU, MA	B 1471		Hochzeit
Oberkohlstätten	DEU, MA	B1309		Flachsanbau
Oberkohlstätten	DEU, MA	B1312		Hochzeit
Oberpetersdorf	DEU, MA	B897	Bauer / Schuhmacher	Grundzusammenlegung
Oberpullendorf	UNG, MA	B847	Bauer / Schlosser	Obst, Schloß des Barons Rohonczy, neue Glocken
Oberrabnitz	DEU, MA	B911	Bauer / Bäuerin	Landwirtschaftliche Arbeiten, Kinder
Oberradling	DEU, MA	B3164		Hexengeschichten
Oberschützen	DEU, MA	B175	Schuldirektor / Bauer	
Oberschützen	DEU, MA	B176	Bauer	Witz von den Brombeeren, Wetterregeln, Dreschflegel.
Oberschützen	DEU, MA	B1346		Maibaum
Oberschützen	DEU, MA	B1347		Sautanz, Heuarbeit
Oberschützen	DEU, MA	B1348		Rauchkuchl

Oberwart	UNG, MA	B171	Bauer / Bäuerin	Tägliche Arbeit, Kartoffelernte, schlechte Zeiten
Oberwart	UNG, MA	B172	Bauer / Bäuerin	Aus dem täglichen Leben
Oberwart	UNG, MA, schriftspr., Einfl.	B173	Bauer / Tischler-meister	Lebenserinnerungen
Oggau	DEU, MA	B223	Bauer	Weinbau, Fahrt nach Wien
Oggau	DEU, MA	B521	Gemeindediener	Weinkost, Maibaum
Oggau	DEU, MA	B522	Gemeindediener	Weingartenarbeit
Oberbildein	DEU, MA	B 2392		Weihnacht, Dreikönig, Ostern, lexen, Verschrei- Wasser, Trut, Totenmahl, Sibylla (Wahrsage-rin)
Oberbildein	DEU, MA	B 2393	Bauer	Spottnamen, Wäschewaschen
Oberbildein	DEU, MA	B 2394	Bauer	Dreschen, 1 . Verdienst, Totenbrot
Olbendorf	DEU, MA	B3136		Rauchküche, Selchen, Wäsche-waschen, Fußboden, Brotbacken, Buchweizen, Hexen, Lucianacht, Trut
Ollersdorf	DEU, MA	B3134		Landwirtschaft, Theaterspiel
Ollersdorf	DEU, MA	B3135		Hexengeschichte
Oslip	DEU, MA , KRO, MA	B528	Angestellte / Angestellter	Gespräch
Oslip	DEU, MA , KRO, MA	B529	Angestellte / An-gestellter	Gedicht
Pama	KRO, MA	B283	Bäuerin	Schnitt, Kirtag
Pama	KRO, MA, Lied	B284	Bauer	
Pama	DEU, MA, VS	B285	Bauer	Kukuruzernte
Pamhagen	DEU, MA	B210	Bauer / Bauer	Heueinführen
Pamhagen	DEU, MA	B243	Tagwerker	Jugendzeit, Tageslauf eines Knechtes
Pamhagen	DEU, MA	B244	Tagwerker	Militarzeit, Rente
Pamhagen	DEU, Lied	B9934	Bauer	„Die Lebensstufen"
Pamhagen	DEU, Lied	B9935	Bäuerin	Weihnachtslied
Pamhagen	DEU, Lieder	B9936-9944	Bäuerin / Frau / Mann	
Pamhagen	DEU, MA	B9945	Bauer	Berichte über Kronprinz Rudolf und Hochzeit
Pamhagen	DEU, Lied	B9946	Bauer	
Pamhagen	DEU, MA, Lieder	B9947	Bauer / Bäuerin	Bericht über die Meinung der Bauern über die Halter, über das Erzählen, Hirtenbräuche mit eingestreuten Liedern
Pamhagen	DEU, MA	B9948	Hirte und Arbeiter	Hirtenleben und Hirtengeräte
Pamhagen	DEU, MA	B9949	Hirte und Arbeiter	Hirtenleben, Viehheilen, Hirtenbrauchtum

Pamhagen	DEU, Lied	B9950	Bäuerin	
Pamhagen	DEU, MA	B9951	Bäuerin	Jahresbrauchtum
Pamhagen	DEU	B9952-9953	Bäuerin	Lieder
Pamhagen	DEU, MA	B9954	Bäuerin	Bericht über Jahresbrauchtum
Parndorf	KRO, MA Lieder	B203	Landarbeiter / Bauer	Unfall, Ernte.
Parndorf	KRO, MA Lieder	B204	Landarbeiter / Bauer	Lied: „Jfa sred sela j'kriz ..." Zweistimmiger Gesang.
Parndorf	KRO, MA Lieder	B205	Landarbeiter / Bauer	Lied: „Afan'ea rozica Zweistimmiger Gesang..."
Parndorf	KRO, MA	B206	Lehrerin	Lieder, Zweistimmiger Gesang
Parndorf	KRO, MA	B264	Bäuerin	Hexengeschichte
Parndorf	KRO, MA	B265	Bauer	Feengeschichte
Parndorf	KRO, MA	B277	Bauer	Landwirtschaft
Parndorf	KRO, MA, Lied	B9955-9958	Arbeiterin / Frau	Unterhaltung beim Federnschleißen
Parndorf	DEU, Lieder	B9959-9961	Arbeiterfamilie	
Pilgersdorf	DEU, MA	B1314	Bauer	Landwirtschaft
Pinkafeld	DEU, MA	B1368		Weberei
Pinkafeld	DEU, MA	B1369		Wagnerei, Walz
Pinkafeld	DEU, MA	B1370		Vom Tanzen
Piringsdorf	DEU, MA	B186	Bauer	Pechen, Körbelmachen
Piringsdorf	DEU, MA	B187	Bäuerin	Simperlmachen
Piringsdorf	DEU, MA	B916	Bäuerin / Korbflechter	Körbe- und Simperlmachen, Lebensverhältnisse
Piringsdorf	DEU, MA	B8291	Bauer / Bäuerin	Rauchküche, Essen, „Kienen" (Bestreichen des Fußbodens mit Lehm), Weihnachten, Blochzie-hen, Hexe
Podersdorf	UNG, MA	B255	Bauer	Hexenmeister
Podgoria	KRO, MA	B1513	Bauer / Bäuerin	Flurschaden durch Wildschweine, Straßenbau
Poppendorf	DEU, MA	B1362	B1362	Alte und neue Formen der Landwirtschaft, Erklärung des Namens Polaken, Weinbau, Weinpresse
Pöttelsdorf	DEU, MA	B585	Bauer	Besuch bei der Bürgermeisterin
Pöttelsdorf	DEU, MA	B586	Bauer	Schnapsbrennen, Bismarckwein
Pöttelsdorf	DEU, MA	B587	Bäuerin	Federschleißen
Pöttsching	DEU, VS	B219	Gemeindediener	Kirtag
Pöttsching	DEU, MA	B220	Friedhofswärter	Kirtag
Pöttsching	DEU, MA	B556	Friedhofswärter	Sonnwendfeier, Kirtagbaumaufstellen
Potzneusiedl	KRO, MA	B274	Bauer / Bauer	Alte Festbrauche, Tracht, Hexengeschichten

Punits	DEU, MA, VS	B2414	Bauer	Landwirtschaft, Hexen, Trut
Purbach	DEU, MA	B221	Bauer	Rohrschneiden
Purbach	DEU, MA	B222	Bauer	Fischerei-Erlebnis am Neusiedlersee
Purbach	DEU, MA	B548	Bauer / Bauer	Weingartenarbei
Purbach	DEU, MA	B549	Bauer / Bauer	Ackerbau
Raiding	DEU, MA	B194	Bäuerin	Brotbacken.
Raiding	DEU, MA	B195	Bauer	Hanfbau
Raiding	DEU, MA	B196	Bäuerin	Trut
Raiding	DEU, MA	B197	Bäuerin	Hexengeschichte
Raiding	DEU, MA	B921	Bauer und Maurer / Bäuerin	Bekanntschaft mit Liszt, Hexengeschichte
Raiding	DEU, MA	B922	Bauer und Maurer / Bäuerin	Gras am Kirchturm, Hexengeschichte
Raiding	DEU, MA	B926	Bäuerin	Trut, Hexen
Raiding	DEU, MA	B927	Bäuerin	Mondsüchtige
Rauchwart	DEU, MA	B157	Bauer / Bauer	Trut
Rauchwart	DEU, MA	B158	Bauer / Bauer	Weinhexe
Rauchwart	DEU, MA	B159	Bauer / Bauer	Krapfenessen bei einer Hochzeit
Rauchwart	DEU, MA	B2452	Bäuerin / Bauer	Lehmhaus, Strohdach, Rattehkuche, Backöfen, Bretbaeken
Rauchwart	DEU, MA	B2453	Bäuerin / Bauer	Hexengeschichte, Trut, Krankheiten und Heilmittel
Rauriegel-Allersgraben	KRO, MA	B1515	Bauer / Bauer	Alltagsgespräch
Rax	DEU, MA	B3184	Bauern	Landwirtschaft, Hexen (Krapfen), Wildern, Rauchküche
Rechnitz	DEU, MA	3311		
Rechnitz	DEU, MA	3312		
Rechnitz	DEU, MA	B 1497		Weinbau
Rechnitz	DEU, MA	B1498		Geschichte einer Hochzeit
Rechnitz	DEU, MA	B1499		1. Bahnfahrt, 2 Geschichten
Rechnitz	DEU, MA	B1321		Landwirtschaft
Rechnitz	DEU, MA	B1322		Faschingsbräuche
Rehgraben	DEU, MA	B2455	Bäuerin	Gespenster, Heili Wei, Trut, Aberglaube
Rehgraben	DEU, MA	B2456	Bauer	Einst und jetzt in Rehgraben
Reinersdorf	DEU, von Kroaten gespr.	B2471	Bäuerin / Bauer	Alte Zeiten, Lehmhaus, Rauchkuchel, Heiligenstriezel
Reinersdorf	KRO, MA	B2472	Bauer	Auffrischen
Reinersdorf	KRO, MA	B2473	Bauer	Aus dem Leben des Sprechers
Reinersdorf	KRO, MA	B2474	Bäuerin	Familiengeschichte
Rettenbach	DEU, MA	B177	Angestellter	Federnschleißen.
Rettenbach	DEU, MA	B1326	Angestellter	Flachsanbau
Riedlingsdorf	DEU, MA	B 1374		Jugenderinnerungen

Riedlingsdorf	DEU, MA	B 1375		Brotbacken, Marktgehen
Ritzing	DEU, MA	B923	Bäuerin / Maurer	Auf Wanderarbeit in Wien und Heimfahrt
Ritzing	DEU, MA	B924	Bäuerin / Maurer	Streit wegen des Kirchensitzes
Ritzing	DEU, MA	B925	Bäuerin / Maurer	Erlebnis aus dem Jahre 1945
Rohr	DEU, MA	B 3142	Bäuerin	Allerheiligen, Striezelsammeln, Weihnacht, Fasching, Faschingverbrennen, Blochzie-hen
Rohrbach	DEU, MA	B228	Bäuerin	Rauchkuchl
Rohrbach	DEU, MA	B229	Kaufmann	Fleischstehlen
Rohrbach	DEU, MA	B230	Bäuerin	Bau einer neuen Küche
Rohrbach	DEU, MA	B557	Bäuerin	Hexengeschichte
Rohrbach	DEU, MA	B558	Bäuerin	Hexengeschichte
Rohrbach an der Teich	DEU, MA	B1560	Bauer und Maurer / Bäuerin	Goldene Hochzeit
Rohrbach an der Teich	DEU, MA	B1561	Bauer und Maurer / Bäuerin	Jugenderinnerungen, Most, Wein, Schnaps
Rohrbach an der Teich	DEU, MA	B1564	Bäuerin / Bauer	Lehmboden
Rohrbach an der Teich	DEU, MA	B1565	Bäuerin / Bauer	Kienspan
Rohrbrunn	DEU, MA	B3148	Bäuerin / Bauer	Frühere Lebensverhältnisse, Hochzeit
Rotenturm	DEU, MA	B1569	Bäuerin	Hexen, Trut
Rotenturm	DEU, MA	B1570	Bauer und Musiker	Wilde Jagd
Rotenturm	DEU, MA	B1571	Bäuerin / Bauer und Musiker	Feldarbeit, Hausbau
Rudersdorf	DEU, MA	B3146	Bauer	Moderne landwirtschaftliche Entwicklung
Rumpersdorf	KRO, MA	B1511	Bauer u. Schuh-machermeister	Schuhmacherei
Rumpersdorf	KRO, MA	B1512	Bauer u. Bauar-beiter / Bauer u Schuhmacher	Waldarbeit
Rust	DEU, MA	B514	Weinbauer	Jagen.
Rust	DEU, MA	B515	Weinbauer	Jagen und Fischen.
Schallendorf	DEU, MA	B2390	Bauer	Über Schallendorf, Feldbau, speziell Buchweizenbau, Ofenmandl, Sautanz, Wurstarten
Schandorf	KRO, MA	B168	Handelsschülerin / -er	Hochzeitsbräuche, Hochzeitslied
Schandorf	KRO, MA	B169	Handelsschüler	Trut
Schandorf	KRO, MA	B170	Handelsschülerin	Trut
Schattendorf	DEU, MA	B560	Eisenbahnbeamter / Hilfsarbeiter	Bau der Raaber Bahn
Schattendorf	DEU, MA	B561	Eisenbahnbeamter	Rausch
Schattendorf	DEU, MA	B562	Hilfsarbeiter	Ahnl
Schönau	DEU, Lieder	B9786	Bauer	Bericht über sein Leben

Schönau	DEU, Lieder	B9787	Bauer	Bericht über Musik und Singen
Schönau	DEU, Lieder	B9909-9913	Bäuerin	Lieder
Schreibersdorf	DEU, MA	B 1366		Hochzeitsbräuche
Schreibersdorf	DEU, MA	B 1367		Gespräch über Kuhhandel
Schützen am Gebirge	DEU, MA	B535	Gemeindediener	Weinbau
Schützen am Gebirge	DEU, MA	B536	Gemeindediener	Wirtshausgespräch
Siegendorf	KRO, MA	B539	Angestellter / Angestellter	Siegendorf vor 60 Jahren
Siegendorf	DEU,	B540	Angestellter	Über die Familie
Siget in der Wart	DEU, MA UNG, MA	B 6815		Ungarisch-deutsche Hochzeit: Sprüche in deutscher und ung. Sprache
Sieggraben	DEU, MA	B191	Bäuerin	Dreschen.
Sieggraben	DEU, MA	B192	Bäuerin	Kirtag
Sieggraben	DEU, MA	B568	Bauer / Bäuerin	Rauferei
Sieggraben	DEU, MA	B569	Bauer / Bäuerin	Streit wegen Wirtshausbesuch des Mannes
Sigleß	DEU, MA	B583	Bäuerin	Hexengeschichten, Lebenserinnerungen, Weinlesefest
Sigleß und Stinkenbrunn	KRO, MA	B584		Totogewinn
Spitzzicken	KRO, MA	B1578	Bäuerin	Federnschleißen, Volksbrauch
Spitzzicken	KRO, MA	B1579	Bauer und Bürgermeister	Märchen
St Georgen	DEU, MA	B525	Bäuerin / Bauer	Hochzeit
St Georgen	DEU, MA	B526	Bäuerin / Bauer	Kartenspielen
St. Andrä	DEU, MA	B247	Kleinrichter	Jugendzeit
St. Andrä	DEU, MA	B248	Kleinrichter	Kindergarten, Essen
St. Georgen	DEU, MA	B226	Bauer	Erinnerung an die Militarzeit in Ödenburg
St. Georgen	DEU, MA	B227	Bauer	Hochzeitsgeschichte
St. Kathrein	DEU, von Kroaten gespr.	B1520	Bäuerin	Hühner; ein Witz
St. Kathrein	DEU, von Kroaten gespr.	B1521	Bauer	Aus dem Leben des Sprechers
St. Kathrein	KRO, MA	B1522	Bauer	Kriegserlebnisse
St. Margarethen	DEU, MA	B511	Bäuerin / Land-arbeiter	Weintrinken
St. Margarethen	DEU, MA	B512	Bäuerin / Land-arbeiter	Weinlese
St. Margarethen	DEU, MA	B513	Bäuerin / Land-arbeiter	Faßziehen, Faßbinden, Kellerarbeit.
St. Martin	DEU, MA	B848	Bauer	Vom Heiraten

St. Martin	DEU, MA	B849	Bauer	Frühere Zeiten
St. Martin	DEU, MA	B1545	Bäuerin / Bauer	Buchweizenbau, Dreschen, Zuckerrübenbau, Topfenkäsezubereitung, Schweineschlachten, Wursterzeugung
St. Martin a.d. Raab	DEU, MA	B3178	Bauer / Schuster	Über Landwirtschaft und pers. Verhältnisse, Schuhmacherhandwerk
St. Martin in der Wart	DEU, MA	B1545	Bauer	Buchweizenbau, Dreschen, Zuckerrübenbau, Topfenkäsezubereitung
St. Michael	KRO, MA	B2384	Bäuerin	Weihnachtsbräuche, Percht, Martinwadel, Heirat, Totenmahl
St. Michael	KRO, MA	B2385	Bauer	Assentierungsbräuche
Stadtschlaining	DEU, MA	B1514	Bauer u. Schuhmacher	Schuhmacherei, Landwirtschaft
Stadtschlaining	DEU, MA	B1543	Schuhmacher, jetzt Bauer	Über den Spottnamen der Schlaining
Stadtschlaining	DEU, MA	B1544	Bäuerin	Geschichte eines Schusters
Stadtschlaining	DEU, MA	B9781	Kräuterfrau	Berichte und Erzählungen über Heilkräuter
Stadtschlaining	DEU, MA	B9782	Kräuterfrau	Berichte über Hexen und Lebensbrauchtum
Stadtschlaining	DEU, MA	B9914	Bäuerin	Bericht über Hexenerlebnisse
Stadtschlaining	DEU, MA	B9915	Kräuterfrau	Erzählungen über Hexenerlebnisse
Stadtschlaining	DEU, MA	B9916	Kräuterfrau	Erzählungen über Hexenerlebnisse
Stadtschlaining	DEU, MA	B9917	Kräuterfrau	Erzählungen über Hexenerlebnisse
Stadtschlaining	DEU, MA	B9918	Bauer und Bergarbeiter	Bericht über Burschenschaft und über das Leben der Jugend
Stadtschlaining	DEU, MA	B9924	Kräuterfrau	Erzählungen über Hexenerlebnisse, Berichte über Heilkräuter
Stegersbach	DEU, MA	B3139	Bauer / Bäuerin	Hexengeschichten, Wilde Jagd, scherzhaftes Gespräch
Steinberg	DEU, MA	B871	Bauer / Bäuerin	
Steinberg	DEU, MA	B872	Bauer / Bäuerin	Vergrabener Schatz
Steinberg	DEU, MA	B873	Bauer / Bäuerin	Hexengeschichte
Steinberg	DEU, MA	B874		Feuermann
Steingraben	DEU, MA	B2462	Bäuerin / Bauer	Grundverteilung, Holzwirtschaft, Sauerbrunn Steingraben
Stinatz	KRO, MA	B160	Bäuerin, Lehrerin	Geschichte und Name von Stinatz
Stinatz	KRO, MA	B161	Bäuerin, Lehrerin	Tracht
Stinatz	KRO, MA	B162	Bäuerin, Lehrerin	Ostereier

Stinatz	KRO, MA	B163		Feuer
Stinatz	KRO, MA und DEU, MA	B9730	Hausfrau / Hausfrau	Die weiße Frau und das Kind des Selbstmörders (Märchen)
Stinatz	KRO, MA	B9731	Schüler / Schüler / Schüler	Kroatischer Neujahrsspruch
Stinatz	KRO, MA u. DEU, von einer Kroatin gespr.	B9732	Schüler / Hausfrau	Die dreiBrüderBeim Stehlen (Märchen)
Stinatz	KRO, MA und DEU, MA von einer Kroatin gespr.	B9733	Hausfrau / Hausfrau	Die drei Brüder teilen die Erbschaft untereinander (Märchen)
Stinatz	KRO, MA und DEU, MA von einer Kroatin gespr.	B9734	Hausfrau / Hausfrau	Wie der Weingarten aufgeteilt wurde (Märchen)
Stinatz	KRO, MA und DEU, MA von einem Kroaten gespr.	B9735	Schüler	Die Erlösung des verwünschten Schlosses (Märchen)
Stinatz	KRO, MA und DEU, MA von einer Kroatin gespr.	B9736	Bäurin / Hausfrau	Märchen
Stinatz	KRO, MA und DEU, MA von einer Kroatin gespr.	B9737	Bäurin / Hausfrau	Vila-Märchen mit deutscher Inhaltsangabe
Stinatz	KRO, MA und DEU, MA von einer Kroatin gespr.	B9738	Bäurin / Hausfrau	Der schwarze Mann (Märchen)
Stinatz	KRO, MA	B9739	Schüler	Die Gastwirtstochter tötet elf Räuber (Märchen)
Stinatz	KRO, MA	B9740	Schüler	Der Pfarrer, der Mesner und die Diebe (Schwank)
Stinatz	KRO, MA	B9741	Bäuerin	Märchen
Stinatz	KRO, MA	B9742	Bäuerin	Märchen
Stinatz	KRO, MA	B9743	Bäuerin	Märchen
Stinatz	KRO, MA	B9744	Bäuerin	Märchen
Stinatz	KRO, Lied	B9745	Schuldienerin / Bäuerin / Hausfrau	Frauensolo, z.T. 1-2-stimm. Frauengesang / Hochzeitsvierzeiler
Stinatz	KRO, MA	B9746	Schuldienerin	Improvisierte Märchen, in denen die anwesenden Zuhörer die Märchenhelden sind
Stinatz	KRO, MA	B9747	Schuldienerin	Improvisierte Märchen, in denen die anwesenden Zuhörer die Märchenhelden sind

Stinatz	KRO, MA, Lied	B9923	Arbeiterin / Bäuerin	Jahres- und Lebensbrauehtum mit eingestreutem Lied
Stinkenbrunn	DEU, MA, Lied	B507	Bäuerin / Bauer	Landwirtschaft, Wetter, Drusch, Weingarten, Trinken Zweistimmiger Gesang
Stinkenbrunn	DEU, MA	508	Bauer	Tabakpflanzen, Ortsname Stinkenbrunn
Stinkenbrunn	DEU, MA	B509	Bauer	Neujahrsbrauch, Nikolofeier
Stinkenbrunn	KRO, MA	B510	Bauer	Wetter, Tabakpflanzen, Schweinezucht
Stoob	DEU, MA	B189	Bauer / Bäuerin / Schuldirektor	Töpferei
Stoob	DEU, MA	B190	Bäuerin	Töpferei
Stoob	DEU, MA	B852	Bäuerin	Frühere Zeiten, Hanfbau
Stoob	DEU, MA	B853	Bäuerin	Plutzermachen
Stottern	DEU, MA	B582	Gemeindediener / Bauer	Obstbauverein
Stotzing	DEU, MA	B505	Bauer	Wie man vom Walde lebt.
Strebersdorf	DEU, MA	B864	Bauer / Bäuerin	Maibaumsetzen, Hochzeit
Strem	DEU, MA	B2423	Bauer	Erlebnis bei der Rebhuhnjagd
Strem	DEU, MA	B2424	Bäuerin	Trut, Kartoffelkäfer, Burgunder, Kukuruz, Backen (Ofenmandl, Brot), Backofen
Stuben	DEU, MA	B 1327		Lügenmärchen
Stuben	DEU, MA	B 9358		Lügengeschichte vom Roßkaufen, Brotbacken, Sechten, Wäschewaschen, Spinnen, Flachs, Flachsverarbeitung, Backofen
Sulzriegel	DEU, MA	B1337		Blochziehen
Sulzriegel	DEU, MA	B1338		Brotbacken, Osterfeuerheizen
Sumetendorf	DEU, MA	B2422	Bäuerin / Bauer	Bäuerliche Arbeit, Abwanderungsproblem
Tadten	DEU, MA, Lieder	B253	Landarbeiter	Essen
Tauchen	DEU, MA	B 1334		Bergbau
Tauchen	DEU, MA	B 1335		Hexengeschichten
Tauka	DEU, MA	B3149	Bäuerin / Bauer	Trut, Hexen, Wilde Jagd, Hexen-u. Geistergeschichten
Tobaj	DEU, MA	B2434	Bäuerin / Bauer	Namenslegende Tobaj, Hexenglauben, Trut, Wilde Jagd, Linsert, Mohn, Salz
Trausdorf	KRO, MA	B537	Landarbeiter	Eier- und Geflügelhandel
Trausdorf	KRO, MA	B538	Landarbeiter	Lied: „Kad sam'z brizic a k selu jahal
Tschanigraben	DEU, MA	B2428	Bäuerin / Bauer	Jugend der Sprecherin, Flachsbau, Spinnen
Tschanigraben	DEU, MA	B2429	Bäuerin / Bauer	Landwirtschaftliche Arbeit, Dreschen, Holzhaus, Strohdach

Tschurndorf	DEU, MA	B884		Hexen, Waldbdume, Schnapsbrennen, Maibaumsetzen
Tschurndorf	DEU, MA	B885		Grundstückzusammenlegung
Tudersdorf	DEU, MA, VS	B2415	Bauer	Weinbau, Schnapsbrennen, Abstechen
Unterbildein	DEU, MA	B2397	Bäuerin / Bauer / Bauer und Bürgermeister	Flachsbau, Tee- und Heilpflanzen, Krankenbehandlung, Kindbett und Säuglingspflege in früheren Zeiten
Unterbildein	DEU, MA	B2398	Bäuerin / Bauer / Bauer und Bürgermeister	
Unterbildein	DEU, MA	B2399	Bäuerin / Bauer / Bauer und Bürgermeister	
Unterfrauenhaid	DEU, MA	B907	Bauer / Bäuerin	Geschichte der Goaß
Unterkohlstätten	DEU, MA	B1311		Buchweizenanbau u. -bearbeitung
Unterkohlstätten	DEU, MA	B8293		Kalkbrennen, Kohlenbrennen
Unterloisdorf	DEU, US	B903	Bauer / Bäuerin	Fasching
Unterloisdorf	DEU, US	B904	Bauer / Bäuerin	Vom Fuchs, der die Hendln gestohlen hat
Unterpetersdorf	DEU, MA	B893	Bauer / Bäuerin	Hexengeschichte
Unterpetersdorf	DEU, MA	B894	Bauer / Bäuerin	Weinbau und Presse
Unterpullendorf	KRO, MA	B846	Bauer / Kaufmann	Sonntag im Gasthaus, Landwirtschaft, Kaufmannsgesch&ft, Jugend, Tambu-rizzaorchester
Unterrabnitz	DEU, MA	B912	Bauer / Bäuerin	Wäschewaschen, Hochzeit
Unterschützen	DEU, MA	B 1351		Unfall, Brautraub
Unterschützen	DEU, MA	B 1352		Streit übers Wirtshausgehn
Unterschützen	DEU, MA	B 1353		Sautanz
Unterwart	UNG, Lieder	B9962-9963	Gelegenheits-arbeiterin / Frau	
Unterwart	UNG, MA	B9964	Mädchen	Hochzeitsspruch
Unterwart	DEU, MA	B12 951-12 75	Mann / Tischler	Musikunterricht im Citera-Spiel: Demonstration an Hand des Unterwarter Liedrepertoirs (vgl B6312-6681) mit Kommentar
Unterwart	UNG, Lieder	B12976-12 991		Lieder
Unterwart	UNG	B12729	Bügermeister / Ehefrau des Bürgermeisters	Bericht über Faschingsbräuche einst und jetzt
Unterwart		B12742 -12747	Dorfbewohner	Tanzunterhaltung mit Polster- und Besentanz am Faschingdienstag

Urbersdorf	DEU, MA	B2461	Bäuerin / Bauer	Hexen, Trut, Federn-schleißen, Gänsezucht, Dialektunterschiede, Spottnamen
Walbersdorf	DEU, MA	B580		Zigeuner
Walbersdorf	DEU, MA	B581		Vergleich der Jugendzeit mit der heutigen Zeit
Wallendorf	DEU, MA	B3143	Bäuerin / Bauer	Landwirtschaft, über das Lesen von Büchern, Trut, Brotbacken, Backofen, Sterz, Kürbisbraten, Feuerflecken
Wallern	DEU, MA	B245	Bäuerin	Tracht, Tarnen, Mähen
Wallern	DEU, MA	B246	Bauer	Trut, Geschichte vom Ahnl
Wallern	DEU, MA, Lieder	B249	Bäuerin	Frauensolo, Bin überall gwest
Wallern	DEU, MA, Lieder	B250	Bäuerin	Frauensolo, Alle meine Herrn und Frauen ...
Wallern	DEU, MA, Lieder	B251	Bäuerin	Frauensolo, So a stanolder Dattl
Weichselbaum	DEU, MA	B3152	Bauern	Flachsbearbeitung, Weben, frühere Lebensbedingungen, frühere Küche
Weingraben	KRO, MA	B915	Zimmermann	Hochzeit
Welgersdorf	DEU, MA	B1586	Bauer und Mau-rermeister / Bäuerin	Gänsezucht, Federnschleißen, alte Lebensformen
Welten	DEU, MA, VS	B3187		Feldbau, Buchweizenspeisen, Brotbäcken, Käseerzeugung
Weppersdorf	DEU, MA	B886	Bauer / Häuslerin	Bienenzucht
Wiesen	DEU, MA	B589	Zimmermann	Lob der heutigen Zeit
Wiesfleck	DEU, MA	B 1371		Hans Fürchtdinet (Märchen)
Wiesfleck	DEU, MA	B 1372		Überlieferung der Märchen
Wiesfleck	DEU, MA	B 1373		Knecht des Teufels (Märchen)
Willersdorf	DEU, MA	B 1349		Hexengeschichte
Willersdorf	DEU, MA	B 1350		Landwirtschaft
Wimpassing	DEU, MA	B489	Kleinhäuslerin	Hochwasser
Wimpassing	DEU, MA	B490	Maurer	Feuersbrunst
Wimpassing	DEU, MA	B491	Kleinhäuslerin	Unfall des Sohnes
Winden	DEU, MA	B271	Bauer	Hexengeschichte
Winden	DEU, MA	B272	Bäuerin	Zwiegespräch
Winden	DEU, MA	B273	Bauer / Bauer	Schnitt, Weingartenarbeit
Windisch-Mini-hof	DEU, MA	B3189	Bäuerin / Bauer	Hexen-, u. Geisterge-schichte, Kriegserlebnisse
Winten	DEU, MA	B2407	Bäuerin	Mähen, Dreschen
Winten	DEU, MA	B2408	Bäuerin / Bauer u. Bürgermeister	Korbflechten, Besenbinden, Hobel- und Hoanzelbank, Kirtag

Winten	DEU, MA	B2409	Bäuerin / Bauer	Sautanz
Wolfau	DEU, MA	B9748	Bauer	Die Räuber und der Schneider (Märchen)
Wolfau	DEU, MA	B9749	Bauer	Hexengeschichten / DreiBrüder auf Wanderschaft (Märchen)
Wolfau	DEU, MA	B9750	Bauer	Verbindung zwischen Neusiedlersee und Donau (Sage) / Hexen, ruhelose Seel / Bericht über den Wunderdoktor in Allhau
Wolfau	DEU, Lied	B9751	Bauer	Arbeitslied der Pioniere (Soldatenlied)
Wolfau	DEU, Lied	B9752	Bauer	Nachtwachterlied mit Kommentar
Wolfau	DEU, MA	B9753	Bauer / Bäuerin	Hochzeitsbräuche / Hexen / Schratel
Wolfau	DEU, MA	B9754	Bauer	Märchenerzählen beim Militär
Wolfau	DEU, MA	B9765	Bauer	Der Schuster und seine drei Söhne (Märchen)
Wolfau	DEU, MA	B9756	Bauer	Bericht über das Erzählen / Der Hans seine Zwerge und die Königstochter (Märchen)
Wolfau	DEU, MA	B9757	Bauer	Der Fleischer und seine drei Hunde (Märchen)
Wolfau	DEU, MA, Lied	B9758	Bauer / junge Frau	Der Kutscher und das Schreiben (Schwank) / Frauensolo / Gstanzel / Schwank über den Pfarrer
Wolfau	DEU, MA	B9759	Bauer	Berichte für Kinder: Hexen, Rekrutenerlebnis, Lebenserinnerungen / Geschichten für Kinder
Wolfau	DEU, MA	B9760	Bauer	Das Straßenvermessen (Geschichte)
Wolfau	DEU, MA	B9761	Bauer	Der zweimal verkaufte Buckelkorb (Geschichte) / Als Wanderhändler in der Steiermark (Geschichte) / Bericht über Robot, frühere soziale Lage und Knechte
Wolfau	DEU, MA	B9762	Bauer	Bericht über Hamstern in der Nachkriegszeit
Wolfau	DEU, MA	B9763	Bauer	Der reiche und der arme Bruder (Märchen)
Wolfau	DEU, MA	B9764	Bauer	Die drei Brüder (Märchen)
Wolfau	DEU, MA	B9765	Bauer	Die verspielte Erbschaft und das Straßenvermessen (Geschichte)

Wolfau	DEU, MA	B9766-9768	Bauer / Vater des Bauern	ca. 80. Berichte über die verschiedenen Taten und das Leben des Erzählers Johann Bischof
Wolfau	Lieder	B9769	Frauen / Männer	Gasthausunterhaltung am Samstagabend im Gasthaus „Kitterwirt" in Wolfau
Wolfau	DEU, MA	B9770	Bauer / Eltern des Bauern	Bericht über den Erzähler Johann Bischof
Wolfau	DEU, MA	B9771	Bauer und Rentner	Das falsche Kind (Schwank)
Wolfau	DEU, MA	B9772	Bauer und Rentner	Meyer, der Geschickte; Die große Wunde; Der Kapuziner (drei Schwanke)
Wolfau	DEU, MA	B9773	Bauer und Rentner	Der Kirchtag in Hartberg (Geschichte)
Wolfau	DEU, MA	B9774	Bauer / Eltern des Bauern	Fischereierlebnisse
Wolfau	DEU, MA	B9775	Bauer und Rentner	Geschichten über seine Streiche im Krankenhaus, aus seinem Leben und wie er andere Leute zum Besten gehalten hat
Wolfau	DEU, MA	B9776	Bauer und Rentner	Bericht über die Nachkriegszeit
Wolfau	DEU, MA	B9777	Bauer und Rentner / Bauer	Die „Geldmaschine"' im Krankenhaus (Geschickte / Bericht über die Streiche des 1.Sprechers
Wolfau	Lied	B9779	Männer und Frauen	Gasthausunterhaltung am Samstagabend im Gasthaus „Bitterwirt« in Wolfau
Wolfau	DEU, Lied	B9919	Bauer / Mann / Mann	
Wolfau	DEU MA	B9925	Bauer	Berichte über Fischerei und einen anderen Bauern
Wolfau	DEU, Lied	B9928	Bauer / Bäuerin	
Wolfau	DEU, Lied	B9928	Bauer	
Wolfau	DEU, Lied	B9929	Bauer	
Wolfau	DEU, MA	B9930	Bauer	Erzählungen über Nachkriegszeit und Schabernack
Wolfau	DEU, MA	B9931	Bauer	Die Fahrt in die andere Welt (Märchen)
Wolfau	DEU, MA	B9932	Bauer	Der Pfarrer und der Schustersohn (Schwank)
Wolfau	DEU, Lied	B9933	Bauer	„Die Lebensstufen"
Woppendorf	DEU, MA	B1587	Bauer / Bäuerin	Zwiegespräch, Trut, Hexen, Hochzeit

Wörtherberg	DEU, MA	B3133	Bauer / Bauer	Hexen, Trut, Wilde Jagd, Fasching u Faschingeingraben, Blochziehen, Sonnwendfeuer, Allerheiligen
Wörtherberg	DEU, MA	B9357	Bauer / Bauer	Bräusche, Hexen, Totenbräuche, Sautanz, Sauabstechen, offener Herd, Trut, Wäschewaschen, Sechten, Bügeln, Faßbinden, Binderwerk-zeuge, Faßpipen, Sterz
Wulkaprodersdorf	DEU, MA KRO, MA	B530	Bauer / Bauer	Kirtag
Wulkaprodersdorf	KRO, MA	B531	Weinbäuerin / Gemeindediener	Sauhandel
Wulkaprodersdorf	KRO, MA	B532	Weinbäuerin / Gemeindediener	Ehelicher Streit wegen Wirtshausvorliebe des Gatten
Wulkaprodersdorf	DEU, MA KRO, MA	B533	Bäuerin / Bauer	Ausschenken
Wulkaprodersdorf	DEU, MA KRO, MA	B534	Bäuerin / Bauer	Zum Kirtag ausführen
Wulkaprodersdorf	KRO, US	B545	Schuldirektor	Staroslavenske i nase vile, aus: Gradisce Kalen-dar 1954
Wulkaprodersdorf	KRO, MA	B224	Bauer	Hochzeitsbräuche
Wulkaprodersdorf	KRO, MA	B225	Bauer	Faschingsgeschichte
Zahling	DEU, ROM	B150	Frau / Mann	Das Leben der Roma
Zahling	ROM	B151	Frau / Mann	Das Leben der Roma
Zahling	ROM, Lied	B152	Frauensolo	
Zahling	DEU, MA	B3159	Frau / Mann	Über die Zigeuner
Zahling	DEU, MA	B3160	Frauensolo	Geschichte vom Schratel
Zahling	DEU, MA	B153	Bauer, Bäuerin	Arbeitsvorgänge, Verheiratung
Zillingtal	KRO, MA	B506	Bauer	
Zurndorf	DEU, MA	B262	Bauer	Weingartenarbeit
Zurndorf	DEU, MA	B263	Bauer	Drei Geister-(Hexen) geschichten

Die AutorInnen und Herausgeber:

Hon. Prof. Dr. Nikolaus Bencics ist Historiker und Mitarbeiter des Inst. f. Slawistik der Univ. Wien sowie des Wissenschaftlichen Instituts der Burgenlandkroaten

Dr. Koloman Brenner ist Mitarbeiter am Institut für Germanistik der ELTE Budapest. Email: kolomanb@freemail.hu
Internet: http://germanistik.elte.hu/sprachw.html

Prof. Dr. Csaba Földes ist Professor und Lehrkanzelinhaber für Germanistische Linguistik am Institut für Germanistik der Universität Veszprém in Ungarn. Email: foldes@almos.vein.hu, Internet: www.vein.hu/german/

Prof. Dr. Manfred A. Fischer ist Ordinarius für Systematik der Höheren Pflanzen und Evolutionsforschung, Institut für Botanik, Universität Wien. Email: manfred.a.fischer@univie.ac.at
Internet: http://www.botanik.univie.ac.at/

Dr. Ingeborg Geyer ist stellvertretende Direktorin des Instituts für Österreichische Dialekt- und Namenlexika der Österreichischen Akademie der Wissenschaften, Wien. Email: Ingeborg.Geyer@oeaw.ac.at, Internet: http://www.oeaw.ac.at/dinamlex/Institut.html

Dr. Manfred Glauninger ist Mitarbeiter am Institut für Österreichische Dialekt- und Namenlexika der Österreichischen Akademie der Wissenschaften, Wien. Email: Manfred.Glauninger@oeaw.ac.at,
Internet: http://www.oeaw.ac.at/dinamlex/Institut.html

Dr. Sepp Gmasz ist Mitarbeiter des ORF Burgenland und Obmann des Volksliedwerks Burgenland. Internet: http://my.orf.at/users/-seppgmasz/showme

Hon. Prof. Dr. Franz Grieshofer ist Direktor des Museum für Volkskunde in Wien. Email: office@volkskundemuseum.at; Internet: http://www.volkskundemuseum.at/

Ass. Prof. Dr. Rudolf Muhr ist Assistenzprofessor am Institut für Germanistik der Karl-Franzens-Universität Graz und Leiter des Projekts Österreichisches Deutsch. Email: rudolf.muhr@uni-graz.at, Internet: www.oedeutsch.at

DDr. Erwin Schranz ist Präsident der Burgenländisch-Hianzischen Gesellschaft und Zweiter Landtagspräsident des Burgenlandes. Email: Erwin.Schranz@bgld-landtag.at, Internet: www.hianzenverein.at

Prof. Dr. Martin Stegu ist Professor für Romanistische Linguistik am Institut für Romanistik der Wirtschaftsuniversität Wien. Email: martin.stegu@wu-wien.ac.at, Internet: http://www2.wu-wien.ac.at/roman/

Mag. Dietmar Ulreich ist geschäftsführender Obmann der Burgenländisch-Hinazischen Gesellschaft. Email: hianzenverein@hianzenverein.at, Internet: www.hianzenverein.at

Peter Lang · Europäischer Verlag der Wissenschaften

Stefan Michael Newerkla

Sprachkontakte Deutsch – Tschechisch – Slowakisch

Wörterbuch der deutschen Lehnwörter im Tschechischen und Slowakischen: historische Entwicklung, Beleglage, bisherige und neue Deutungen

Frankfurt am Main, Berlin, Bern, Bruxelles, New York, Oxford, Wien, 2004.
780 S., 10 Abb., 8 Tab.
Schriften über Sprachen und Texte.
Herausgegeben von Georg Holzer. Bd. 7
ISBN 3-631-51753-X · geb. € 86.–*

Gegenstand dieser Arbeit ist die Analyse der sprachlichen Kontakte zwischen dem Deutschen und dem Tschechischen sowie Slowakischen anhand der Geschichte der deutschen Lehnwörter in diesen Slawinen vom Beginn ihrer einzelsprachlichen Entwicklung bis ins 20. Jahrhundert. Nach einer synthetisierenden Studie werden im chronologisch und nach regionalen Varietäten gegliederten etymologischen Wörterbuch in mehr als 3 500 Wörterbuchartikeln über 15 000 einzelne Wortformen analysiert und ihre jeweiligen Erstbelege angeführt. Mit einer so gut wie vollständigen Bibliographie zum deutsch-tschechisch-slowakischen Sprachkontakt und ausführlichen Indices stellt es eine nahezu unerschöpfliche Quelle für die Sprachkontaktforschung im Allgemeinen sowie für Germanistik und Slawistik im Besonderen dar.

Aus dem Inhalt: Aufgabenkomplexe der Lehnwortuntersuchung · Auslöser versus Bedingungen von Sprachwandelprozessen · Dynamische Rezeptivität als Erklärungsmodell für Entlehnvorgänge · Sprachliche Konvergenzprozesse · Wörterbuch · Gesamtbibliographie zum deutsch-tschechisch-slowakischen Sprachkontakt · Autorenindex · Wortindices

Frankfurt am Main · Berlin · Bern · Bruxelles · New York · Oxford · Wien
Auslieferung: Verlag Peter Lang AG
Moosstr. 1, CH-2542 Pieterlen
Telefax 00 41 (0) 32 / 376 17 27

*inklusive der in Deutschland gültigen Mehrwertsteuer
Preisänderungen vorbehalten
Homepage http://www.peterlang.de